R语言

迈向大数据之路

洪锦魁 著

【加强版】

清华大学出版社

北京

内 容 简 介

R语言是开源的免费软件，执行效率高、功能强大，所以被大众广泛接受，而成为应用在大数据领域最重要的程序语言。

本书从零开始，一步一步帮助读者轻松学习最新版的R语言。学习本书不需要有统计学基础，本书在无形中已灌输了统计知识给你。本书共19章，内容包含：认识R语言环境，数学运算，R语言数据类型介绍，R语言函数的使用，程序流程控制，数据输入与输出，数据分析，R语言绘制统计图表等。

本书除了适合有兴趣的读者自修，也适合当作高校教材。

本书封面贴有清华大学出版社防伪标签，无标签者不得销售。

版权所有，侵权必究。举报：010-62782989，beiqinquan@tup.tsinghua.edu.cn。

图书在版编目(CIP)数据

R 语言：迈向大数据之路：加强版 / 洪锦魁著 . —2 版 . —北京：清华大学出版社，2022.6
ISBN 978-7-302-60833-2

Ⅰ . ① R··· Ⅱ . ①洪··· Ⅲ . ①程序语言—程序设计 Ⅳ . ① TP312

中国版本图书馆 CIP 数据核字 (2022) 第 080509 号

责任编辑：杜 杨
封面设计：杨玉兰
责任校对：胡伟民
责任印制：丛怀宇

出版发行：清华大学出版社
   网 址：http://www.tup.com.cn，http://www.wqbook.com
   地 址：北京清华大学学研大厦 A 座   邮 编：100084
   社 总 机：010-83470000   邮 购：010-62786544
   投稿与读者服务：010-62776969，c-service@tup.tsinghua.edu.cn
   质 量 反 馈：010-62772015，zhiliang@tup.tsinghua.edu.cn
印 装 者：小森印刷霸州有限公司
经 销：全国新华书店
开 本：170mm×240mm 印 张：23.75 字 数：675 千字
版 次：2016 年 6 月第 1 版 2022 年 8 月第 2 版 印 次：2022 年 8 月第 1 次印刷
定 价：89.00 元

产品编号：096160-01

Preface
前言

这是一本适合资产管理、数学、统计或商学院学生以及对大数据有兴趣的读者阅读的R语言书籍。

在大数据时代，若想进入这个领域，R可以说是最重要的程序语言。目前R语言的参考书籍不多，现有几本R语言教材皆是统计专家所撰写，内容叙述在R语言部分着墨不多，这也造成了目前大多数人在无法完整学习R语言后，再进入大数据的世界，即使会用R语言做数据分析，对于R的使用也无法全盘了解。因此，我进入这个领域并完成了这本R语言著作。这本书的最大特色如下：

1. 完全零基础可以轻松学习。
2. 学习最新版R语言。
3. 从无到有一步一步教导读者R语言的使用。
4. 学习本书不需要有统计学基础，本书在无形中已灌输了统计知识给你。
5. 完整讲解所有R语言语法与使用技巧。
6. 丰富的程序实例与解说，让你事半功倍。

本书共有19章，其中第1章至第10章是R语言基础语法，第11、12章是R语言的程序设计，第13章是R语言的应用，第14章介绍输入与输出，第15章至第19章则是R语言数据分析与应用，同时用图表做进阶分析。

为了增进读者学习效率以及验证读者学习成果，本书在每章节最后有判断题、选择题、多选题，以及实际操作题，书籍附录则有习题解答。这些题目有许多是来自美国著名Silicon Stone Education公司的R语言国际认证。读者研读完本书，就具备考取这张国际认证的能力，有助于未来增加职场履历与竞争力。

笔者写过多部计算机语言方面的著作，本书沿袭笔者著作的特色，程序实例丰富，相信读者只要遵循本书内容必定可以在最短时间内精通R语言，同时可以将R语言应用于大数据分析与实践。编著本书虽力求完美，但是由于经历不足，谬误难免，尚祈读者不吝指正。

本书第17至19章是笔者的好友蔡桂宏博士撰写，在此特别感谢。

教学资源说明

　　本书所有习题、实际操作题均有解答和代码实例，另外，本书也有教学幻灯片供教师教学使用。

　　读者资源说明

　　本书学习资源可通过扫描下方二维码获得。

洪锦魁

2022年5月1日

附录：

附录A　下载和安装R

附录B　补充说明

附录C　习题答案

附录D　函数索引

R程序实例

教学课件

Contents

目录

第1章 基本概念

1-1 大数据的起源

　　对于Big Data一词，有人解释为大数据，也有人解释为巨量数据，其实都OK，本书则以大数据为主要用法。

　　2012年世界经济论坛在瑞士达沃斯(Davos)有一个主要议题"Big Data, Big Impact."，同年《纽约时报》(*The New York Times*)的一篇文章——*How Big Data Became So Big*，清楚揭露大数据时代已经降临，它可以用在商业、经济和其他领域中。

1-2 R语言之美

　　大数据需处理的数据是广泛的，基本上可分成两大类，有序数据与无序数据，对于有序数据，目前许多程序语言已可以处理。但对于无序数据，例如，地理位置信息、Facebook信息、视频数据等，大多程序语言是无法处理的。而R语言正可以解决这方面的问题，自此R语言已成为有志成为信息科学家(Data Scientist)或大数据工程师(Big Data Engineer)所必须精通的计算机语言。

Google首席经济学家Hal Ronald Varian，有一句经典名言形容R语言。

"The Great beauty of R is that you can modify it to do all sorts of things. And you have a lot of prepackaged stuff that's already available, so you're standing on the shoulders of giants."

大意是，R语言之美在于，你可以通过修改很多高手已经写好的程序包，解决各式各样的问题。因此，当你使用R语言时，你已经站在巨人的肩膀了。

1-3 R语言的起源

提到R语言，不得不提John Chambers。他是加拿大多伦多大学毕业的，然后拿到哈佛大学统计硕士和博士学位。

John Chambers在1976年于Bell实验室工作时，为了节省使用SAS和SPSS软件的经费，以Fortran语言为基础，开发了S语言。这个S语言主要是处理向量(vector)、矩阵(matrix)、数组(array)以及进行图表绘制和统计分析的，初期只可以在Bell实验室的系统上运行，随后这个S语言被移植至早期的UNIX系统下运行。然后Bell实验室以很低的价格授权各大学使用。

R语言主要是以S语言为基础，开发完成。

1993年新西兰University of Auckland统计系的教授Ross Ihaka和Robert Gentleman，为了方便教授统计学，以S语言为基础开发完成一个程序语言，因为他两人名前缀字皆是R，于是他们所开发的语言就称R语言。

现在的R语言则由一个R语言核心开发团队负责，当然Ross Ihaka和Robert Gentleman是这个开发团队的成员，另外，S语言的开发者John Chambers也是这个R语言开发团队的成员。目前这个开发团队共有18个成员，这些成员拥有修改R语言核心代码的权限。下列是R语言开发的几个有意义的时间点。

- 1990年代初期R语言被开发。
- 1993年Ross Ihaka和Robert Gentleman 开发了R语言软件，在S-news邮件中发表。吸引了一些人关注并和他们合作，自此一组针对R语言的邮件被建立。如果你想了解更多这方面的信息可参考下图中的网址。

- 1995年6月在Martin Maechler等人的努力下，这个R语言被同意免费使用，同时遵守自由软件基金会(Free Software Foundation)的GNU General Public License(GPL) Version 2的协议。
- 1997年R语言核心开发团队成立。
- 2000年第1版R1.0.0正式发布。Ross Ihaka将R语言的开发简史记录了下来，可参考下图中的网址。

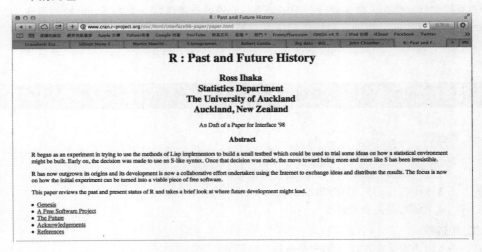

1-4 R语言的运行环境

在R语言核心开发团队的努力下，目前R语言已可以在常见的各种操作系统下执行。例如，Windows、macOS、UNIX和Linux。

1-5 R语言的扩展

R语言的一个重要优点是，R语言遵守Open Source License，即是开源软件，这表示任何人均可下载并修改，因此许多人在撰写增强功能的包，同时供应他人免费使用。

1-6 本书学习目标

不容否认，不论是S语言或R语言均是统计专家所开发的，因此，R语言具有可以完成各种统计功能的工具。但已有越来越多的程序设计师开始学习R语言，使得R语言也开始可以完成非统计方面的工作，例如，数据处理、图形处理、心理学、遗传学、生物学、市场调查等。

本书在编写时，尽量将读者视为初学者，辅以丰富实例，期待读者可以用最轻松的方式学会R语言。

本章习题

一. 判断题

( ) 1. 要成为大数据工程师，学习R语言是一件很重要的事。

( ) 2. 脸书(Facebook)信息、视频数据是可排序的数据。

( ) 3. R语言目前只能在Windows和macOS系统下执行。

( ) 4. R语言是免费软件。

二. 单选题

( ) 1. R语言无法在以下哪一个系统下执行？

    A. Linux   B. UNIX   C. Android   D. macOS

( ) 2. 下列哪一个人对R语言的开发比较没有贡献？

    A. Steve Job   B. Ross Ihaka

    C. John Chambers   D. Robert Gentleman

( ) 3. R语言是以哪一个语言为基础开发完成？

    A. SAS   B. S   C. SPSS   D. C

三. 多选题

( ) 1. 我们现在可以免费使用R语言，下列哪些人是有贡献的？(选择3项)

    A. Martin Maechler   B. Ross Ihaka

    C. Robert Gentleman   D. Tim Cook

    E. Marissa Mayer

第2章 第一次使用R语言

有关如何安装R软件与RStudio作业环境包可以参考附录A，本章笔者将介绍如何启动R语言和在R Console窗口下撰写R语言程序。

2-1 第一次启动R语言

2-1-1 在macOS启动R语言

在macOS环境中，如果之前只是安装R语言，并没有安装RStudio，则可以在应用程序文件夹看到R语言图标，然后启动R语言。

单击标准R语言图标，可以正式进入R-Console环境，如下图所示。

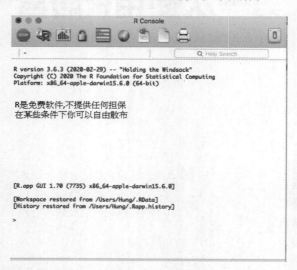

在这里，就可以正式使用R语言了。

2-1-2　在macOS下启动RStudio

如果你安装完R，然后也安装完RStudio，则可以在屏幕下方工具栏看到RStudio图标。
在这里，就可以正式启动R语言的整合式窗口环境。

由上图可以看到窗口共有4个区块，左下方的Console窗口，是我们最常使用的窗口。
注：本书所有实例，皆是在RStudio窗口内执行。

2-1-3　在Windows环境启动R和RStudio

安装完成Windows系统的R后，启动R，可以看到R-Console窗口。

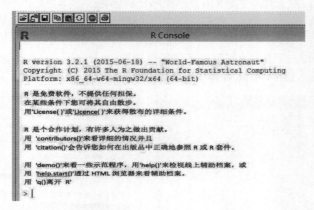

启动RStudio，可以看到下列RStudio窗口。

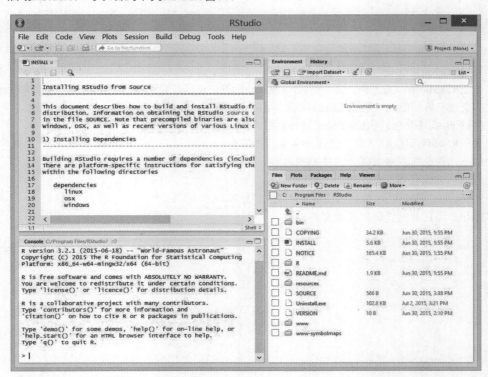

2-2 认识RStudio环境

可参考下图，基本上可以将RStudio整合式窗口分成4大区块。

(1) Source Editor

位于RStudio窗口左上角，这是R语言的程序代码编辑区，用户可以在此编辑R语言程序代码，存储，最后再执行。

(2) Console

位于RStudio窗口左下角，R语言也可以是直译器(interpreter)，此时就需要使用此区块窗口，在此可以直接输入指令，同时获得执行结果。

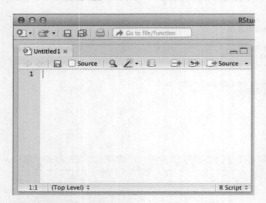 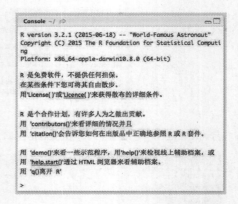

(3) Workspace窗口

位于RStudio窗口右上角，如果选Environment标签，该区块会记录在Console输入所有命令相关对象的变量名称和值。如果选History标签，可以在此看到Console窗口所有执行命令的记录。

(4) Files、Plots、Packages、Help和Viewer

位于RStudio窗口右下角，这几个标签功能如下：

Files：在此可以查看每个文件夹的内容。

Plots：在此可以呈现图表。

Packages：在此可以看到已安装R语言的扩充包。

Help：可在此浏览辅助说明文件内容。

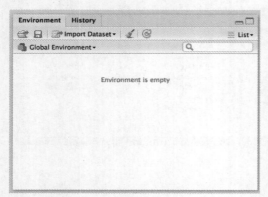 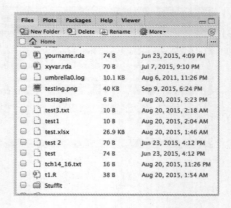

2-3 第一次使用R语言

先前说过R语言支持直译器，下列是打印"Hello! R"的程序，可参考下列使用Console窗口的操作范例和结果。

在右图中可以了解到，">"是R语言直译器的提示信息，当看到此信息时，即可以输入R命令。当然我们也可以使用Source Editor 编辑程序，然后再执行，同样执行结果的范例，可参考左下图。首先编辑下列程序代码。接着存储上述程序代码，如右下图所示。

请单击上图中的存储按钮，也可以执行RStudio的"File/Save As"命令，接着选择适当的文件夹，再输入适当的文件名，此例是ch2_1，R语言默认的扩展名是R，如右图所示。

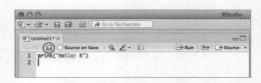

执行完上述命令，相当于将程序存储在ch2_1.R。

在RStudio的Source Editor区有"Source"标签，如下图所示。如果这时单击此标签，这个动作被称为sourcing a script。其实这就是执行Source Editor工作区的程序(这个动作也会同时存储程序代码)。单击"Source" 标签后可以看到右图所示的执行结果。

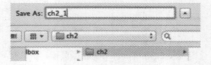

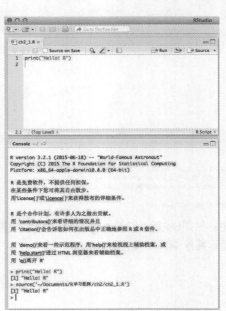

一个完整的R语言程序，即使是在Source Editor区编辑，其执行得到的非图形数据结果，也将是在Console窗口中显示，如上图所示。如果此时检查RStudio整合式窗口的右下方，再单击"Files"标签，适当地选择文件夹后，可以看到ch2_1.R文件，如左下图所示。

假设现在想编辑新的文件，可单击右下图中ch2_1.R标签右边的关闭按钮。

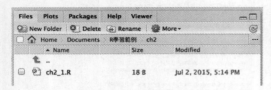

此时Source Editor区的窗口会暂时消失。之后单击下图中Console窗口右上角的按钮。便可恢复显示Source Editor窗口，如下图所示。

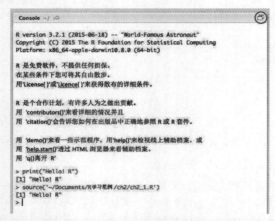

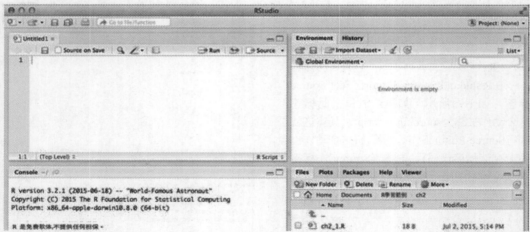

注：如果Source Editor窗口内，同时有多个文件被编辑，关闭一个所编辑的文件，此时将改成显示其他编辑的文件。

2-4 R语言的对象设定

如果你学过其他计算机语言，想将变量x 设为5，可使用下列方法：

```
x = 5
```

注：R语言是一种面向对象的语言，上述x，也可称为对象变量。甚至，有的R语言程序设计师称x为对象。在本书本章中笔者先用完整名称"对象变量"，在后续章节中，笔者将直接以对象(object)称之。

在R语言中，可以使用上述等号，但更多的R语言程序设计师，会使用" <- "符号，其实此符号与" = "意义一样。例如，将变量x设定为5可按如下方式：

```
x <- 5
```

可参考下列实例：

```
> x = 5
> x
[1] 5
> x <- 5
> x
[1] 5
> |
```

在上述程序实例中，在给对象变量x赋值后，如果直接列出对象变量x，则相当于列出对象变量的值，此例是列出5。至于"[1]"是指这是第一项输出。

另一个奇怪的R语言的等号表示方式，是以" -> "表示，这种表示方式的对象变量是放在等号右边。如下所示：

```
5 -> x
```

可参考下列实例：

```
> 5 -> x
> x
[1] 5
>
```

不过这种方法，一般R语言程序设计师用得比较少。

注：有些计算机语言，变量在使用前要先定义，R语言则不需先定义，可在程序中直接设定使用，如本节实例所示。

2-5 Workspace窗口

在Workspace窗口中，如果单击"Environment"标签，则可以看到至今所使用的对象变量及此对象变量的值。

如果单击"History"标签，则可以看到Console窗口的所有执行命令的记录。如下图所示。

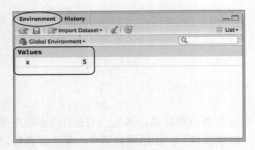
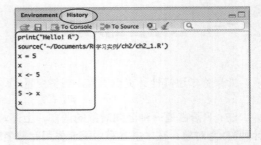

此外，若在Console窗口输入ls( )，可以列出目前Environment所记录的所有对象变量，如右图所示。

```
> ls()
[1] "x"
>
```

延续先前实例，增加设定对象变量y等于10，对象变量z等于对象变量x加上对象变量y，如右图所示。

```
> y <- 10
> z <- x + y
> z
[1] 15
> |
```

此时在Console窗口输入ls( )，可以看到有3个对象变量，x、y和z，如下所示：

```
> ls( )
[1] "x" "y" "z"
> |
```

如果检查Workspace窗口，则可以看到这3个对象变量及其值，如左下图所示。

使用R语言时，如果某个对象变量不再使用，则可以使用rm( )函数，将此对象变量删除。下列是删除z对象变量的实例及验证结果。

```
> rm(z)
> ls( )
[1] "x" "y"
>
```

此时Workspace窗口内的z对象变量也不再出现了，如右下图所示。

Values	
x	5
y	10
z	15

Values	
x	5
y	10

2-6 结束RStudio

在Console窗口，输入q( )来结束使用RStudio，如下所示。

```
> q()
Save workspace image to ~/.RData? [y/n/c]: |
```

◀ y：表示将上述对象变量和对象变量的值存储在 ".RData" 文件中，未来只要启动RStudio，此 ".RData" 文件均会被加载到Workspace窗口中。如果将此文件在文件夹中删除，则重新启动RStudio时，Workspace窗口的内容就会是空白。2-7-2节会介绍此文件，供未来使用。

◀ n：表示不存储。

◀ c：表示取消。

也可以执行RStudio窗口的"File/Quit RStudio"命令，结束使用RStudio，效果相同。

2-7 保存工作成果

在正式谈保存工作成果前，笔者将先介绍另一个函数——getwd()，用这个函数可以了解目前工作的文件夹，相当于未来保存工作成果的文件夹。下列是笔者计算机的执行结果。

```
> getwd()
[1] "/Users/cshung"
>
```

使用不同的操作系统，可能会有不同的结果。

2-7-1 使用save()函数保存工作成果

下列是笔者将x和y对象变量保存在"xyvar.rda"文件中的运行实例。

```
> save(x, y, file = "xyvar.rda")
>
```

执行完成后，无任何确认信息，不过，可以在RStudio窗口右下方的File/Plots窗口看到此"xyvar.rda"文件，如下图所示。

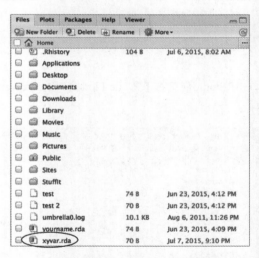

当在窗口中看到上述文件时，表示保存对象变量x和y的操作成功了。

2-7-2 使用save.image()函数保存Workspace

使用save.image()函数可以将整个Workspace保存在系统默认的".RData"文件内，如下所示。

```
> save.image()
>
```

上述命令被执行后可以得到下图所示的执行结果。

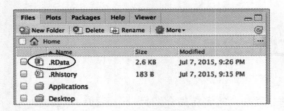

2-7-3　下载先前保存的工作

请先使用rm( )函数清除Workspace窗口的对象变量值。下列命令是清除对象变量x和y的值。

```
> rm(x)
> rm(y)
> |
```

方法1：使用load( )函数，直接下载先前保存的值，如下所示。

```
> load("xyvar.rda")
> |
```

如果此时检查Workspace窗口，则可以得到下列结果，窗口中列出对象变量x和y的值，如下图所示。

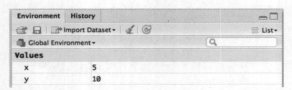

　　方法2：也可以直接单击RStudio窗口右下方File/Plots窗口的"xyvar.rda"文件，即可下载之前存储的工作，如下图所示。

笔者在2-7-2节有介绍，可使用save.image( )将工作存储在".RData"文件内，其实也可以使用上述方法，双击"RData"，下载所存储的工作。

2-8 历史记录

启动RStudio后，基本上所有执行过的命令皆会被记录在Workspace窗口的History标签选项内，如下图所示。有时为了方便，不想重新输入命令，可以单击此区执行过的命令，然后执行下列两个动作。

To Console：将所单击的命令，重载到Console窗口。

To Source：将所单击的命令，重载到Source Editor窗口。

这可方便查阅所使用过的命令，或重新运行。如果你想将此历史记录保存，可以使用savehistory( )函数，然后此历史记录会被存入".Rhistory"文件内。你可以在RStudio窗口右下方的File/Pilots窗口，看到此文件，如下图所示。

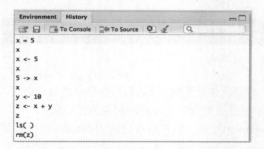

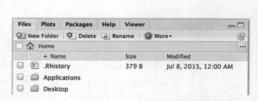

如果想用其他名称存储此历史记录，则可使用下列方式。下列是将历史文件存储至"ch2_2.Rhistory"文件内。

```
> savehistory(file = "ch2_2.Rhistory")
>
```

如果想加载".Rhistory"，则可以使用下列命令。

```
> loadhistory( )
>
```

如果想加载特定的历史文件，例如先前存储的"ch2_2.Rhistory"则可以使用下列命令。

```
> loadhistory(file = "ch2_2.Rhistory")
>
```

2-9 程序注释

程序注释的主要功能是让你所设计的程序可读性更高，更容易被了解。在企业工作，一个实用的程序可以很轻易超过几千或上万行，此时你可能需设计好几个月，在程序中加上注释，可方便你或他人，未来较便利了解程序内容。

不论是使用直译器或是R语言程序文件中，"#"符号右边的文字，皆被称为程序注释，R语言的直译器或编译程序皆会忽略此符号右边的文字。可参考下列实例。

```
> x <- 5
> x   # print x
[1] 5
>
```

上述第二行"#"符号右边的文字，"print x"，是此程序的注释。下图所示的是R语言程序文件的一个实例。

上述程序实例ch2_2.R的前3行，由于有"#"符号，代表是程序注释，在此笔者特别注明，这是程序ch2_2.R，相当于第2章，第二个程序实例。所以真正的程序只有第4行。

本章习题

一. 判断题

（   ）1. RStudio的Console窗口主要是编辑，存储，最后再执行R语言程序代码的窗口。

（   ）2. R语言支持直译器，可以在Console窗口直接输入命令，同时获得执行结果。

（   ）3. 在Workspace窗口，如果选择Environment标签，则可以在此看到Console窗口所有执行命令的记录。

（   ）4. 一个完整的R语言程序，即使在Source Editor区编辑，其执行得到的非图形数据结果，将在Console窗口中显示。

（   ）5. 下列3个命令的执行结果是一样的。

```
> x = 10
```

或

```
> x <- 10
```

或

```
> 10 -> x
```

二. 单选题

（   ）1. 下列哪一个符号是程序注释符号？

　　　　A. %　　　　　　　　　B. @　　　　　　　　　C. #　　　　　　　　　D. ~

（   ）2. 如果我们想使用R语言的直译功能，可以在下列哪一个窗口输入命令？

　　　　A. Console窗口　　　　　　　　　　B. Source Editor窗口

　　　　C. Workspace窗口　　　　　　　　　D. File/Plots窗口

(　　) 3. 可以在以下哪一个窗口看到所有变量名称和它的内容?

   A. Console窗口   B. Source Editor窗口

   C. Workspace窗口   D. Files/Plots窗口

(　　) 4：下列哪一个符号不是R语言的等号符号?

   A. =   B. <-   C. ->   D. #

(　　) 5. 哪一个函数可以在Console窗口列出所有变量数据?

   A. ls( )   B. rm( )   C. q( )   D. getwd( )

(　　) 6. 哪一个函数可以保存整个Workspace，同时将它保存在系统默认的 ".RData" 文件内?

   A. save( )   B. save.image( )

   C. load( )   D. savehistory( )

三. 多选题

(　　) 1. 哪几个函数可以保存Console窗口执行过的命令? (选择2项)

   A. save( )   B. save.image( )   C. load( )

   D. savehistory( )   E. getwd( )

四. 实际操作题(如果题目有描述不详细时，请自行假设条件)

1. 请研究RStudio窗口右上角的Workspace窗口，说明下列标签的功能。

  a. Environment

  b. History

  c. To Console

  d. To Source

2. 请研究RStudio窗口右下角的Files/Plots窗口，说明下列标签的功能。

  a. Files

  b. Export

第**3**章 R语言的基本数学运算

本章笔者将从为对象变量(也可简称为对象)命名说起，接着介绍R语言的基本算术运算。

3-1 对象命名原则

在2-9节，笔者介绍过，可以使用程序注释增加程序的可读性。在为对象命名时，如果使用适当名称，也可以让你所设计的程序可读性增加许多。R语言的基本命名规则包括以下几点：

(1) 下列名称是R语言的保留字，不可当作对象名称。

break、else、FALSE、for、function、if、Inf、NA、NaN、next、repeat、return、TRUE、while

(2) R语言对英文字母大小写是敏感的，所以basket与Basket，会被视为两个不同的对象。

(3) 对象名称开头必须是英文字母或点号（ "." ），当以点号（ "." ）开头时，接续的第二个字母不可是数字。

(4) 对象名称只能包含字母，数字，下画线（ "_" ）和点号（ "." ）。

笔者曾深深体会到，时间一久，常常会忘记设计的程序中各变量对象所代表的意义，所以除了为程序加上注释外，为对象取个好名字也是程序设计师很重要的课题。例如，假设想为James和Jordon打篮球的得分取对象名称。你可以按如下设计：

ball1——代表James得分。

ball2——代表Jordon得分。

上述方式简单，但时间久了，比较容易忘记。如果用下列方式命名。

basket.James——代表James得分。

basket.Jordon——代表Jordon得分。

相信即使几年后，你仍可了解此对象所代表的意义。在上述命名方法中，笔者在名称中间加上点号（"."），在R语言中，这是R语言程序设计师常用的命名方式，又称点式风格(dotted style)。事实上，R语言的许多函数皆是采用此点式命名的，例如，2-9节所介绍的save.image( )函数。

另外，为对象命名时也会采用驼峰式(camel case)，将组成对象名称的每一个英文字母开头用大写。例如，my.First.Ball.Game，这样可以直接明白此对象名称的意义。

3-2 基本数学运算

3-2-1 四则运算

R语言的四则运算是指加(+)、减(-)、乘(*)和除(/)。

实例 ch3_1：下列是加法与减法运算实例。

```
> x1 = 5 + 6        # 将5加6设定给对象x1
> x1
[1] 11
> x2 = x1 + 10      # 将x1加10设定给对象x2
> x2
[1] 21
> x3 = x2 - x1      # 将x2减x1设定给对象x3
> x3
[1] 10
```

注：在以上赋值(也可想成等号)中，笔者故意用"="符号，本章赋值有时候也会用"<-"，主要是用实例让读者了解R语言是支持这两种赋值符号的。从第4章起笔者将统一使用"<-"当作赋值符号。

实例 ch3_2：乘法与除法运算实例。

```
> x1 = 5
> x2 = 9
> x3 = x1 * x2      # x3等于x1乘以x2
> x3
[1] 45
> x4 = x2 / x1      # x4等于x2除以x1
> x4
[1] 1.8
>
```

3-2-2 余数和整除

余数(mod)所使用的符号是"%%"，可计算出除法运算中的余数。整除所使用的符号是"%/%"，是指除法运算中只保留整数部分。

实例 ch3_3：余数和整除运算实例。

```
> x = 9 %% 5        # 计算9除以5的余数
> x
[1] 4
> x = 9 %/% 2       # 计算9除以2所得的整数部分
> x
[1] 4
>
```

3-2-3 次方或平方根

次方的符号是"**"或"^"，平方根的计算使用函数sqrt( )。

实例 ch3_4：平方、次方和平方根运算实例。

```
> x = 3 ** 2        # 计算3的平方
> x
[1] 9
> x = 3 ^ 2         # 计算3的平方
> x
[1] 9
> x = 8 ^ 3         # 计算8的3次方
> x
[1] 512
> x = sqrt(64)      # 计算64的平方根
> x
[1] 8
> x = sqrt(8)       # 计算8的平方根
> x
[1] 2.828427
>
```

3-2-4　绝对值

绝对值的函数名称是abs( )，不论函数内的值是正数或负数，结果均是正数。

```
> abs(10)           # 计算10的绝对值
[1] 10
> x = 5.5
> y = abs(x)        # 计算x的绝对值
> y
[1] 5.5
> x = -7
> y = abs(x)        # 计算x的绝对值
> y
[1] 7
>
```

3-2-5　exp( )与对数

exp( )是指自然数e的x次方，其中e的近似值是2.718282。

实例ch3_6：exp( )运算实例。

```
> x = exp(1)        # 可列出自然数e的值
> x
[1] 2.718282
> x = exp(2)        # 可列出自然数e的2次方
> x
[1] 7.389056
> x = exp(0.5)      # 可列出自然数e的0.5次方
> x
[1] 1.648721
>
```

对数有以下两种类型。

(1) 以自然数e为底的对数，$\log_e x = \ln x$，语法是log( )。

(2) 一般基底的对数，$\log_m x$，语法是log(x,

m)。如果基底是10，也可使用另一个对数函数log10( )取代。

实例ch3_7：不同基底的对数运算实例。

```
> x = log(2)        # 计算以自然数e为底的对数值
> x
[1] 0.6931472
> x = log(2, 10)    # 计算以自然数10为底的对数值
> x
[1] 0.30103
> x = log10(2)      # 计算以自然数10为底的对数值
> x
[1] 0.30103
> x = log(2, 2)     # 计算以自然数2为底的对数值
>
```

exp( )和log( )也可称互为反函数。

3-2-6　科学符号e

科学符号使用e表示，例如数字12800，实际等于"$1.28 * 10^4$"，也可以用"1.28e4"表示。

实例ch3_8：科学符号的运算实例1。

```
> x <- 1.28 * 10^4
> x
[1] 12800
> x <- 1.28e4
> x
[1] 12800
>
```

数字0.00365，实际等于"$3.65 * 10^{-3}$"，也可以用"3.65e-3"表示。

实例ch3_9：科学符号的运算实例2。

```
> x <- 3.65 * 10^-3
> x
[1] 0.00365
> x <- 3.65e-3
> x
[1] 0.00365
>
```

当然也可以直接使用科学符号执行四则运算。

实例ch3_10：直接使用科学符号的运算实例。

```
> x <- 6e5 / 3e2
> x
[1] 2000
>
```

上述的代码表示600000除以300。

3-2-7　圆周率与三角函数

圆周率就是指pi。pi是系统默认的参数，其近似值是3.141593。

实例ch3_11：列出pi值的实例。

```
> pi
[1] 3.141593
>
```

R语言所提供的三角函数有许多，例如sin( )、cos( )、tan( )、asin( )、acos( )、atan( )、sinh( )、cosh( )、tanh( )、asinh( )。

实例ch3_12：三角函数运算实例。

```
> x = sin(1.0)
> x
[1] 0.841471
> x = sin(pi / 2)
> x
[1] 1
> x = cos(1.0)
> x
[1] 0.5403023
> x = cos(pi)
> x
[1] -1
>
```

3-2-8　四舍五入函数

R语言的四舍五入函数是round( )。

round(x, digits = k)，表示将实数x，以四舍五入的方式，计算至第k位小数。另外，round( )函数中的第2个参数"digits ="也可以省略，直接在第2个参数位置输入数字。

实例ch3_13：round( )函数的各种运用实例。

```
> x <- round(98.562, digits = 2)
> x
[1] 98.56
> x <- round(98.562, digits = 1)
> x
[1] 98.6
> x <- round(98.562, 2)
> x
[1] 98.56
> x <- round(98.562, 1)
> x
[1] 98.6
>
```

使用round( )函数时，如果第2个参数是负值，表示计数是以四舍五入取整数。例如，若参数是"-2"，表示取整数至百位数。若参数是"-3"，表示取整数至千位数。

实例ch3_14：使用round( )函数，但digits参数是负值的运用实例。

```
> x <- round(1234, digits = -2)
> x
[1] 1200
> x <- round(1778, digits = -3)
> x
[1] 2000
> x <- round(1234, -2)
> x
[1] 1200
> x <- round(1778, -3)
> x
[1] 2000
>
```

signif(x, digits = k)，也是一个四舍五入的函数，其中x是要做处理的实数，k是有效数字的个数。例如，signif(79843.597, digits = 6)，代表取6个数字，从左边算第7个数字以四舍五入方式处理。

实例ch3_15：signif( )函数的应用实例。

```
> x <- signif(79843.597, digits = 6)
> x
[1] 79843.6
> x <- signif(79843.597, 6)
> x
[1] 79843.6
> x <- signif(79843.597, digits = 3)
> x
[1] 79800
> x <- signif(79843.597, 3)
> x
[1] 79800
>
```

3-2-9　近似函数

R语言有3个近似函数。

（1）floor(x)：可得到小于等于x的最近整数。所以，floor(234.56)等于234，floor(-234.45)等于-235。

（2）ceiling(x)：可得到大于等于x的最近整数。所以，ceiling(234.56)等于235，ceiling(-234.45)等于-234。

（3）trunc(x)：可直接取整数。所以，trunc(234.56)等于234，trunc(-234.45)等于-234。

```
> x <- floor(234.56)
> x
[1] 234
> x <- floor(-234.45)
> x
[1] -235
> x <- ceiling(234.56)
> x
[1] 235
> x <- ceiling(-234.45)
> x
[1] -234
> x <- trunc(234.56)
> x
[1] 234
> x <- trunc(-234.45)
> x
[1] -234
>
```

3-2-10 阶乘

factorial(x)可以返回x的阶乘。

```
> x <- factorial(3)
> x
[1] 6
> x <- factorial(5)
> x
[1] 120
> x <- factorial(7)
> x
[1] 5040
>
```

3-3 R语言控制运算的优先级

当R语言碰上多种计算式同时出现在一个命令内时，除了括号"( )"最优先外，其余计算优先次序如下。

（1）指数。

（2）乘法、除法、求余数(%%)、求整数(%/%)，依照出现顺序运算。

（3）加法、减法，依照出现顺序运算。

```
> x <- ( 5 + 6 ) * 8 - 2
> x
[1] 86
> x <- 5 + 6 * 8 - 2
> x
[1] 51
>
```

3-4 无限大

R语言可以处理无限大(Infinity)的值，使用代号值Inf，如果是负无限大则是-Inf。其实只要某一个数字除以0，就可获得无限大。

```
> x <- 5 / 0
> x
[1] Inf
>
```

某一个数字减去无限大Inf，可以获得负无限大-Inf。

```
> x <- 10 - Inf
> x
[1] -Inf
>
```

另一个思考，如果将某一个数字除以无限大Inf或负无限大-Inf，结果是多少？答案是0。

```
> x <- 999 / Inf
> x
[1] 0
> x <- 999 / -Inf
> x
[1] 0
>
```

判断某一个数字是否为无限大(正值无限大或负值无限大)，可以使用is.infinite(x)，如果x是无限大则返回逻辑值(logical value)TRUE，否则返回FALSE。

```
> x <- 10 / 0
> x
[1] Inf
> is.infinite(x)
[1] TRUE
> x <- 10 - x
> x
[1] -Inf
> is.infinite(x)
[1] TRUE
>
```

```
> x <- 999
> is.infinite(x)
[1] FALSE
> x <- -99999
> is.infinite(x)
[1] FALSE
>
```

另一个相关函数是is.finite(x)，如果数字x是有限的(正有限大或负有限大)则返回TRUE，否则返回FALSE。

```
> x <- 999
> is.finite(x)
[1] TRUE
> x <- -99999
> is.finite(x)
[1] TRUE
> x <- 10 / 0
> is.finite(x)
[1] FALSE
> x <- 10 - ( 10 / 0 )
> x
[1] -Inf
> is.finite(x)
[1] FALSE
>
```

注：在其他程序语言中，TRUE和FALSE值被称布尔值(boolean value)，但在R语言中，R的开发人员将此称逻辑值。

3-5 非数字(NaN)

在R语言中，Not a Number(NaN)可以解释为非数字或无定义数字，由上一小节可知，任一数字除以0可得无限大，任一数字除以无限大是0，那无限大除以无限大呢？此时可以获得NaN(Not a Number)。

实例 ch3_25：NaN值的获得实例。

```
> x <- Inf / Inf
> x
[1] NaN
>
```

R语言将NaN当作一个数字，可以使用NaN参加四则运算，但所得结果均是NaN。

实例 ch3_26：NaN值的四则运算实例。

```
> x <- NaN + 999
> x
[1] NaN
> x <- NaN * 2
> x
[1] NaN
>
```

使用is.nan(x)函数，可检测x是否为NaN，如果是则返回TRUE，否则返回FALSE。

实例 ch3_27：当is.nan( ) 函数的参数是NaN时的运算实例。

```
> x <- Inf / Inf
> x
[1] NaN
> is.nan(x)
[1] TRUE
> y <- 999
> is.nan(y)
[1] FALSE
>
```

另外，对于NaN而言，使用is.finite( )和is.infinite( )判断，均传回FALSE。

实例ch3_28：当is.finite( )和is.infinite( )函数的参数是NaN时的运算实例。

```
> x <- Inf / Inf
> x
[1] NaN
> is.finite(x)
[1] FALSE
> is.infinite(x)
[1] FALSE
>
```

3-6 缺失值(NA)

我们可以将缺失值（Not Available，NA）当作一个有效数值，甚至可以将此值应用在四则运算中，不过，通常计算结果是NA。

实例ch3_29：缺失值NA的运算实例。

```
> x <- NA
> y <- NA + 100
> y
[1] NA
> z <- NA / 10
> z
[1] NA
>
```

R语言提供的is.na(x)函数可判断x是否为NA，如果是则返回TRUE，否则返回FALSE。

实例ch3_30：is.na( )函数的参数是缺失值NA和一般值的运算实例。

```
> x <- NA
> is.na(x)
[1] TRUE
> x <- 1000
> is.na(x)
[1] FALSE
>
```

对于NaN而言，使用is.na( )判断，可以得到TRUE。

实例ch3_31：is.na( )函数的参数是NaN的运算实例。

```
> x <- Inf / Inf
> x
[1] NaN
> is.na(x)
[1] TRUE
>
```

一. 判断题

(　　) 1. 有以下两个命令。

```
> x1 <- 9 %% 5
> x2 <- 9 %/% 2
```

上述两个命令被执行后，x1和x2的值是相同的，均是 4。

(　　) 2. 有以下两个命令。

```
> x1 <- 2 ^ 3
> x2 <- sqrt(64)
```

上述两个命令被执行后，x1和x2的值是相同的，均是 8。

(　　) 3. 有以下两个命令。

```
> x1 <- round(88.882, digits = 2)
> x2 <- round(88.882, 2)
```

上述两个命令被执行后，x1和x2的值是相同皆是 88.88。

(　　) 4. 有如下命令。

```
> x <- round(1560.998, digits = -2)
```

上述命令被执行后，x的值是1600。

(　　) 5. 有如下命令。

```
> x <- factorial(3)
```

上述命令被执行后，x的值是8。

(　　) 6. 有如下命令。

```
> x <- 10 / Inf
```

上述命令被执行后，x的值是0。

(　　) 7. 有以下两个命令。

```
> x <- 999 / 0
> is.infinite(x)
```

上述命令的执行结果是FALSE。

(　　) 8. 有如下命令。

```
> x <- Inf / Inf
```

上述命令被执行后，x的值是1。

(　　) 9. 有以下两个命令。

```
> x <- NA + 999
> is.na(x)
```

上述命令的执行结果是TRUE。

(　　) 10. 有以下两个命令。

```
> x <- 888 * 999
> is.finite(x)
```

上述命令的执行结果是TRUE。

二. 单选题

(　　) 1. 下列哪一个不是R语言合法的变量名称？

    A. x3   B. x.3   C. .x3   D. 3.x

(　　) 2. 以下命令会得到哪种数值结果？

```
> -3 + 2 ** 3 - 4^2 / 8
```

　　　A. [1] 4　　　　　　　　B. [1] 2　　　　　　　　C. [1] 3　　　　　　　　D. [1] 1

(　　) 3. 以下命令会得到哪种数值结果？

```
> round(pi, 2)
```

　　　A. [1] 3.1415926　　　B. [1] pi　　　　　　　　C. [1] 3.14　　　　　　　D. [1] 3

(　　) 4. 以下命令会得到哪种数值结果？

```
> 36 ** 0.5
```

　　　A. [1] 18　　　　　　　B. [1] 6　　　　　　　　C. [1] 9　　　　　　　　D. [1] 3

(　　) 5. 以下命令会得到哪种数值结果？

```
> signif(5678.778, 6)
```

　　　A. [1] 5678.78　　　　　　　　　　　　　B. [1] 5678.77
　　　C. [1] 5678.778　　　　　　　　　　　　D. [1] 5678.778000

(　　) 6. 以下命令会得到哪种数值结果？

```
> floor(789.789)
```

　　　A. [1] 789.8　　　　　　　　　　　　　　B. [1] 789.789
　　　C. [1] 789　　　　　　　　　　　　　　　D. [1] 790

(　　) 7. 以下命令会得到哪种数值结果？

```
> x <- Inf / 1000
```

　　　A. [1] 0　　　　　　　　B. [1] Inf　　　　　　　C. [1] NA　　　　　　　　D. [1] NaN

三. 多选题

(　　) 1. 下列哪些命令的执行结果是TRUE？(选择两项)

A.
```
> x <- Inf - Inf
> is.infinite(x)
```
B.
```
> x <- Inf + Inf
> is.infinite(x)
```

C.
```
> x <- Inf + 1010
> is.na(x)
```
D.
```
> x <- Inf / Inf
> is.nan(x)
```

E.
```
> x <- 1010
> is.nan(x)
```

四. 实际操作题(每一题皆附解答，读者需列出计算方式)

1. 求99 的平方、立方和平方根，下列只列出结果。

```
> x          > x             > x
[1] 9801     [1] 970299      [1] 9.949874
```

2. x = 345.678，将x 放入round( )、signif( ) 使用预设值测试，并依次序列出结果。

```
> y          > y
[1] 346      [1] 345.678
```

3. 重复上一习题的round( )，参数digits 从-2 测试到2，并列出结果。

```
> y          > y          > y          > y            > y
[1] 300      [1] 350      [1] 346      [1] 345.7      [1] 345.68
```

4. 重复习题2的signif( )，参数digits 从1测试到5，并列出结果。

```
> y          > y          > y          > y            > y
[1] 300      [1] 350      [1] 346      [1] 345.7      [1] 345.68
```

5. x = 674.378，将x 放入floor( )、ceil( ) 和trunc( )，使用预设值测试，并依次序列出结果。

```
> y          > y          > y
[1] 674      [1] 675      [1] 674
```

6. 重复上一习题，将x 改为负值-674.378，并列出结果。

```
> y                      > y                      > y
[1] -675                 [1] -674                 [1] -674
```

7. 计算下列执行结果。

a. Inf + 100

```
> x
[1] Inf
```

b. Inf – Inf + 10

```
> x
[1] NaN
```

c. NaN + Inf

```
> x
[1] NaN
```

d. Inf – NaN

```
> x
[1] NaN
```

e. NA + Inf

```
> x
[1] NA
```

f. Inf – NA

```
> x
[1] NA
```

g. NaN + NA

```
> x
[1] NaN
```

8. 将上一习题(a ~ g) 执行结果用下列函数测试并列出结果。

a. is.na( )

```
[1] FALSE     [1] TRUE     [1] TRUE     [1] TRUE     [1] TRUE     [1] TRUE     [1] TRUE
```

b. is.nan( )

```
[1] FALSE     [1] TRUE     [1] TRUE     [1] TRUE     [1] FALSE    [1] FALSE    [1] TRUE
```

c. is.finite( )

```
[1] FALSE     [1] FALSE    [1] FALSE    [1] FALSE    [1] FALSE    [1] FALSE    [1] FALSE
```

d. is.infinite( )

```
[1] TRUE      [1] FALSE    [1] FALSE    [1] FALSE    [1] FALSE    [1] FALSE    [1] FALSE
```

第4章 向量对象运算

　　R语言最重要的特色是向量(vector)对象的概念，如果你学过其他计算机语言，应该知道一维数组(array)的概念，其实所谓的向量对象就是类似一组一维数组的数据，在此组数据中，每个元素的数据类型是一样的。不过向量的使用比其他高级语言灵活太多了，R语言的开发团队将此一维数组数据称为向量。

　　说穿了，R语言就是一种处理向量的语言。

　　其实R语言中最小的工作单位是向量对象，至于前面章节笔者当作实例使用的一些对象变量，从技术上讲可将那些对象变量看作是一个只含一个元素的向量对象变量。至今为止，在输出每一个数据时，首先出现的是"[1]"，中括号内的"1"表示接下来是从对象的第1个元素开始输出的。对数学应用而言，向量对象元素大都是数值数据型的，R语言的更重要的功能是向量对象元素可以是其他数据型，本书将在以后章节中一一介绍。

4-1 数值型的向量对象

数值型的向量对象可分为规则型的数值向量对象或不规则型的数值向量对象。

4-1-1 建立规则型的数值向量对象使用序列符号

从起始值到最终值，每次递增1，如果是负值则每次增加-1。例如从1到5，可用1:5方式表达；从11到16，可用11：16方式表达。在"1：5"或"11：16"的表达式中的"："符号，即冒号，在R语言中被称为序列符号(sequence)。

实例ch4_1：使用序列号"："建立向量对象。

```
> x <- 1:5          # 设定向量变量对象包含1到5共5个元素
> x
[1] 1 2 3 4 5
> x <- 11:16         # 设定向量变量对象包含11到16共6个元素
> x
[1] 11 12 13 14 15 16
>
```

这种方式也可以应用于负值，每次增加-1。例如，从-3到-7，可用-3：-7的方式表达。

实例ch4_2：使用序列号建立含负数的向量对象。

```
> x <- -3:-7         # 设定向量变量对象包含-3到-7共5个元素
> x
[1] -3 -4 -5 -6 -7
>
```

同理，这种方式也可以应用于实数，每次增加正1或负1。

实例ch4_3：使用序列号建立实数的向量对象。

```
> x <- 1.5:5.5       # 设定向量变量对象包含1.5到5.5共5个元素
> x
[1] 1.5 2.5 3.5 4.5 5.5
> x <- -1.8:-3.8     # 设定向量变量对象包含-1.8到-3.8共3个元素
> x
[1] -1.8 -2.8 -3.8
>
```

在建立向量对象时，如果写成1.5：4.7，结果会如何呢？这相当于建立含下列元素的向量对象，即1.5、2.5、3.5、4.5共4个元素，至于多余部分即4.5至4.7之间的部分则可不理会。如果向量对象元素为负值时，依此类推。

实例ch4_4：另一个使用序列号建立实数的向量对象。

```
> x <- 1.5:4.7       # 设定向量变量对象包含1.5到4.5共4个元素
> x
[1] 1.5 2.5 3.5 4.5
> x <- -1.3:-5.2     # 设定向量变量对象包含-1.3到-4.3共4个元素
> x
[1] -1.3 -2.3 -3.3 -4.3
>
```

4-1-2　简单向量对象的运算

向量对象的一个重要功能是向量对象在执行运算时，向量对象内的所有元素将同时执行运算。

实例ch4_5：将每一个元素加3的执行情形。

```
> x <- 1:5
> y <- x + 3
> y
[1] 4 5 6 7 8
>
```

一个向量对象也可以与另一个向量对象相加。

实例ch4_6：向量对象相加的实例。

```
> x <- 1:5
> y <- x + 6:10      # 设定x向量加6:10向量，结果设定给向量y
> y
[1]  7  9 11 13 15
```

读至此节，相信各位读者一定已经感觉到R语言的强大功能了，如果上述命令使用非向量语言，需使用循环命令处理每个元素，要好几个步骤才可完成。在执行向量对象元素运算时，也可以处理不相同长度的向量对象运算，但先决条件是较长的向量对象的长度是较短的向量对象的长度的倍数。如果不是倍数，会出现错误信息。

实例ch4_7：不同长度向量对象相加，出现错误的实例。

```
> x <- 1:5
> y <- x + 5:8
Warning message:
In x + 5:8 : 较长的物件长度并非较短物件长度的倍数
```

由于上述较长的向量对象有5个元素，较短向量对象有4个元素，所以较长向量的长度非较短向量的倍数，因此最后执行后出现警告信息。

实例ch4_8：不同长度的向量对象相加，较长向量对象的长度是较短向量对象的长度的倍数的运算实例。

```
> x <- 1:3
> y <- x + 1:6
> y
[1] 2 4 6 5 7 9
>
```

上述的运算规则是，向量对象y的长度与较长的向量对象的长度相同，其长度是6，较长向量对象第1个元素与1：3的1相加，较长向量对象的第2个元素与1：3的2相加，较长向量对象的第3个元素与1：3的3相加，较长向量对象的第4个元素与1：3的1相加，较长向量对象第5个元素与1：3的2相加，较长向量对象第6个元素与1:3的3相加。未来如果碰上不同倍数的情况，运算规则可依此类推。

```
> x <- 1:5
> y <- 5
> x + y
[1] 6 7 8 9 10
>
```

在上述实例中，x向量对象有5个元素，y向量对象有1个元素，碰上这种加法，相当于每个x向量元素均加上y向量的元素值。在之前的实例中，在输出时，笔者均直接输入向量对象变量，即可在Console窗口打印此向量对象变量，在此例中，可以看到第3行，即使仍是一个数学运算，Console窗口仍将打印此数学运算的结果。

4-1-3　建立向量对象：seq( )函数

seq()函数可用于建立一个规则型的数值向量对象，它的使用格式如下所示。

```
seq( from, to, by = width, length.out = numbers)
```

上述from是数值向量对象的起始值，to是数值向量对象的最终值，by则指出每个元素的增值。如果省略by参数同时没有length.out参数存在，则增值是1或-1。length.out参数字段可设定seq( )函数所建立的元素个数。

实例ch4_10：使用seq( )建立规则型的数值向量对象。

```
> seq(1, 9)                    # 建立1:9向量
[1] 1 2 3 4 5 6 7 8 9
> seq(1, 9, by = 2)           # 建立1至9间增值为2的向量
[1] 1 3 5 7 9
> seq(1, 9, by = pi)          # 建立1至9间增值为pi的向量
[1] 1.000000 4.141593 7.283185
> seq(1.5, 4.5, by = 0.5)     # 建立1.5至4.5间增值为0.5的向量
[1] 1.5 2.0 2.5 3.0 3.5 4.0 4.5
> seq(1, 9, length.out = 5)   # 建立1至9间元素个数为5的向量
[1] 1 3 5 7 9
>
```

4-1-4　连接向量对象：c( )函数

c( )函数的c为concatenate的缩写。这个函数并不是一个建立向量对象的函数，只是一个将向量元素连接起来的函数。

实例ch4_11：使用c( )函数建立一个简单的向量对象。

```
> x <- c(1, 3, 7, 2, 9)       # 一个含5个元素的向量
> x
[1] 1 3 7 2 9
>
```

上述x是一个向量对象，共有5个元素，内容分别是1、3、7、2、9。

适度地为变量取一个容易记的变量名称，可以增加程序的可读性。例如，我们想建立NBA球星Lin，2016年前6场进球数的向量对象，那么假设他的每场进球数如下所示：

7, 8, 6, 11, 9, 12

此时可用baskets.NBA2016.Lin当变量名称，相信这样处理后，即使程序放再久，开发人员也可以轻易了解程序内容。

```
> baskets.NBA2016.Lin <- c(7, 8, 6, 11, 9, 12)
> baskets.NBA2016.Lin
[1]  7  8  6 11  9 12
>
```

如果球星Lin的进球皆是2分球，则他每场得分如下。

```
> baskets.NBA2016.Lin <- c(7, 8, 6, 11, 9, 12)
> scores.NBA2016.Lin <- baskets.NBA2016.Lin * 2
> scores.NBA2016.Lin
[1] 14 16 12 22 18 24
>
```

假设队友Jordon前6场进球数分别是10, 5, 9, 12, 7, 11，我们可以用如下方式计算每场两个人的得分总计。

```
> baskets.NBA2016.Lin <- c(7, 8, 6, 11, 9, 12)
> baskets.NBA2016.Jordon <- c(10, 5, 9, 12, 7, 11)
> total <- ( baskets.NBA2016.Jordon + baskets.NBA2016.Lin ) * 2
> total
[1] 34 26 30 46 32 46
```

先前介绍可以使用c( )函数，将元素连接起来，其实也可以使用该函数将两个向量对象连接起来，下面是将Lin和Jordon进球数连接起来，结果是一个含12个元素的向量对象的实例。

```
> all.baskets.NBA2016 <- c(baskets.NBA2016.Lin, baskets.NBA2016.Jordon)
> all.baskets.NBA2016
 [1]  7  8  6 11  9 12 10  5  9 12  7 11
>
```

从上述执行结果可以看到，c( )函数保持每个元素在向量对象内的顺序，这个功能很重要，因为未来我们要讲解如何从向量对象中存取元素值。

4-1-5　重复向量对象：rep( )函数

如果向量对象内某些元素是重复的，则可以使用rep( )函数建立这种类型的向量对象，它的使用格式如下所示。

rep(x, times = 重复次数, each = 每次每个元素重复次数, length.out = 向量长度)

如果rep( )函数内只含有x和times参数，则"times ="参数可省略。

```
> rep(5, 5)                          #重复向量元素5，共5次
[1] 5 5 5 5 5
> rep(5, times = 5)                  #重复向量元素5，共5次
[1] 5 5 5 5 5
> rep(1:5, 3)                        #重复向量1:5，共3次
 [1] 1 2 3 4 5 1 2 3 4 5 1 2 3 4 5
> rep(1:3, times = 3, each = 2)       #重复向量1:3，共3次，每个元素出现2次
 [1] 1 1 2 2 3 3 1 1 2 2 3 3 1 1 2 2 3 3
> rep(1:3, each = 2, length.out = 8)   #重复向量1:3，每个元素出现2次，向量元素个数是8
[1] 1 1 2 2 3 3 1 1
>
```

4-1-6 numeric( )函数

numeric( )函数也是建立一个向量对象，主要是可用于建立一个固定长度的向量对象，同时向量对象元素默认值是0。

实例 ch4_17：建立一个含10个元素的向量对象，同时这些向量对象元素值皆为0。

```
> x <- numeric(10)                  #建立一个含10个元素值为0的向量
> x                                 #验证结果
 [1] 0 0 0 0 0 0 0 0 0 0
>
```

4-1-7 程序语句短语跨行的处理

在本章4-1-5节的最后一个实例中，可以很明显看到rep( )函数包含说明文字已超出一行，其实R语言是可以识别这行的命令未结束，下一行是属于同一条命令的。除了上述状况外，下列是几种可能发生程序跨行的状况。

(1) 该行以数学符号(+、-、*、/)作为结尾，此时R语言的编译程序会知道下一行是接续此行的。

实例 ch4_18：以数学符号作结尾，了解程序跨行的处理。

```
> all.baskets.NBA2016 <- baskets.NBA2016.Jordon +
+                         baskets.NBA2016.Lin
> all.baskets.NBA2016
[1] 17 13 15 23 16 23
>
```

(2) 使用左括号" (",R语言编辑器会知道在下一行出现的片断数据是同一括号内的命令，直至出现右括号") ",才代表命令结束。

实例 ch4_19：使用左括号" ("和右括号") ",了解程序跨行的处理。

```
> x <- rep(1:5, times = 2,)
> x <- rep(1:5, times = 2,
+          each = 2)
> x
 [1] 1 1 2 2 3 3 4 4 5 5 1 1 2 2 3 3 4 4 5 5
>
```

(3) 字符串是指双引号间的文字字符，在设定字符串时，如果有了第一个双引号，但尚未出现第二个双引号，R语言编辑器可以知道下一行出现的字符串是属于同一字符串向量变量的数据，但此时换行字符"/n"将被视为字符串的一部分。

注：有关字符串数据的概念，将在4-4节说明。

实例ch4_20：使用字符串，了解程序跨行的处理。

```
> coffee.Knowledge <- "Coffee is mainly produced
+ in frigid regions."
> coffee.Knowledge
[1] "Coffee is mainly produced\nin frigid regions."
>
```

4-2 常见向量对象的数学运算函数

研读至此，如果你学过其他高级计算机语言，你会发现向量对象变量已经取代了一般计算机程序语言的变量，这是一种新的思维，同时在阅读本节的常用向量对象的数学运算函数后，你将发现为何R语言这么受欢迎。

1. 常见运算

sum( )：可计算所有元素的和。

max( )：可计算所有元素的最大值。

min( )：可计算所有元素的最小值。

mean( )：可计算所有元素的平均值。

实例ch4_21：sum( )、max( )、min( )和mean( )函数的应用。

```
> baskets.NBA2016.Lin <- c(7, 8, 6, 11, 9, 12)
> sum(baskets.NBA2016.Lin)      #计算Lin的总进球数
[1] 53
> max(baskets.NBA2016.Lin)      #计算Lin的最高进球数
[1] 12
> min(baskets.NBA2016.Lin)      #计算Lin的最低进球数
[1] 6
> mean(baskets.NBA2016.Lin)     #计算Lin的平均进球数
[1] 8.833333
>
```

此外，这几个函数也可以对多个向量对象变量执行运算。

实例ch4_22：sum( )、max( )和min( )函数的参数含有多个向量对象变量的应用。

```
> baskets.NBA2016.Jordon <- c(10, 5, 9, 15, 7, 11)
> baskets.NBA2016.Lin <- c(7, 8, 6, 11, 9, 12)
> sum(baskets.NBA2016.Lin, baskets.NBA2016.Jordon)   #计算2人的总进球数
[1] 110
> max(baskets.NBA2016.Lin, baskets.NBA2016.Jordon)   #计算2人的最高进球数
[1] 15
> min(baskets.NBA2016.Lin, baskets.NBA2016.Jordon)   #计算2人的最低进球数
[1] 5
>
```

2. prod( )函数

prod( )：计算所有元素的积。

```
> prod(1:5)          # 计算从1乘到5，相当于factorial(5)
[1] 120
>
```

这个函数可以用在排列组合的计算中，如假设有5个数字，请问有几种组合？在实际操作前，可以先简化该问题，假设有两个数字，会有多少种排列方式？很容易，是两种排列方式。那有3个数字呢？是6种排列方式。如果是4个数字呢？是24种排列方式。

```
> prod(1:2)
[1] 2
> prod(1:3)
[1] 6
> prod(1:4)
[1] 24
>
```

3. 累积运算函数

cumsum( )：计算所有元素的累积和。

cumprod( )：计算所有元素的累积积。

cummax( )：可返回各元素从向量起点到该元素位置所有元素的最大值。

cummin( )：可返回各元素从向量起点到该元素位置所有元素的最小值。

```
> baskets.NBA2016.Jordon
[1] 10  5  9 15  7 11
> cumsum(baskets.NBA2016.Jordon)
[1] 10 15 24 39 46 57
> cumprod(baskets.NBA2016.Jordon)
[1]     10     50    450   6750  47250 519750
> cummax(baskets.NBA2016.Jordon)
[1] 10 10 10 15 15 15
> cummin(baskets.NBA2016.Jordon)
[1] 10  5  5  5  5  5
>
```

4. 差值运算函数

diff( )：返回各元素与下一个元素的差。

由于是返回每个元素与下一个元素的差值，所以结果向量对象会比原先向量对象少一个元素。

```
> baskets.NBA2016.Jordon
[1] 10  5  9 15  7 11
> diff(baskets.NBA2016.Jordon)
[1] -5  4  6 -8  4
>
```

5. 排序函数

sort(x, decreasing = FALSE)：默认是从小排到大，所以如果是从小排到大，则可以省略decreasing参数。如果设定"decreasing = TRUE"，则是从大排到小。

rank( )：传回向量对象，这个向量对象的内容是原向量对象的各元素在原向量对象从小到大排序后，在所得向量对象中的次序。

rev( )：这个函数可将向量对象颠倒排列。

实例ch4_27：排序函数的应用。

```
> baskets.NBA2016.Jordon
[1] 10  5  9 15  7 11
> sort(baskets.NBA2016.Jordon)              #从小排到大
[1]  5  7  9 10 11 15
> sort(baskets.NBA2016.Jordon, decreasing = TRUE)    #从大排到小
[1] 15 11 10  9  7  5
> rank(baskets.NBA2016.Jordon)
[1] 4 1 3 6 2 5
>
```

实例ch4_28：向量颠倒排列的应用。

```
> x <- c(7, 11, 4, 9, 6)
> rev(x)
[1]  6  9  4 11  7
>
```

6. 计算向量对象长度的函数

length( )：可计算向量对象的长度，也就是向量对象元素个数。

实例ch4_29：计算向量对象的长度。

```
> baskets.NBA2016.Jordon          #先检查此向量的元素内容
[1] 10  5  9 15  7 11
> x <- baskets.NBA2016.Jordon     #列出此向量的元素个数
> length(x)
[1] 6
>
```

很明显，该向量对象的元素有6个，所以传回长度是6。

7. 基本统计函数

sd( )：计算样本的标准差。

var( )：计算样本的方差。

实例ch4_30：基本统计函数的使用。

```
> sd(c(11, 15, 18))
[1] 3.511885
> var(14:16)
[1] 1
>
```

4-3 Inf、-Inf、NA的向量运算

前一小节所介绍的向量允许元素含有正无限大(Inf)、负无限大(-Inf)和缺失值(NA)。任何整数或实数值与Inf相加，结果均是Inf。任何整数或实数值与-Inf相加，结果均是-Inf。

实例 ch4_31：向量对象运算，其中函数内含 Inf 和 -Inf。

```
> max(c(43, 98, Inf))
[1] Inf
> sum(c(33, 98, Inf))
[1] Inf
> min(c(43, 98, Inf))
[1] 43
> min(c(43, 98, -Inf))
[1] -Inf
> sum(c(65, -Inf, 999))
[1] -Inf
>
```

如果函数中的向量对象的参数包含NA，则运算结果是NA。

实例 ch4_32：向量对象运算，其中函数参数内含 NA。

```
> max(c(98, 54, 123, NA))
[1] NA
>
```

为了克服向量对象元素可能有缺失值NA的情形，通常在函数内加上"na.rm = TRUE"参数，这样函数碰上有向量对象的参数是NA时，也可正常运算了。

实例 ch4_33：向量对象运算，其中向量对象的元素内含 NA，同时函数的参数含 "na.rm = TRUE"。

```
> max(c(98, 54, 123, NA), na.rm = TRUE)
[1] 123
> sum(c(100, NA, 200), na.rm = TRUE)
[1] 300
> min(c(98, 54, 123, NA), na.rm = TRUE)
[1] 54
>
```

特别需要注意的是，diff( )函数与累积函数cummax( )、cummin( )相同，无法使用去掉缺失值NA的参数"na.rm = TRUE"。

实例 ch4_34：diff( ) 和累积函数无法使用 "na.rm = TRUE" 参数的实例。

```
> x <- c(9, 7, 11, NA, 1)
> cummin(x)
[1] 9 7 7 NA NA
> cummax(x)
[1] 9 9 11 NA NA
> diff(x)
[1] -2 4 NA NA
>
```

上述cummin( )和cummax( )函数由于计算到第4个向量对象的元素碰上NA，自此以后的结果皆以NA表示。对于diff( )函数而言，第3个元素11和第4个元素NA比较是传回NA，第4个NA元素和第5个元素1比较也是传回NA。

4-4 R语言的字符串数据属性

至今所介绍的向量数据大都是整数，其实常见的R语言是可以有下列数据类型的。
- integer：整数。
- double：R语言在处理实数运算时，预设是用双精度实数计算和存储。
- character：字符串。

处理字符串向量对象与处理整数向量对象类似，可以使用c( )函数建立字符串向量，应特别留意字符串可以用双引号（ " " ）也可以用单引号（ ' '）。

实例ch4_35：建立一个字符串向量对象，并验证结果，本实例同时用双引号（ " " ）和单引号（ ' '）。

```
> x <- c("Hello R World")
> x
[1] "Hello R World"
> x.New <- ('Hello R World')
> x.New
[1] "Hello R World"
>
```

实例ch4_36：另外两种字符串向量对象的建立。

```
> x1 <- c("H", "e", "l" , "l", "o")
> x1
[1] "H" "e" "l" "l" "o"
> x2 <- c("Hello", "R", "World")
> x2
[1] "Hello" "R"     "World"
>
```

4-2节所介绍的length( )函数也可应用于字符串向量对象，可由此了解向量对象的长度(即元素的个数)。请留意，必须接着上述实例，执行下列实例。

实例ch4_37：延续上一个实例，计算向量对象的长度。

```
> length(x)
[1] 1
> length(x1)
[1] 5
> length(x2)
[1] 3
>
```

nchar( )函数可用于列出字符串向量对象每一个元素的字符数。

```
> nchar(x)
[1] 13
> nchar(x1)
[1] 1 1 1 1 1
> nchar(x2)
[1] 5 1 5
>
```

对上述两个实例的运行结果进行综合整理，结果如下所示。

"Hello R World"：向量对象的长度是1，字符数是13。

"H""e""l""l""o"：向量对象的长度是5，每一个元素的字符数是1。

"Hello""R""World"：向量对象的长度是3，每一个元素的字符数分别是5、1、5。

4-5 探索对象的属性

4-5-1 探索对象元素的属性

至今笔者已介绍整数向量对象、实数向量对象、字符串向量对象，在R语言程序的设计过程中，可能会有一时无法知道对象变量属性的情形，这时可以使用下列函数判断对象属性，判断结果如果是真则传回TRUE，否则传回FALSE。

◀ is.integer( )：对象是否为整数。

◀ is.numeric( )：对象是否为数字。

◀ is.double( )：对象是否为双精度实数。

◀ is.character( )：对象是否为字符串。

实例ch4_39：判断对象元素是否为整数的应用。

```
> x1 <- c(1:5)        #整数向量
> x2 <- c(1.5, 2.5)   #实数向量
> x3 <- c("Hello")    #字符串向量
> is.integer(x1)
[1] TRUE
> is.integer(x2)
[1] FALSE
> is.integer(x3)
[1] FALSE
>
```

对以下实例而言，x1、x2、x3对象内容与上述相同。

实例ch4_40：判断对象元素是否为数字的应用。

```
> is.numeric(x1)
[1] TRUE
> is.numeric(x2)
[1] TRUE
> is.numeric(x3)
[1] FALSE
>
```

实例ch4_41：判断对象元素是否为双精度实数的应用。

```
> is.double(x1)
[1] FALSE
> is.double(x2)
[1] TRUE
> is.double(x3)
[1] FALSE
>
```

实例ch4_42：判断对象元素是否为字符串的应用。

```
> is.character(x1)
[1] FALSE
> is.character(x2)
[1] FALSE
> is.character(x3)
[1] TRUE
>
```

4-5-2 探索对象的结构

str( )函数可用于探索对象的结构。对于向量对象而言，可由此了解对象的数据类型、长度和元素内容。

实例ch4_43：探索对象的结构。

```
> baskets.NBA2016.Lin       # 先了解向量对象内容
[1]  7  8  6 11  9 12
> str(baskets.NBA2016.Lin) # 验证与了解向量结构
 num [1:6] 7 8 6 11 9 12
>
```

从上述执行结果可知，baskets.NBA2016.Lin对象的结构是数据类型，即num(数值)，有1个维度，长度是6，元素内容分别是7、8、6、11、9、12。如果元素太多，则只列出部分元素内容。下列是查询字符串对象x1和x2的结构的实例。

实例ch4_44：探索另外两个对象的结构。

```
> x1 <- c("H", "e", "l", "l", "o")        # 建立对象x1
> str(x1)
 chr [1:5] "H" "e" "l" "l" "o"
> x2 <- c("Hello", "R", "World")          # 建立对象x2
> str(x2)
 chr [1:3] "Hello" "R" "World"
>
```

4-5-3 探索对象的数据类型

对于向量对象而言，可以使用class( )函数，了解此对象元素的数据类型。

实例ch4_45：class( )函数的应用，了解对象元素的数据类型。

```
> x1 <- c(1:5)
> x2 <- c(1.5, 2.5)
> x3 <- c("Hello!")
> class(x1)
[1] "integer"
> class(x2)
[1] "numeric"
> class(x3)
[1] "character"
>
```

需特别留意的是，如果向量对象内的元素同时包含整数、实数、字符时，若使用class( )判别它的数据类型，将返回"character"(字符)。

```
> x4 <- c(x1, x2, x3)
> class(x4)
[1] "character"
>
```

4-6 向量对象元素的存取

4-6-1 使用索引取得向量对象的元素

了解向量对象的概念后，本节将介绍如何取得向量内的元素，由先前实例可以看到每一个数据输出时，输出数据左边均有"[1]"，中括号内的" 1 "代表索引值，表示是向量对象的第1个元素。R语言与C语言不同，它的索引(index)值是从1开始(C语言从0开始)的。

实例ch4_46：认识向量对象的索引。

```
> numbers_List <- 25:1
> numbers_List
 [1] 25 24 23 22 21 20 19 18 17 16 15 14 13 12 11 10  9  8  7  6  5  4
[23]  3  2  1
>
```

在上述实例中，numbers_List向量对象的第1个元素是25，对应索引[1]，第2个元素是24，对应索引[2]，第23个元素是3，对应索引[23]。

实例ch4_47：延续前一实例，分别从向量对象numbers_List取得第3个数据、第19个数据和第24个数据的实例。

```
> numbers_List[3]
[1] 23
> numbers_List[19]
[1] 7
> numbers_List[24]
[1] 2
>
```

上述只是很普通的命令，R语言的酷炫之处在于索引也可以是一个向量对象，这个向量对象可用c( )函数建立起来。所以可以用下列简单的命令取代上述命令，取得索引值为3、19和24的值。

实例ch4_48：延续前一实例，索引也可以是向量的应用实例。

```
> numbers_List[c(3, 19, 24)]
[1] 23  7  2
>
```

此外，我们也可以用下列已建好的向量对象当作索引取代上述实例。

实例ch4_49：延续前一实例，索引也可以是向量对象的另一个应用实例。

```
> index_List <- c(3, 19, 24)
> numbers_List[index_List]
[1] 23  7  2
>
```

其实上述利用索引取得原向量部分元素(也可称子集)的过程为取子集(subsetting)。

4-6-2 使用负索引挖掘向量对象内的部分元素

我们可以利用索引取得向量对象的元素，也可以利用索引取得向量对象内不含特定索引所对应的部分元素，方法是使用负索引。

实例ch4_50：取得向量对象内不含第2个元素的所有其他元素。

```
> numbers_List    # 原先向量内容
 [1] 25 24 23 22 21 20 19 18 17 16 15 14 13 12 11 10  9  8  7  6
[21]  5  4  3  2  1
> numbers_List <- numbers_List[-2]
> numbers_List    # 新向量内容
 [1] 25 23 22 21 20 19 18 17 16 15 14 13 12 11 10  9  8  7  6  5
[21]  4  3  2  1
>
```

由上述实例可以看到新number_List向量对象不含元素内容24。此外，负索引也可以是一个向量对象，因此也可以利用此特性取得负索引向量对象所指以外的元素。

实例ch4_51：负索引也可以是一个向量对象的应用，如下是取得第1个到第15个以外元素的实例。

```
> numbers_List          # 原先向量内容
 [1] 25 23 22 21 20 19 18 17 16 15 14 13 12 11 10  9  8  7  6  5
[21]  4  3  2  1
> numbers_List <- numbers_List[-(1:15)]
> numbers_List          # 新向量内容
[1] 9 8 7 6 5 4 3 2 1
>
```

需留意的是，索引内使用"-(1：15)"，而不是"-1：15"。可参考下列实例。

实例 ch4_52：错误使用索引的实例。

```
> numbers_List[-1:15]
Error in numbers_List[-1:15] : 只有负数下标中才能有 0
>
```

4-6-3　修改向量对象元素值

使用向量对象做数据记录时，难免会有错，碰上这类情况，可以使用本节的方法修改向量对象元素值。下列是将Jordon第2场进球数修改为8的实例。

实例 ch4_53：修改向量对象元素值的应用实例。

```
> baskets.NBA2016.Jordon          # 列出各场次的进球数
[1] 10  5  9 15  7 11
> baskets.NBA2016.Jordon[2] <- 8  # 修正第2场进球数为8
> baskets.NBA2016.Jordon          # 验证结果
[1] 10  8  9 15  7 11
>
```

从上述结果，可以看到第2场进球数已经修正为8球了。此外，上述修改向量对象的索引参数也可以是一个向量对象，例如，假设第1场和第6场，Jordon的进球数皆是12，此时可使用下列方式修正。

实例 ch4_54：一次修改多个向量对象元素的应用实例。

```
> baskets.NBA2016.Jordon          # 列出各场次的进球数
[1] 10  8  9 15  7 11
> baskets.NBA2016.Jordon[c(1, 6)] <- 12   # 修正新的进球数
> baskets.NBA2016.Jordon          # 验证结果
[1] 12  8  9 15  7 12
>
```

当修改向量对象元素数据时，原始数据就没了，所以建议各位读者，在修改前可以先建立一份备份，下列是实例。

实例 ch4_55：修改向量对象前，先做备份的应用实例。

```
> baskets.NBA2016.Jordon
[1] 12  8  9 15  7 12
> copy.baskets.NBA2016.Jordon <- baskets.NBA2016.Jordon
> baskets.NBA2016.Jordon
[1] 12  8  9 15  7 12
> copy.baskets.NBA2016.Jordon
[1] 12  8  9 15  7 12
>
```

```
> baskets.NBA2016.Jordon
[1] 12  8  9 15  7 12
> baskets.NBA2016.Jordon[6] <- 14
> baskets.NBA2016.Jordon
[1] 12  8  9 15  7 14
> copy.baskets.NBA2016.Jordon
[1] 12  8  9 15  7 12
>
```

由上述实例可以看到Jordon第6场进球数已经被修正为14。如果现在想将Jordon的各场次进球数数据复原为原先备份的向量对象值，可参考下列实例。

```
> baskets.NBA2016.Jordon                              #列出各场次的进球数
[1] 12  8  9 15  7 14
> copy.baskets.NBA2016.Jordon                         #列出原先备份向量值
[1] 12  8  9 15  7 12
> baskets.NBA2016.Jordon <- copy.baskets.NBA2016.Jordon     #回复原先的备份值
> baskets.NBA2016.Jordon       #验证结果
[1] 12  8  9 15  7 12
>
```

4-6-4 认识系统内建的数据集letters和LETTERS

本小节将以R语言系统内建的数据集letters和LETTERS为例，讲解如何取得向量的部分元素或称取子集(subsetting)。

```
> letters
 [1] "a" "b" "c" "d" "e" "f" "g" "h" "i" "j" "k" "l" "m" "n" "o" "p" "q"
[18] "r" "s" "t" "u" "v" "w" "x" "y" "z"
> LETTERS
 [1] "A" "B" "C" "D" "E" "F" "G" "H" "I" "J" "K" "L" "M" "N" "O" "P" "Q"
[18] "R" "S" "T" "U" "V" "W" "X" "Y" "Z"
>
```

```
> letters[c(10, 18)]
[1] "j" "r"
>
```

```
> LETTERS[21:26]
[1] "U" "V" "W" "X" "Y" "Z"
>
```

对前面的实例而言，由于我们知道有26个字母，所以可用"21:26"取得最后6个元素。但是有许多数据集，我们不知道它们的元素个数，应该怎么办？R语言提供tail( )函数，可解决这方面的困扰，可参考下列实例。

```
> tail(LETTERS, 8)
[1] "S" "T" "U" "V" "W" "X" "Y" "Z"
> tail(LETTERS)
[1] "U" "V" "W" "X" "Y" "Z"
>
```

由上述实例可知，tail( ) 函数的第一个参数是数据集的对象名称，第二个参数是预计取得多少元素，如果省略第二个参数，系统自动返回6个元素。head( )函数使用方式与tail( )函数相同，但是返回数据集的最前面的元素。

实例 ch4_62：使用 head( ) 函数取得 LETTERS 对象的前 8 个元素。并且测试，如果省略第 2 个参数，会列出多少个元素？

```
> head(LETTERS, 8)
[1] "A" "B" "C" "D" "E" "F" "G" "H"
> head(LETTERS)
[1] "A" "B" "C" "D" "E" "F"
>
```

4-7 逻辑向量

4-7-1 基本应用

在先前介绍的函数运算中，笔者偶尔穿插使用了TRUE和FALSE，这个值在R语言中被称为逻辑值，这一节将对此做一个完整的说明。有些函数在使用时会传回TRUE或FALSE，例如，3-4节所介绍的is.finite( )、is.infinite( )，基本原则是，如果函数执行结果是真，则返回TRUE，如果是假，则返回FALSE。这两个值对于程序流程的控制很重要，未来章节会对其做详细的说明。

本节主要介绍含逻辑值的向量对象，当一个函数内的参数含有逻辑向量时，整个R语言的设计将显得更灵活。R语言可以用比较两个值的方式返回逻辑值。如表所示。

表达式	说明
x == y	如果x等于y, 则传回TRUE
x != y	如果x不等于y, 则传回TRUE
x > y	如果x大于y, 则传回TRUE
x >= y	如果x大于或等于y, 则传回TRUE
x < y	如果x小于y, 则传回TRUE
x <= y	如果x小于或等于y, 则传回TRUE
x & y	相当于AND运算, 如果x和y皆是TRUE则传回TRUE
x | y	相当于OR运算, 如果x或y是TRUE则传回TRUE
!x	相当于NOT运算, 则传回非x
xor(x, y)	相当于XOR运算, 如果x和y不同, 则传回TRUE

对于上述比较的表达式而言，x和y也可以是一个向量对象。

实例 ch4_63：下列实例是如果 Jordon 在比赛中的进球数高于 10 球则输出 TRUE，否则输出 FALSE。

```
> baskets.NBA2016.Jordon          #了解Jordon的各场次进球数
[1] 12  8  9 15  7 12
> baskets.NBA2016.Jordon > 10
[1]  TRUE FALSE FALSE  TRUE FALSE  TRUE
>
```

which( )函数所使用的参数是一个比较表达式，可以列出符合条件的索引值，相当于可以找出向量对象中的哪些元素是符合条件的。

实例 ch4_64：下列实例是列出 Jordon 进球超过 10 球的场次。

```
> baskets.NBA2016.Jordon          #了解Jordon的各场次进球数
[1] 12  8  9 15  7 12
> which(baskets.NBA2016.Jordon > 10)
[1] 1 4 6
>
```

which.max( )：可列出最大值的第1个索引值。

which.min( )：可列出最小值的第1个索引值。

一个向量对象的最大值可能会出现好几次，分别对应不同的索引，which.max( ) 函数则只列出第1个出现的最大值所对应索引值，which.min( )与which.max( )的含义相似，是列出第1个出现的最小值所对应索引值。

实例 ch4_65：下列实例是列出进球数最多和最少的场次。

```
> baskets.NBA2016.Jordon          #了解Jordon的各场次进球数
[1] 12  8  9 15  7 12
> which.max(baskets.NBA2016.Jordon)
[1] 4
> which.min(baskets.NBA2016.Jordon)
[1] 5
>
```

实例 ch4_66：下列是将 Jordon 和 Lin 做比较，同时列出 Jordon 进球数较多的场次。

```
> baskets.NBA2016.Jordon          #了解Jordon的各场次进球数
[1] 12  8  9 15  7 12
> baskets.NBA2016.Lin             #了解Lin的各场次进球数
[1]  7  8  6 11  9 12
> best.baskets <- baskets.NBA2016.Jordon > baskets.NBA2016.Lin
> which(best.baskets)
[1] 1 3 4
>
```

在上述实例中，可以发现Jordon和Lin有两场比赛进球数相同，如果修改，列出Jordon与Lin进球数相同或Jordan进球数较多的场次，则可以参考下列实例。

实例 ch4_67：列出 Jordon 与 Lin 进球数相同或 Jordan 进球数较多的场次。

```
> baskets.NBA2016.Jordon          #了解Jordon的各场次进球数
[1] 12  8  9 15  7 12
> baskets.NBA2016.Lin             #了解Lin的各场次进球数
[1]  7  8  6 11  9 12
> best.baskets <- baskets.NBA2016.Jordon >= baskets.NBA2016.Lin
> which(best.baskets)
[1] 1 2 3 4 6
>
```

当然我们也可以继续延伸使用best.baskets向量对象。

实例ch4_68：下列实例是使用best.baskets向量对象列出Jordon在得分较多或与Lin相同的比赛中的实际进球数，同时也列出Lin的进球数。

```
> baskets.NBA2016.Jordon[best.baskets]
[1] 12  8  9 15 12
> baskets.NBA2016.Lin[best.baskets]
[1]  7  8  6 11 12
>
```

4-7-2 Inf、-Inf和缺失值NA的处理

使用逻辑表达式进行筛选满足一定条件的值时，若是碰上NA，会如何呢？请看下列实例。

实例ch4_69：NA在逻辑表达式的应用。

```
> x <- c(9, 1, NA, 8, 6)
> x[x > 5]
[1] 9 NA 8 6
>
```

从上述实例看，好像是NA大于5，所以NA也返回。

非也。

任何比较，对于NA而言均是返回NA，可参考下列实例。

实例ch4_70：NA在逻辑表达式中的另一个应用。

```
> x <- c(9, 1, NA, 8, 6)
> x > 5
[1]  TRUE FALSE    NA  TRUE  TRUE
>
```

接下来考虑的是Inf和-Inf，可参考下列的实例。

实例ch4_71：Inf在逻辑表达式的应用。

```
> x <- c(9, 1, Inf, 8, 6)
> x[x > 5]
[1]   9 Inf   8   6
>
```

由上述实例可知，Inf的确大于5所以上述也返回Inf的索引。可以用下列实例验证这个结果。

实例ch4_72：Inf在逻辑表达式中的另一个应用。

```
> x <- c(9, 1, Inf, 8, 6)
> x > 5
[1]  TRUE FALSE  TRUE  TRUE  TRUE
>
```

很明显，当比较Inf是否大于5时，是返回TRUE的。接下来，下列是用-Inf测试的实例。

实例ch4_73：-Inf在逻辑表达式的应用。

```
> x <- c(9, 1, -Inf, 8, 6)
> x[x > 5]
[1] 9 8 6
> x > 5
[1]  TRUE FALSE FALSE  TRUE  TRUE
>
```

很明显，-Inf是小于5，所以返回FALSE。

4-7-3 多组逻辑表达式的应用

再度使用Jordon的进球数，下列实例可得到Jordon的最高进球数和最低进球数。

实例ch4_74：得到Jordon最高进球数和最低进球数。

```
> baskets.NBA2016.Jordon              #了解Jordon的各场次进球数
[1] 12  8  9 15  7 12
> max.baskets.Jordon <- max(baskets.NBA2016.Jordon)
> min.baskets.Jordon <- min(baskets.NBA2016.Jordon)
>
```

有了以上数据，可用下列方法求得某区间的数据。

```
> max.baskets.Jordon <- max(baskets.NBA2016.Jordon)     #最高进球数
> min.baskets.Jordon <- min(baskets.NBA2016.Jordon)     #最低进球数
> lower.baskets <- baskets.NBA2016.Jordon < max.baskets.Jordon   #非最高进球场次
> upper.baskets <- baskets.NBA2016.Jordon > min.baskets.Jordon   #非最低进球场次
> range.basket.Jordon <- lower.baskets & upper.baskets          #我们要的区间场次
> which(range.basket.Jordon)                                     #列出我们要的区间场次
[1] 1 2 3 6
> baskets.NBA2016.Jordon[range.basket.Jordon]          #列出区间场次的进球数
[1] 12  8  9 12
>
```

由上述运算可知，lower.baskets是得到非最高进球数的场次[1, 2, 3, 5, 6]，upper.baskets是得到非最低进球数的场次[1, 2, 3, 4, 6]，接着我们用逻辑运算符号" & "，可以得到非最高进球数与最低进球数的场次是[1, 2, 3, 6]。

4-7-4 NOT表达式

从4-7-2节的实例可知，若向量对象中含缺失值NA，会造成我们使用时的错乱，当碰上这类状况时，可先用" is.na( ) "函数判断是否含有NA，然后再用" !is.na( ) "，即可剔除NA，可参考下列实例。

```
> x <- c(9, 1, NA, 8, 6)
> x[x > 5 & !is.na(x)]
[1] 9 8 6
>
```

若与4-7-2节的实例做比较，则可以看到NA被剔除了。

4-7-5 逻辑值TRUE和FALSE的运算

R语言和其他高级语言一样(例如C语言)，可以将TRUE视为1，将FALSE视为0使用。下列实例可列出，Jordon共有几场进球数比Lin多或一样多。

```
> baskets.NBA2016.Jordon          #了解Jordon的各场次进球数
[1] 12  8  9 15  7 12
> baskets.NBA2016.Lin            #了解Lin的各场次进球数
[1]  7  8  6 11  9 12
> better.baskets <- baskets.NBA2016.Jordon >= baskets.NBA2016.Lin
> sum(better.baskets)
[1] 5
>
```

any( )函数的用法是，只要参数向量对象有1个元素是TRUE，则传回TRUE。

```
> baskets.NBA2016.Jordon          #了解Jordon的各场次进球数
[1] 12  8  9 15  7 12
> baskets.NBA2016.Lin             #了解Lin的各场次进球数
[1]  7  8  6 11  9 12
> better.baskets <- baskets.NBA2016.Jordon > baskets.NBA2016.Lin
> any(better.baskets)
[1] TRUE
> .
```

在上述实例中，笔者将better.baskets调整为Jordon的进球数需大于Lin的进球数，才传回TRUE。由于仍有3场比赛Jordon的进球数是大于Lin的进球数，所以any( )函数返回TRUE。

另外一个常用函数是all( )，用法是：所有参数需是TRUE，才传回TRUE。

```
> baskets.NBA2016.Jordon          #了解Jordon的各场次进球数
[1] 12  8  9 15  7 12
> baskets.NBA2016.Lin             #了解Lin的各场次进球数
[1]  7  8  6 11  9 12
> better.baskets <- baskets.NBA2016.Jordon >= baskets.NBA2016.Lin
> all(better.baskets)
[1] FALSE
>
```

在上述实例，笔者将better.baskets调整为Jordon的进球数需大于或等于Lin的进球数，才传回TRUE。虽然有5场比赛Jordon的进球数大于Lin的进球数，但仍有1场比赛Jordon的进球数小于Lin的进球数，因此all( )函数仍返回FALSE。

4-8　不同长度向量对象相乘的应用

在实例ch4_7和ch4_8中，笔者介绍了两个不同长度向量对象相加的实例，本节将讲解两个不同长度向量对象相乘的应用实例，不同长度向量对象相乘的基本原则是，长的向量对象长度是短的向量对象长度的倍数，本节将直接以实例作说明。

```
> #列出6场球赛2分球和3分球的进球数
> baskets.Balls.Jordon <- c(12, 3, 8, 2, 9, 4, 15, 5, 7, 2, 12, 3)
> scores.Jordon <- baskets.Balls.Jordon * c(2, 3)        # 计算得分向量
> scores.Jordon                                          # 列出得分向量
 [1] 24  9 16  6 18 12 30 15 14  6 24  9
> sum(scores.Jordon)                                     # 列出Jordon 6场比赛总得分
[1] 183
> scores.Average.Jordon <- sum(scores.Jordon) / 6        # 求出Jordon 6场比赛平均得分
> scores.Average.Jordon                                  # 列出Jordon 6场比赛平均得分
[1] 30.5
>
```

由上述实例可以看到baskets.Balls.Jordon的奇数元素会乘c(2, 3)中的2，偶数元素会乘c(2, 3)中的3，所以可以产生得分scores.Jordon向量对象，其中奇数元素是2分球产生的分数，偶数元素是3分球产生的分数。接着可以很轻松地计算6场比赛的总得分和平均得分。

4-9 向量对象的元素名称

4-9-1 建立简单含元素名称的向量对象

虽然我们可以使用索引很方便地取得向量对象的元素，但R语言有一个强大的功能是为向量对象的每一个元素命名，未来我们也可以利用对象的元素名称引用元素内容。下列是建立向量对象，同时给对象元素命名的方法。

object <- c(name1= data1, name2 = data2 …)

实例ch4_81：为Jordon的前三场NBA得分，建立一个含元素名称的向量对象。在本实例中，除了建立此含元素名称的向量对象baskets.NBA.Jordon外，同时列出各元素名称、元素值和此对象的结构。

```
> baskets.NBA.Jordon <- c(first = 28, second = 31, third = 35)
> baskets.NBA.Jordon[1]
first
   28
> baskets.NBA.Jordon[2]
second
    31
> baskets.NBA.Jordon[3]
third
   35
> str(baskets.NBA.Jordon)
 Named num [1:3] 28 31 35
 - attr(*, "names")= chr [1:3] "first" "second" "third"
>
```

4-9-2 names( )函数

使用names( )函数可以查询向量对象元素的名称，也可更改向量元素的名称。

实例ch4_82：查询前一实例所建的元素名称。

```
> names(baskets.NBA.Jordon)
[1] "first"  "second" "third"
>
```

names( )函数也可以用来修改元素名称。

实例ch4_83：修改对象baskets.NBA.Jordon的元素名称，并验证结果。

```
> names(baskets.NBA.Jordon) <- c("Game1", "Game2", "Game3")   # 修改元素名称
> baskets.NBA.Jordon
Game1 Game2 Game3
   28    31    35
>
```

如果想要删除向量对象的元素名称，只要将其设为NULL即可，例如下列命令可以将上述实例所建向量对象baskets.NBA.Jordon的元素名称删除。

names(baskets.NBA.Jordon) <- NULL

month.name是系统内建一个数据集，此向量对象内容如下所示。

```
> month.name
 [1] "January"   "February"  "March"     "April"     "May"
 [6] "June"      "July"      "August"    "September" "October"
[11] "November"  "December"
>
```

有了以上数据集，我们可以用另一种方式为向量建立元素名称。

实例ch4_84：建立一个月份表，这个月份表的元素含当月月份的英文名称和当月天数。

```
> month.data <- c(31, 28, 31, 30, 31, 30, 31, 31, 30, 31, 30, 31)
> names(month.data) <- month.name
> month.data    # 列出结果
  January  February     March     April       May      June      July    August
       31        28        31        30        31        30        31        31
September   October  November  December
       30        31        30        31
>
```

实例ch4_85：列出天数为30天的月份。

```
> names(month.data[month.data == 30])
[1] "April"     "June"      "September" "November"
>
```

4-9-3　使用系统内建的数据集islands

这个数据集含有全球48个岛屿的名称及面积，其内容如下所示。

```
> islands
          Africa      Antarctica            Asia       Australia
           11506            5500           16988            2968
    Axel Heiberg          Baffin           Banks          Borneo
              16             184              23             280
         Britain         Celebes           Celon            Cuba
              84              73              25              43
           Devon       Ellesmere          Europe       Greenland
              21              82            3745             840
          Hainan      Hispaniola        Hokkaido          Honshu
              13              30              30              89
         Iceland         Ireland            Java          Kyushu
              40              33              49              14
           Luzon      Madagascar        Melville        Mindanao
              42             227              16              36
        Moluccas     New Britain      New Guinea New Zealand (N)
              29              15             306              44
  New Zealand (S)    Newfoundland   North America   Novaya Zemlya
              58              43            9390              32
 Prince of Wales        Sakhalin   South America     Southampton
              13              29            6795              16
      Spitsbergen         Sumatra          Taiwan        Tasmania
              15             183              14              26
 Tierra del Fuego           Timor       Vancouver        Victoria
              19              13              12              82
>
```

上述数据集是依照英文字母排列此数据元素的，下列是一系列取此数据集子集的实例。

实例ch4_86：取子集并依岛屿大小从大到小排列。

```
> newislands <- sort(islands, decreasing = TRUE)
> newislands
            Asia           Africa     North America    South America
           16988            11506             9390             6795
      Antarctica           Europe        Australia        Greenland
            5500             3745             2968              840
      New Guinea           Borneo       Madagascar           Baffin
             306              280              227              184
         Sumatra           Honshu          Britain        Ellesmere
             183               89               84               82
        Victoria          Celebes   New Zealand (S)             Java
              82               73               58               49
  New Zealand (N)             Cuba     Newfoundland            Luzon
              44               43               43               42
         Iceland         Mindanao          Ireland    Novaya Zemlya
              40               36               33               32
      Hispaniola         Hokkaido         Moluccas         Sakhalin
              30               30               29               29
         Tasmania            Celon            Banks            Devon
              26               25               23               21
 Tierra del Fuego    Axel Heiberg         Melville      Southampton
              19               16               16               16
      New Britain      Spitsbergen           Kyushu           Taiwan
              15               15               14               14
          Hainan Prince of Wales            Timor        Vancouver
              13               13               13               12
```

实例ch4_87：取面积最小的10个岛屿。

```
> small10.islands <- tail(sort(islands, decreasing = TRUE), 10)
> small10.islands
        Melville      Southampton      New Britain      Spitsbergen
              16               16               15               15
          Kyushu           Taiwan           Hainan Prince of Wales
              14               14               13               13
           Timor        Vancouver
              13               12
>
```

如果只想取得岛屿的名称，可参考下列实例。

实例ch4_88：取面积最大的10个岛屿的名称，只列出名称。

```
> big10.islands <- names(head(sort(islands, decreasing = TRUE), 10))
> big10.islands
 [1] "Asia"          "Africa"       "North America" "South America"
 [5] "Antarctica"    "Europe"       "Australia"     "Greenland"
 [9] "New Guinea"    "Borneo"
>
```

实例ch4_89：以不用head( )函数的方式，完成前一个实例。

```
> big10.islands <- names(sort(islands, decreasing = TRUE)[1:10])
> big10.islands
 [1] "Asia"          "Africa"       "North America" "South America"
 [5] "Antarctica"    "Europe"       "Australia"     "Greenland"
 [9] "New Guinea"    "Borneo"
>
```

一. 判断题

(   ) 1. 有如下两个命令。

```
> x <- -2.5:-3.9
> length(x)
```

上述命令执行结果如下所示。

```
[1] 3
```

(   ) 2. 有如下两个命令。

```
> x <- 1:3
> y <- x + 9:11
```

上述命令执行后，下列的执行结果是正确的。

```
> y
[1] 10 11 12
```

(   ) 3. 下列命令在执行时会出现Warning message。

```
> x <- 1:5
> y <- x + 1:10
```

(   ) 4. 在R语言的Console窗口，若某行命令以数学符号(+、-、*、/)做结尾，此时R语言的编译程序会知道下一行命令是接续此行。

(   ) 5. 有如下两个命令。

```
> x <- c(7, 12, 6, 20, 9)
> sort(x)
```

上述命令执行结果如下所示。

```
[1] 20 12  9  7  6
```

(   ) 6. 有如下命令。

```
> sum(c(99, NA, 101, NA), na.rm = TRUE)
```

上述命令执行时会有错误信息产生。

(   ) 7. 字符串是可以用双引号(“ ”)也可以用单引号(‘ ’)括起来的。

(   ) 8. 有如下4个命令。

```
> x1 <- c(1:2)
> x2 <- c(1.5:2.5)
> x3 <- c(x1, x2)
> class(x3)
```

上述命令的执行结果如下所示。

```
[1] "numeric"
```

(   ) 9. 有如下两个命令。

```
> x <- 1:5
> x[-(2:5)]
```

上述命令的执行结果如下所示。

```
[1] 1
```

（　　）10. 有如下两个命令。

```
> head(letters)
[1] "a" "b" "c" "d" "e" "f"
> letters[c(1, 5)]
```

上述命令的执行结果如下所示。

```
[1] "e"
```

（　　）11. 有如下两个命令。

```
> x <- c(10, NA, 3, 8)
> x[x > 6]
```

上述命令的执行结果如下所示。

```
[1] 10 NA  8
```

（　　）12. 有如下3个命令。

```
> x <- c(10, Inf, 3, 8)
> y <- x > 6
> any(y)
```

上述命令的执行结果如下所示。

```
[1] FALSE
```

（　　）13. 有如下3个命令。

```
> x <- c(5, 7)
> names(x) <- c("Game1", "Game2")
> names(x) <- NULL
```

上述命令相当于是将x向量对象的元素值设为0。

（　　）14. 有如下两个命令。

```
> x.small <- names(head(sort(islands)))
> y.small <- names(sort(islands)[1:6])
```

上述x.small和y.small两个向量对象的内容相同。

（　　）15. R语言逻辑运算的结果只可能有两种：TRUE或者FALSE。

（　　）16. 有如下命令。

```
> x[ is.na(x) ] <- 0
```

上述命令执行后，会将x对象内的所有缺失值以0替代。

（　　）17. 有如下命令.

```
> x <- seq(-10, 10, 15)
```

上述命令执行后，x向量对象的最大值是10。

二. 单选题

（　　）1. 假设有n个字母，想了解这n个字母的排列组合方法，下列哪一个函数可以最方便解这类问题？

  A. max( )   B. mean( )   C. sd( )   D. prod( )

（　　）2. 以下命令会得到以下哪个数值结果？

```
> x <- 1:3
> y <- x + 1:6
> y
```

  A. [1] 1 3 5   B. [1] 2 4 5

  C. [1] 2 4 6 5 7 9   D. [1] 2 4 5 6 8 9

(　) 3. 以下命令会得到以下哪个数值结果？

```
> seq(1, 9, length.out = 5)
```

A. [1] 1 3 5 7 9　　　　　　　　　　B. [1] 1 6

C. [1] 1 2 3 4 5 6　　　　　　　　　D. [1] 5 6 7 8 9

(　) 4. 以下数值结果来自以下哪个命令？

[1] 2 2 2

A. > rep(3, 2)　　　　　　　　　　B. > rep(2, 3)

C. > rep(2, 2, 2)　　　　　　　　　D. > rep(3, 2, 2)

(　) 5. 以下命令会得到以下哪个数值结果？

```
> x <- mean(8:12)
> x
```

A. [1] 10　　　　　B. [1] 8　　　　　C. [1] 12　　　　　D. [1] 5

(　) 6. 以下命令会得到以下哪个数值结果？

```
> x <- c(12, 7, 8, 4, 19)
> rank(x)
```

A. **[1]** 12　7　8　4 19　　　　　B. **[1]**　4　7　8 12 19

C. **[1]** 4 2 3 1 5　　　　　　　D. **[1]** 19 12　8　7　4

(　) 7. 以下命令会得到以下哪个数值结果？

```
> max(c(9, 99, Inf, NA))
```

A. [1] 9　　　　　B. [1] 99　　　　　C. [1] Inf　　　　　D. [1] NA

(　) 8. 以下命令会得到以下哪个数值结果？

```
> max(c(9, 99, Inf, NA), na.rm = TRUE)
```

A. [1] 9　　　　　B. [1] 99　　　　　C. [1] Inf　　　　　D. [1] NA

(　) 9. 以下命令会得到以下哪个数值结果？

```
> x <- c("Hi!", "Good", "Morning")
> nchar(x)
```

A. [1] 3 4 7　　　　　B. [1] 3　　　　　C. [1] 14　　　　　D. [1] 7 7

(　) 10. 以下命令会得到以下哪个数值结果？

```
> head(letters, 5)
[1] "a" "b" "c" "d" "e"
> letters[c(1, 5)]
```

A. [1] "a"　　　　　　　　　　B. [1] "a"　　"e"

C. [1] "b"　　　　　　　　　　D. [1] "b"　　"c"　　"d"

(　) 11. 以下命令会得到以下哪个数值结果？

```
> x <- c(8, 12, 19, 4, 5)
> which.max(x)
```

A. [1] 19　　　　　B. [1] 3　　　　　C. [1] 4　　　　　D. [1] 5

(　) 12. 以下命令会得到以下哪个数值结果？

```
> x <- c(6, 9, NA, 4, 2)
> x[x > 5 & !is.na(x)]
```

A. [1] 6 9　　　　B. [1] 6 9 NA　　　　C. [1] 6 9 NA 4 2　　　　D. [1] 4 2

( ) 13. 有以下命令。

```
> x1 <- c(9, 6, 8, 3, 4)
> x2 <- c(6, 10, 1, 2, 5)
> y <- x1 >= x2
```

将y放进哪一个函数内可以得到下列结果？

```
[1] FALSE
```

A. any( )   B. rev( )

C. sort( )   D. all( )

( ) 14. 使用head( )或tail( )函数，若省略第2个参数，系统将自动返回多少个元素？

A. 1   B. 3   C. 5   D. 6

( ) 15. 有以下命令。

```
> x <- 1:10
> names(x) <- letters[x]
> x
 a  b  c  d  e  f  g  h  i  j
 1  2  3  4  5  6  7  8  9 10
```

以下哪种方法不能传回x向量的前5个元素？即：

```
 a  b  c  d  e
 1  2  3  4  5
```

A. x["a"，"b"，"c"，"d"，"e"]   B. x[1:5]

C. head(x, 5)   D. x[letters[1:5]]

( ) 16. 以下命令集会得到以下哪个数值结果？

```
> x <- seq(-2, 2, 0.5)
> length(x)
```

A. [1] 5   B. [1] 9   C. [1] 2   D. [1] 8

( ) 17. 以下命令集会得到以下哪个数值结果？

```
> c(3, 2, 1) == 2
```

A. [1] TRUE   B. [1] FALSE

C. [1] FALSE TRUE FALSE   D. [1] NA

三. 多选题

( ) 1. 以下哪些方式可以用来计算1, 2, 3, 4的平均值？执行结果如下所示。(选择2项)

```
[1] 2.5
```

A. mean(1, 2, 3, 4)   B. mean(c(1, 2, 3, 4))

C. sum(c(1, 2, 3, 4))/4   D. max(c(1, 2, 3, 4))

E. ave(c(1, 2, 3, 4))

( ) 2. 以下哪些函数可以用来产生如下x向量？(选择3项)

```
[1]  1  2  3  4  5  6  7  8  9 10
```

A. seq(10)   B. seq_len(10)   C. numeric(10)

D. 1:10   E. seq(1,10,10)

四. 实际操作题(如果题目有描述不详细时，请自行假设条件)

1. 建立家人的向量数据。

(1) 将家人或亲人(至少10人)的名字建立为字符向量对象，同时为每一个元素建立名称，并打印出来。

```
> fname
[1] "Austin"  "Ben"      "Charlie" "Danial" "Ellen"  "Frank"
[7] "Golden"  "Helen"    "Ivan"    "Jessie"
```

(2) 将家人血型(至少10人)建立为字符串向量对象,可用英文,同时为每一个元素建立名称,并打印出来。

```
> fblood
Austin    Ben Charlie  Danial   Ellen  Frank  Golden   Helen
  "A"     "O"    "O"      "B"     "O"    "B"     "A"    "AB"
  Ivan Jessie
  "O"     "O"
```

(3) 将家人或亲人(至少10人)的年龄建立为整数向量对象,同时为每一个元素建立名称,并打印出来。

```
> fage
Austin    Ben Charlie  Danial   Ellen  Frank  Golden   Helen
    22     23     21      20      20     19      18      18
  Ivan Jessie
    19     20
```

(4) 将上述所建的年龄向量,执行从小排序到大。

```
> agesort
Golden   Helen   Frank    Ivan  Danial   Ellen  Jessie Charlie
    18      18      19      19      20      20      20      21
Austin    Ben
    22      23
```

(5) 将上述所建的年龄向量,执行从大排序到小。

```
> reagesort
   Ben  Austin Charlie  Danial   Ellen  Jessie   Frank    Ivan
    23      22      21      20      20      20      19      19
Golden   Helen
    18      18
```

2. 参考实例ch4_84,列出当月有31天的月份。

```
> names(month.data[month.data==31])
[1] "January" "March"   "May"     "July"    "August"  "October"
[7] "December"
```

3. 使用系统内建数据集islands,列出面积排序第30和35名的岛名称和面积。

```
New Zealand (S)        Honshu
             58            89
```

4. 使用系统内建数据集islands,列出面积排序前15和最后15的岛名称和面积。

```
  Vancouver        Hainan Prince of Wales          Timor
         12            13              13             13
     Kyushu        Taiwan     New Britain     Spitsbergen
         14            14              15             15
Axel Heiberg      Melville     Southampton Tierra del Fuego
         16            16              16             19
      Devon         Banks           Celon
         21            23              25
```

5. 使用系统内建数据集islands,分别列出排在奇数位和偶数位的岛名称和面积。

```
      Britain        Honshu       Sumatra        Baffin
           84            89           183           184
   Madagascar        Borneo   New Guinea     Greenland
          227           280           306           840
    Australia        Europe    Antarctica South America
         2968          3745          5500          6795
North America        Africa          Asia
         9390         11506         16988
```

6. 使用系统内建数据集islands，分别列出排序奇数的岛名称和面积。

Vancouver	Prince of Wales	Kyushu	New Britain
12	13	14	15
Axel Heiberg	Southampton	Devon	Celon
16	16	21	25
Moluccas	Hispaniola	Novaya Zemlya	Mindanao
29	30	32	36
Luzon	Newfoundland	Java	Celebes
42	43	49	73
Victoria	Honshu	Baffin	Borneo
82	89	184	280
Greenland	Europe	South America	Africa
840	3745	6795	11506

7. 使用系统内建数据集islands，分别列出排序偶数的岛名称和面积。

Hainan	Timor	Taiwan	Spitsbergen
13	13	14	15
Melville	Tierra del Fuego	Banks	Tasmania
16	19	23	26
Sakhalin	Hokkaido	Ireland	Iceland
29	30	33	40
Cuba	New Zealand (N)	New Zealand (S)	Ellesmere
43	44	58	82
Britain	Sumatra	Madagascar	New Guinea
84	183	227	306
Australia	Antarctica	North America	Asia
2968	5500	9390	16988

第 **5** 章　处理矩阵与更高维数据

　　向量(vector)对象相当于是Microsoft Excel表格的一行(row)或一列(column)，同时存放着相同类型的数据。在真实的世界里，这是不够的，我们常碰上需要处理不同类型的数据的情况。

　　在数据中，一维数据称向量，二维数据称矩阵(matrix)，超过二维的数据称三维或多维数组(array)对象。如下图所示。

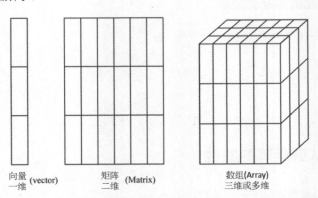

向量　　　　　　矩阵　　　　　　　数组(Array)
一维 (vector)　二维 (Matrix)　　三维或多维

此外，也可将向量称一维数组，将矩阵称二维数组，其余则依维度数称N维数组。

5-1 矩阵

若是将向量想成线，可将矩阵想成面。对R语言程序设计师而言，首先要思考的是如何建立矩阵。

5-1-1 建立矩阵

建立矩阵可使用matrix( )函数，格式如下：

```
matrix(data, nrow =, ncol =, byrow = logical, dimnames = NULL)
```

◀ data：数据。
◀ nrow：预计行的数量。
◀ ncol：预计列的数量。
◀ byrow：逻辑值。预设是FALSE，表示先按列填数据，第1列填满再填第2列，其他依此类推，因此，若先填列则可省略此参数。如果该值是TRUE则按行填数据，即第1行填满再填第2行，其他依此类推。
◀ dimnames：矩阵的属性，即行名和列名。

实例ch5_1：建立first.matrix，数据为1:12，4行的矩阵。

```
> first.matrix <- matrix(1:12, nrow = 4)
> first.matrix
     [,1] [,2] [,3]
[1,]    1    5    9
[2,]    2    6   10
[3,]    3    7   11
[4,]    4    8   12
>
```

实例ch5_2：建立second.matrix，数据为1:12，4行矩阵，byrow设为TRUE。

```
> second.matrix <- matrix(1:12, nrow = 4, byrow = TRUE)
> second.matrix
     [,1] [,2] [,3]
[1,]    1    2    3
[2,]    4    5    6
[3,]    7    8    9
[4,]   10   11   12
>
```

实例ch5_3：建立third.matrix，数据为1:12，4行矩阵，byrow设为FALSE。这个实例的执行结果与ch5_1相同。

```
> third.matrix <- matrix(1:12, nrow = 4, byrow = FALSE)
> third.matrix
     [,1] [,2] [,3]
[1,]    1    5    9
[2,]    2    6   10
[3,]    3    7   11
[4,]    4    8   12
>
```

5-1-2 认识矩阵的属性

str( )函数也可以查看矩阵对象的结构。

```
> str(first.matrix)
 int [1:4, 1:3] 1 2 3 4 5 6 7 8 9 10 ...
> str(second.matrix)
 int [1:4, 1:3] 1 4 7 10 2 5 8 11 3 6 ...
>
```

使用nrow( )函数可以得到矩阵的行数。

```
> nrow(first.matrix)
[1] 4
> nrow(second.matrix)
[1] 4
>
```

使用ncol( )函数可以得到矩阵的列数。

```
> ncol(first.matrix)
[1] 3
> ncol(second.matrix)
[1] 3
>
```

使用dim( )函数则可以获得矩阵对象的行数和列数。

```
> dim(first.matrix)
[1] 4 3
> dim(second.matrix)
[1] 4 3
>
```

5-1-3 将向量组成矩阵

R语言提供的rbind( )函数可将两个或多个向量组成矩阵，每个向量各自占用一行。

此外，length( )函数也可用于取得矩阵或三维数组或多维数组对象的元素个数。

```
> length(first.matrix)
[1] 12
> length(second.matrix)
[1] 12
>
```

is.matrix( )函数可用于检查对象是否是矩阵。

```
> is.matrix(first.matrix)
[1] TRUE
> is.matrix(second.matrix)
[1] TRUE
>
```

is.array( )函数可用于检查对象是否是数组。

```
> is.array(first.matrix)
[1] TRUE
> is.array(second.matrix)
[1] TRUE
>
```

```
> v1 <- c(7, 11, 15)          # 向量1
> v2 <- c(5, 10, 9)           # 向量2
> a1 <- rbind(v1, v2)         # 组合
> a1
   [,1] [,2] [,3]
v1   7   11   15
v2   5   10    9
>
```

由以上程序可以看到矩阵左边保留了原向量对象的名称，后面章节会介绍如何使用这个向量名称。

实例ch5_12：矩阵也可以和向量组合成矩阵。

```
> v3 <- c(3, 6, 12)           # 向量3
> a2 <- rbind(a1, v3)         # 组合
> a2
   [,1] [,2] [,3]
v1   7   11   15
v2   5   10    9
v3   3    6   12
>
```

在上一章笔者讲解了有关baskets.NBA2016.Jordon和baskets.NBA2016.Lin这两个向量对象，下列是将这两个对象组成矩阵的实例。

实例ch5_13：将baskets.NBA2016.Jordon和baskets.NBA2016.Lin组成矩阵的实例。

```
> baskets.NBA2016.Lin
[1] 7 8 6 11 9 12
> baskets.NBA2016.Jordon
[1] 12 8 9 15 7 12
> baskets.NBA2016.Team <- rbind(baskets.NBA2016.Lin, baskets.NBA2016.Jordon)
> baskets.NBA2016.Team
                      [,1] [,2] [,3] [,4] [,5] [,6]
baskets.NBA2016.Lin      7    8    6   11    9   12
baskets.NBA2016.Jordon  12    8    9   15    7   12
>
```

cbind( )函数可将两个或多个向量组成矩阵，功能类似rbind( )。不过，它是以每个向量各占一列的方式来组织向量的。

实例ch5_14：使用cbind( )函数重新设计实例ch5_11。

```
> v1 <- c(7, 11, 15)          # 向量1
> v2 <- c(5, 10, 9)           # 向量2
> a3 <- cbind(v1, v2)         # 组合
> a3
     v1 v2
[1,]  7  5
[2,] 11 10
[3,] 15  9
>
```

实例ch5_15：使用cbind( )将两个向量与一个矩阵组成矩阵的应用实例。

```
> cbind(1:3, 11:13, matrix(21:26, nrow = 3))
     [,1] [,2] [,3] [,4]
[1,]    1   11   21   24
[2,]    2   12   22   25
[3,]    3   13   23   26
>
```

5-2 取得矩阵元素的值

使用索引执行矩阵元素的存取与上一章所述的存取向量元素的方法类似。

5-2-1　矩阵元素的取得

与向量相同，索引值必须在中括号内，中括号中的第一个参数是行，第二个是列。

实例ch5_16：使用实例ch5_12所建矩阵对象a2，取得a2[2, 1]和a2[1, 3]对应的值。

```
> a2
   [,1] [,2] [,3]
v1    7   11   15
v2    5   10    9
v3    3    6   12
> a2[2, 1]
v2
 5
> a2[1, 3]
v1
15
>
```

在取得矩阵元素内容时，如果原矩阵有行名或列名，那么行名与列名也将同时列出。假设有一个my.matrix矩阵，其内容如下。

```
> my.matrix <- matrix(1:20, nrow = 4)
> my.matrix
     [,1] [,2] [,3] [,4] [,5]
[1,]    1    5    9   13   17
[2,]    2    6   10   14   18
[3,]    3    7   11   15   19
[4,]    4    8   12   16   20
>
```

下列是一系列取得my.matrix矩阵内容值的实例(ch5_17至ch5_22)。

实例ch5_17：取得my.matrix[3, 5]的实例。

```
> my.matrix[3, 5]
[1] 19
>
```

实例ch5_18：取得my.matrix[2,]，相当于取得第2行的所有元素。

```
> my.matrix[2, ]
[1]  2  6 10 14 18
>
```

注：当某一索引被省略时，则代表该维度的行或列均必须被计算在内。

实例ch5_19：取得my.matrix[, 3]，相当于取得第3列的所有元素。

```
> my.matrix[ , 3]
[1]  9 10 11 12
>
```

实例ch5_20：取得my.matrix[2, c(3,4)]，相当于取得第2行第3列和第4列的元素。

```
> my.matrix[2, c(3,4)]
[1] 10 14
>
```

也可将上述命令改写成下列的命令格式。

```
> my.matrix[2, 3:4]
[1] 10 14
>
```

实例ch5_21：取得my.matrix[3:4, 4:5]，相当于取得第3行到第4行和第4列到第5列的元素。所取得的也是一个矩阵。

```
> my.matrix[3:4, 4:5]
     [,1] [,2]
[1,]   15   19
[2,]   16   20
>
```

实例ch5_22：取得第3行和第4行的所有元素。

```
> my.matrix[3:4, ]
     [,1] [,2] [,3] [,4] [,5]
[1,]    3    7   11   15   19
[2,]    4    8   12   16   20
>
```

5-2-2　使用负索引取得矩阵元素

对于矩阵，使用负索引，相当于拿掉负索

引所指的行或列。

```
> my.matrix
     [,1] [,2] [,3] [,4] [,5]
[1,]    1    5    9   13   17
[2,]    2    6   10   14   18
[3,]    3    7   11   15   19
[4,]    4    8   12   16   20
> my.matrix[-3, -4]
     [,1] [,2] [,3] [,4]
[1,]    1    5    9   17
[2,]    2    6   10   18
[3,]    4    8   12   20
>
```

```
> my.matrix
     [,1] [,2] [,3] [,4] [,5]
[1,]    1    5    9   13   17
[2,]    2    6   10   14   18
[3,]    3    7   11   15   19
[4,]    4    8   12   16   20
> my.matrix[-c(3:4), -4]
     [,1] [,2] [,3] [,4]
[1,]    1    5    9   17
[2,]    2    6   10   18
>
```

5-3 修改矩阵的元素值

修改矩阵的值与修改向量的元素值类似。

实例ch5_25：将my.matrix[3, 2]的值为100。

```
> my.matrix                    # 修改前
     [,1] [,2] [,3] [,4] [,5]
[1,]    1    5    9   13   17
[2,]    2    6   10   14   18
[3,]    3  100   11   15   19
[4,]    4    8   12   16   20
> my.matrix[3, 2] <- 100       # 修改
> my.matrix                    # 修改后
     [,1] [,2] [,3] [,4] [,5]
[1,]    1    5    9   13   17
[2,]    2    6   10   14   18
[3,]    3  100   11   15   19
[4,]    4    8   12   16   20
>
```

我们也可以直接更改整行或整列的元素值。

实例ch5_26：修改my.matrix矩阵，将第3行的元素值都改成101的应用实例。

```
> my.matrix                    # 修改前
     [,1] [,2] [,3] [,4] [,5]
[1,]    1    5    9   13   17
[2,]    2    6   10   14   18
[3,]    3  100   11   15   19
[4,]    4    8   12   16   20
> my.matrix[3,  ] <- 101
> my.matrix                    # 修改后
     [,1] [,2] [,3] [,4] [,5]
[1,]    1    5    9   13   17
[2,]    2    6   10   14   18
[3,]  101  101  101  101  101
[4,]    4    8   12   16   20
>
```

实例 ch5_27：修改 my.matrix 矩阵，将整个第 4 列的元素值修改的应用实例。

```
> my.matrix                    # 修改前
     [,1] [,2] [,3] [,4] [,5]
[1,]    1    5    9   13   17
[2,]    2    6   10   14   18
[3,]  101  101  101  101  101
[4,]    4    8   12   16   20
> my.matrix[ , 4] <-  c(3, 9)
> my.matrix                    # 修改后
     [,1] [,2] [,3] [,4] [,5]
[1,]    1    5    9    3   17
[2,]    2    6   10    9   18
[3,]  101  101  101    3  101
[4,]    4    8   12    9   20
>
```

实例 ch5_28：修改 my.matrix 矩阵，将整个第 4 列元素值修改的应用实例。

```
> my.matrix                    # 修改前
     [,1] [,2] [,3] [,4] [,5]
[1,]    1    5    9    3   17
[2,]    2    6   10    9   18
[3,]  101  101  101    3  101
[4,]    4    8   12    9   20
> my.matrix[ , 4] <-  c(25:28)
> my.matrix                    # 修改后
     [,1] [,2] [,3] [,4] [,5]
[1,]    1    5    9   25   17
[2,]    2    6   10   26   18
[3,]  101  101  101   27  101
[4,]    4    8   12   28   20
>
```

实例 ch5_29：修改矩阵子集的应用实例，这个实例将修改 my.matrix[3:4, 2:3]。

```
> my.matrix                    # 修改前
     [,1] [,2] [,3] [,4] [,5]
[1,]    1    5    9   25   17
[2,]    2    6   10   26   18
[3,]  101  101  101   27  101
[4,]    4    8   12   28   20
> my.matrix[3:4 , 2:3] <-  c(10, 31, 22, 99)
> my.matrix                    # 修改后
     [,1] [,2] [,3] [,4] [,5]
[1,]    1    5    9   25   17
[2,]    2    6   10   26   18
[3,]  101   10   22   27  101
[4,]    4   31   99   28   20
>
```

实例 ch5_30：用一个小矩阵，修改原矩阵的子集。

```
> my.matrix                    # 修改前
     [,1] [,2] [,3] [,4] [,5]
[1,]    1    5    9   25   17
[2,]    2    6   10   26   18
[3,]  101   10   22   27  101
[4,]    4   31   99   28   20
> my.matrix[3:4 , 2:3] <-  matrix(1:4, nrow = 2)
> my.matrix                    # 修改后
     [,1] [,2] [,3] [,4] [,5]
[1,]    1    5    9   25   17
[2,]    2    6   10   26   18
[3,]  101    1    3   27  101
[4,]    4    2    4   28   20
>
```

```
> my.matrix                      # 修改前
      [,1] [,2] [,3] [,4] [,5]
[1,]    1    5    9   25   17
[2,]    2    6   10   26   18
[3,]  101    1    3   27  101
[4,]    4    2    4   28   20
> my.matrix[3:4 , 2:3] <- matrix(5:8, nrow = 2, byrow = TRUE)
> my.matrix    # 修改后
      [,1] [,2] [,3] [,4] [,5]
[1,]    1    5    9   25   17
[2,]    2    6   10   26   18
[3,]  101    5    6   27  101
[4,]    4    7    8   28   20
>
```

5-4 降低矩阵的维度

使用负索引取得矩阵的部分元素时，如果所取得的部分元素仅有一行或一列，那么R语言将自动降低对象维度，使其从矩阵对象变向量对象。

```
> simple.matrix <- matrix(1:12, nrow = 3)
> simple.matrix
      [,1] [,2] [,3] [,4]
[1,]    1    4    7   10
[2,]    2    5    8   11
[3,]    3    6    9   12
> simple.matrix[-c(2, 3), ]
[1] 1 4 7 10
>
```

其实，如果舍弃一个矩阵对象的某个元素，那么整个矩阵对象也将降为向量对象。

```
> simple.matrix <- matrix(1:12, nrow = 3)
> simple.matrix
      [,1] [,2] [,3] [,4]
[1,]    1    4    7   10
[2,]    2    5    8   11
[3,]    3    6    9   12
> simple.matrix[-c(2, 3)]
 [1] 1 4 5 6 7 8 9 10 11 12
>
```

假设有数行或数列的矩阵，其部分元素被舍弃，只剩一行或一列时，如果仍希望此对象以矩阵方式呈现，可增加 "drop = FALSE" 参数。

```
> simple.matrix <- matrix(1:12, nrow = 3)
> simple.matrix
     [,1] [,2] [,3] [,4]
[1,]    1    4    7   10
[2,]    2    5    8   11
[3,]    3    6    9   12
> simple.matrix[-c(2, 3), , drop = FALSE]
     [,1] [,2] [,3] [,4]
[1,]    1    4    7   10
>
```

5-5　矩阵的行名和列名

其实直接输入矩阵对象名称就可以了解该矩阵对象的行名和列名。

实例 ch5_35：了解前一节所建的 simple.matrix 矩阵对象的行名和列名。

```
> simple.matrix
     [,1] [,2] [,3] [,4]
[1,]    1    4    7   10
[2,]    2    5    8   11
[3,]    3    6    9   12
>
```

从上述执行结果可知，simple.matrix 没有行名和列名。

实例 ch5_36：了解程序实例 ch5_13 所建 baskets.NBA2016.TEAM 对象的行名和列名。

```
> baskets.NBA2016.Team
                      [,1] [,2] [,3] [,4] [,5] [,6]
baskets.NBA2016.Lin      7    8    6   11    9   12
baskets.NBA2016.Jordon  12    8    9   15    7   12
>
```

由上述执行结果可知，baskets.NBA2016.TEAM 对象有 2 个行名，分别是 baskets.NBA2016. Lin 和 baskets.NBA2016.Jordon。不过，此对象没有列名。

5-5-1　取得和修改矩阵对象的行名和列名

rownames( ) 函数可以取得和修改矩阵对象的行名。
colnames( ) 函数可以取得和修改矩阵对象的列名。

实例 ch5_37：使用 rownames( ) 函数取得 baskets.NBA2016.Team 和 simple.matrix 的行名。

```
> rownames(simple.matrix)
NULL
> rownames(baskets.NBA2016.Team)
[1] "baskets.NBA2016.Lin"      "baskets.NBA2016.Jordon"
>
```

从上述实例可知，我们已经使用rownames( )函数取得了baskets.NBA2016.Team的行名，但是名称似乎太长了，下一个实例是更改行名。

实例ch5_38：将矩阵对象baskets.NBA2016.Team的两个行名分别改成Lin和Jordon。

```
> rownames(baskets.NBA2016.Team) <- c("Lin", "Jordon")
> rownames(baskets.NBA2016.Team)
[1] "Lin"    "Jordon"
>
```

从实例ch5_36可知baskets.NBA2016.Team矩阵对象共有6列，其实每一列代表每一场球，我们可参考下列实例，设定对象的列名。

实例ch5_39：设定baskets.NBA2016.Team对象的列名。

```
> colnames(baskets.NBA2016.Team)        # 了解目前没有列名
[1] "1st" "2nd" "3th" "4th" "5th" "6th"
> colnames(baskets.NBA2016.Team) <- c("1st", "2nd", "3th", "4th", "5th", "6th")   # 设定列名
> colnames(baskets.NBA2016.Team)        # 验证结果
[1] "1st" "2nd" "3th" "4th" "5th" "6th"
> baskets.NBA2016.Team                  # 另一方式验证结果
       1st 2nd 3th 4th 5th 6th
Lin      7   8   6  11   9  12
Jordon  12   8   9  15   7  12
>
```

如果我们想要修改某个列名，那么可参考下列实例。

实例ch5_40：将第4列的列名由"4th"改成"4"。本实例笔者会先复制一份矩阵对象baskets.NEW，然后再使用这份新的对象执行修改列名的操作。

```
> baskets.NBA2016.Team
       1st 2nd 3th 4th 5th 6th
Lin      7   8   6  11   9  12
Jordon  12   8   9  15   7  12
> baskets.New <- baskets.NBA2016.Team
> colnames(baskets.New)[4] <- "4"
> baskets.New            # 验证结果
       1st 2nd 3th   4 5th 6th
Lin      7   8   6  11   9  12
Jordon  12   8   9  15   7  12
>
```

如果我们想要将整个列名或行名删除，那么只要将整个列名或行名设为NULL即可。

实例ch5_41：将baskets.New对象的列名删除。

```
> baskets.New            # 检查列名
       1st 2nd 3th   4 5th 6th
Lin      7   8   6  11   9  12
Jordon  12   8   9  15   7  12
> colnames(baskets.New) <- NULL
> baskets.New            # 验证结果
       [,1] [,2] [,3] [,4] [,5] [,6]
Lin       7    8    6   11    9   12
Jordon   12    8    9   15    7   12
>
```

5-5-2 dimnames( )函数

行名和列名事实上是存在于dimnames的属性中，我们可以使用dimnames( )函数取得和修改这个属性值。

实例ch5_42：使用dimnames( )函数取得矩阵对象的行名和列名。

```
> dimnames(baskets.New)
[[1]]
[1] "Lin"    "Jordon"

[[2]]
NULL
```

由上述执行结果可以知道，目前baskets.New对象的两个行名分别是"Lin""Jordon"，没有列名。

实例ch5_43：使用dimnames( )函数设定矩阵对象的列名。

```
> dimnames(baskets.New)[[2]] <- c("1st", "2nd", "3rd", "4th", "5th", "6th")
> dimnames(baskets.New)
[[1]]
[1] "Lin"    "Jordon"

[[2]]
[1] "1st" "2nd" "3rd" "4th" "5th" "6th"

>
```

5-6 将行名或列名作为索引

R语言的重要特色是，当一个矩阵有了行名和列名后，可以用这些名称代替数字型的索引，取得矩阵对象的元素，让整个程序的可读性更高。

实例ch5_44：使用baskets.New对象，取得Lin第3场的进球数。

```
> baskets.New["Lin", "3rd"]
[1] 6
>
```

实例ch5_45：使用baskets.New对象，取得Jordon第2场和第5场的进球数。

```
> baskets.New["Jordon", c("2nd", "5th")]
2nd 5th
  8   7
>
```

实例ch5_46：使用baskets.New对象，取得Jordon所有场次的进球数。

```
> baskets.New["Jordon", ]
1st 2nd 3rd 4th 5th 6th
 12   8   9  15   7  12
>
```

实例ch5_47：使用baskets.New对象，取得第5场所有球员的进球数。

```
> baskets.New[ , "5th"]
   Lin Jordon
     9      7
>
```

5-7 矩阵的运算

5-7-1 矩阵与一般常数的四则运算

当碰上矩阵对象与一般常数的运算时，只要将各个元素与该常数分别执行运算即可。在正式介绍实例前，笔者先建立下列m1.matrix矩阵。

```
> m1.matrix <- matrix(1:12, nrow = 3)
> m1.matrix
     [,1] [,2] [,3] [,4]
[1,]    1    4    7   10
[2,]    2    5    8   11
[3,]    3    6    9   12
```

实例ch5_48：将m1.matrix矩阵加3的实例。

```
> m2.matrix <- m1.matrix + 3
> m2.matrix
     [,1] [,2] [,3] [,4]
[1,]    4    7   10   13
[2,]    5    8   11   14
[3,]    6    9   12   15
>
```

实例ch5_49：将m2.matrix矩阵减1的实例。

```
> m3.matrix <- m2.matrix - 1
> m3.matrix
     [,1] [,2] [,3] [,4]
[1,]    3    6    9   12
[2,]    4    7   10   13
[3,]    5    8   11   14
>
```

实例ch5_50：将m3.matrix矩阵乘5的实例。

```
> m4.matrix <- m3.matrix * 5
> m4.matrix
     [,1] [,2] [,3] [,4]
[1,]   15   30   45   60
[2,]   20   35   50   65
[3,]   25   40   55   70
>
```

实例ch5_51：将m4.matrix矩阵除以2的实例。

```
> m5.matrix <- m4.matrix / 2
> m5.matrix
     [,1] [,2] [,3] [,4]
[1,]  7.5 15.0 22.5 30.0
[2,] 10.0 17.5 25.0 32.5
[3,] 12.5 20.0 27.5 35.0
>
```

实例ch5_52：将m1.matrix加上m2.matrix，执行两个矩阵相加的实例。

```
> m6.matrix <- m1.matrix + m2.matrix
> m6.matrix
     [,1] [,2] [,3] [,4]
[1,]    5   11   17   23
[2,]    7   13   19   25
[3,]    9   15   21   27
>
```

注：两个矩阵能进行四则运算的先决条件是它们彼此的维度相同，否则会出现错误信

息。有意思的是，R语言是允许矩阵对象和向量对象相加的，只要矩阵的行数与向量长度相同即可，可参考下列实例。

```
> m1.matrix
     [,1] [,2] [,3] [,4]
[1,]    1    4    7   10
[2,]    2    5    8   11
[3,]    3    6    9   12
> m7.matrix <- m1.matrix + 11:13
> m7.matrix
     [,1] [,2] [,3] [,4]
[1,]   12   15   18   21
[2,]   14   17   20   23
[3,]   16   19   22   25
>
```

如果矩阵的列数与向量长度相同，也可以进行相加运算，但一般不常用，读者可以自行测试了解。矩阵也可与向量相乘，只要向量长度与矩阵行数相同即可。

```
> m1.matrix
     [,1] [,2] [,3] [,4]
[1,]    1    4    7   10
[2,]    2    5    8   11
[3,]    3    6    9   12
> m8.matrix <- m1.matrix * 1:3
> m8.matrix
     [,1] [,2] [,3] [,4]
[1,]    1    4    7   10
[2,]    4   10   16   22
[3,]    9   18   27   36
>
```

上述命令在执行时，相当于矩阵第一行所有元素与向量的第一个元素相乘，此例是乘1。矩阵第二行所有元素与向量第二个元素相乘，此例是乘2。矩阵第三行的所有元素与向量的第三个元素相乘，此例是乘3。

注："×"乘号是对单一元素逐步操作的，如果是要计算矩阵的内积，则需使用另一个特殊的矩阵相乘符号"%×%"，详细信息将在5-7-4节说明。

5-7-2 行和列的运算

在4-2节中笔者介绍了向量常用的函数sum( )和mean( )，这些函数已被修改可应用于矩阵。

◀ rowSums( )：计算行中元素的总和。
◀ colSums( )：计算列中元素的总和。
◀ rowMeans( )：计算行中元素的平均数。
◀ colMeans( )：计算列中元素的平均数。

```
> baskets.New
       [,1] [,2] [,3] [,4] [,5] [,6]
Lin       7    8    6   11    9   12
Jordon   12    8    9   15    7   12
> rowSums(baskets.New)      # 计算总进球数
  Lin Jordon
   53     63
> rowMeans(baskets.New)     # 计算平均进球数
      Lin    Jordon
 8.833333 10.500000
>
```

使用上述rowSums( )和rowMeans( )函数一次可计算所有行的数据，假设只想要一个人的数据，可使用sum( )和mean( )函数。

```
> baskets.New
        1st 2nd 3rd 4th 5th 6th
Lin       7   8   6  11   9  12
Jordon   12   8   9  15   7  12
> sum(baskets.New["Lin", ])
[1] 53
> mean(baskets.New["Lin", ])
[1] 8.833333
>
```

```
> baskets.New
        1st 2nd 3rd 4th 5th 6th
Lin       7   8   6  11   9  12
Jordon   12   8   9  15   7  12
> colSums(baskets.New)
1st 2nd 3rd 4th 5th 6th
 19  16  15  26  16  24
> colMeans(baskets.New)
 1st 2nd 3rd 4th 5th 6th
 9.5 8.0 7.5 13.0 8.0 12.0
>
```

使用上述colSums( )和colMeans( )函数一次可计算所有列的数据，假设只想要一场比赛的数据，可使用sum( )和mean( )函数。

実例ch5_58：使用baskets.New对象计算第3场次的总进球数和平均每位球员的进球数。

实例ch5_58：使用baskets.New对象计算第3场次的总进球数和平均每位球员的进球数。

```
> baskets.New
       1st 2nd 3rd 4th 5th 6th
Lin      7   8   6  11   9  12
Jordon  12   8   9  15   7  12
> sum(baskets.New[ , "3rd"])
[1] 15
> mean(baskets.New[ , "3rd"])
[1] 7.5
>
```

5-7-3 转置矩阵

t( )函数可执行矩阵转置，转置矩阵后，矩阵的行列元素将互相对调。

实例ch5_59：对baskets.New矩阵执行转置。

```
> baskets.New
       1st 2nd 3rd 4th 5th 6th
Lin      7   8   6  11   9  12
Jordon  12   8   9  15   7  12
> t(baskets.New)
    Lin Jordon
1st   7     12
2nd   8      8
3rd   6      9
4th  11     15
5th   9      7
6th  12     12
>
```

5-7-4 %*%矩阵相乘

矩阵对象相乘的运算基本上和数学矩阵相乘是一样的。

实例ch5_60：分别使用"＊"和"％*％"计算矩阵和向量的乘法。

```
> m1.matrix
     [,1] [,2] [,3] [,4]
[1,]    1    4    7   10
[2,]    2    5    8   11
[3,]    3    6    9   12
> m9.matrix <- m1.matrix * 1:4
> m9.matrix
     [,1] [,2] [,3] [,4]
[1,]    1   16   21   20
[2,]    4    5   32   33
[3,]    9   12    9   48
> m10.matrix <- m1.matrix %*% 1:4
> m10.matrix
     [,1]
[1,]   70
[2,]   80
[3,]   90
>
```

读者可以试着比较上述运算结果。

实例5_61：两个3行3列的矩阵乘法的应用。

```
> m11.matrix <- matrix(1:9, nrow = 3)
> m11.matrix %*% m11.matrix
     [,1] [,2] [,3]
[1,]   30   66  102
[2,]   36   81  126
[3,]   42   96  150
>
```

矩阵相乘时最常发生的错误是两个相乘矩阵的维度不符合矩阵运算原则，此时会出现"非调和自变量"错误信息，如下列程序所示。

```
> n1 <- matrix(1:9, nrow = 3)
> n2 <- matrix(1:8, nrow = 2)
> n1 %*% n2
Error in n1 %*% n2 : 非调和自变量
>
```

5-7-5 diag( )函数

diag( )函数很灵活，当第一个参数是矩阵时，可传回矩阵对角线的向量值。

实例ch5_62：在各种不同维度的数组中，传回矩阵对角线的向量值。

```
> m1.matrix
     [,1] [,2] [,3] [,4]
[1,]    1    4    7   10
[2,]    2    5    8   11
[3,]    3    6    9   12
> diag(m1.matrix)
[1] 1 5 9
> baskets.New
       1st 2nd 3rd 4th 5th 6th
Lin      7   8   6  11   9  12
Jordon  12   8   9  15   7  12
> diag(baskets.New)
[1] 7 8
>
```

diag( )函数的另一个用法是传回矩阵，此矩阵对角线是使用第一个参数的向量值，其余填0。该命令的格式如下所示。

```
diag( x, nrow, ncol)
```

其中x是向量，nrow是矩阵行数，ncol是矩阵列数。若省略nrow和ncol则用x向量元素个数(假设是n)建立n行n列矩阵。

```
> diag(1:5)
     [,1] [,2] [,3] [,4] [,5]
[1,]    1    0    0    0    0
[2,]    0    2    0    0    0
[3,]    0    0    3    0    0
[4,]    0    0    0    4    0
[5,]    0    0    0    0    5
> diag(1, 3, 3)
     [,1] [,2] [,3]
[1,]    1    0    0
[2,]    0    1    0
[3,]    0    0    1
> diag(1, 2, 4)
     [,1] [,2] [,3] [,4]
[1,]    1    0    0    0
[2,]    0    1    0    0
> diag(1:2, 3, 4)
     [,1] [,2] [,3] [,4]
[1,]    1    0    0    0
[2,]    0    2    0    0
[3,]    0    0    1    0
```

5-7-6　solve()函数

使用solve()这个函数可传回反矩阵，使用这个函数时要小心，有时会碰上小数被舍弃的问题。

实例ch5_64：反矩阵的应用。

```
> n3 <- matrix(1:4, nrow = 2)
> solve(n3)
     [,1] [,2]
[1,]   -2  1.5
[2,]    1 -0.5
>
```

5-7-7　det()函数

det是指数学中的行列式(determinant)，这个函数可以计算矩阵的行列式值。

实例ch5_65：det()函数的应用。

```
> n3
     [,1] [,2]
[1,]    1    3
[2,]    2    4
> det(n3)
[1] -2
>
```

5-8　三维或高维数组

在R语言中，如果将矩阵的维度加1，则得三维数组，这个维度是可视需要而持续增加的。虽然R程序设计师较少用到三维或更高维的数组数据结构，但在某些含时间序列的应用中，是有可能用到的。

5-8-1　建立三维数组

array()函数可用于建立三维数组，笔者直接以实例解说。

实例5_66：建立一个元素为1:24的三维数组，行数是3，列数是4，表格数是2。

```
> first.3array <- array(1:24, dim = c(3, 4, 2))
> first.3array
, , 1

     [,1] [,2] [,3] [,4]
[1,]    1    4    7   10
[2,]    2    5    8   11
[3,]    3    6    9   12

, , 2

     [,1] [,2] [,3] [,4]
[1,]   13   16   19   22
[2,]   14   17   20   23
[3,]   15   18   21   24

>
```

由上述实例可知，第一个表格填完后再填第二个表，而填表方式与填矩阵方式相同。此外，我们也可以使用dim()函数建立三维数

组，方法是将一个向量，利用dim( )函数转成
三维数组。

实例5_67：用dim( )函数重建上一个实例
的三维数组的实例。

```
> second.3array <- 1:24
> dim(second.3array) <- c(3, 4, 2)
> second.3array
, , 1

     [,1] [,2] [,3] [,4]
[1,]    1    4    7   10
[2,]    2    5    8   11
[3,]    3    6    9   12

, , 2

     [,1] [,2] [,3] [,4]
[1,]   13   16   19   22
[2,]   14   17   20   23
[3,]   15   18   21   24

>
```

5-8-2　identical( )函数

identical( )函数主要是用于比较两个对象
是否完全相同。

实例ch5_68：比较first.3array和
second.3array对象是否完全相同。

```
> identical(first.3array, second.3array)
[1] TRUE
>
```

5-8-3　取得三维数组的元素

取得三维数组元素的方法与取得向量或矩
阵元素的方法相同，也是使用索引，可参考下
列实例。

实例ch5_69：取得第2个表格中，第1行，第
3列元素。

```
> first.3array[1, 3, 2]
[1] 19
> .
```

实例ch5_70：取得第2个表格中，除去第3行，
第1至3列的元素。

```
> first.3array[-3, 1:3, 2]
     [,1] [,2] [,3]
[1,]   13   16   19
[2,]   14   17   20
>
```

由上述结果可以发现，初始first.3array为
数组对象，经筛选后，变成矩阵。如果期待筛
选完，对象仍是三维数组，那么可加上参数
"drop = FALSE"。

实例ch5_71：重新设计ch5_70，保持筛选结
果是三维数组。

```
> first.3array[-3, 1:3, 2, drop = FALSE]
, , 1

     [,1] [,2] [,3]
[1,]   13   16   19
[2,]   14   17   20

>
```

实例ch5_72：筛选出每个表格的第3行数据。

```
> first.3array[3, , ]
     [,1] [,2]
[1,]    3   15
[2,]    6   18
[3,]    9   21
[4,]   12   24
>
```

细心的读者应该发现，原先第3行的数
据，已经不是筛选后第3行的数据了。这是因
为降维度后，第1个表格的数据以列优先方式
先填充，第2个表格再依方式填充，所以可以
得到上述结果。

实例ch5_73：筛选每个表格第2列的数据。

```
> first.3array[ , 2, ]
     [,1] [,2]
[1,]    4   16
[2,]    5   17
[3,]    6   18
>
```

5-9 再谈class( )函数

在前一章我们介绍使用class( )函数时，如果将向量变量放在此函数内，可列出此向量变量元素的数据类型，如果将矩阵放入此函数内，结果如何呢？

实例ch5_74：class( )函数的参数是矩阵变量的应用。

```
> first.matrix <- matrix(1:12, nrow = 4)
> class(first.matrix)
[1] "matrix"
>
```

上述执行结果是矩阵"matrix"。

实例ch5_75：class( )函数的参数是数组变量的应用。

```
> first.3array <- array(1:24, dim = c(3, 4, 2))
> class(first.3array)
[1] "array"
>
```

上述命令的执行结果是"array"。同样的方法可以应用于未来几章要介绍的因子(factor)、数据框(data frame)和列表(list)。但是如果class( )函数放入的参数是变量(例如矩阵)的特定元素，则将显示该元素的数据类型。

实例ch5_76：class( )函数参数是矩阵特定元素的应用。

```
> first.matrix <- matrix(1:12, nrow = 4)
> class(first.matrix[2, 3])
[1] "integer"
>
```

本章习题

一. 判断题

(   ) 1. 使用rbind()函数将两个向量做行合并，向量的长度不一定要相等。

(   ) 2. 有如下两个命令。

```
> x <- matrix(1:12, nrow = 4, byrow = TRUE)
> x
```

上述命令执行后，下列的执行结果是正确的。

```
     [,1] [,2] [,3]
[1,]   1    5    9
[2,]   2    6   10
[3,]   3    7   11
[4,]   4    8   12
```

(   ) 3. 有如下命令。

```
> str(x)
 int [1:4, 1:3] 1 2 3 4 5 6 7 8 9 10 ...
```

由上述执行结果可知，x是一个矩阵。

（　　）4. 有如下两个命令。

```
> x <- matrix(1:12, nrow = 4)
> is.array(x)
```

上述命令的执行结果如下所示。

```
[1] TRUE
```

（　　）5. 有如下两个命令。

```
> x <- matrix(1:12, nrow = 3)
> x[-c(2, 3)]
```

上述命令的执行结果如下所示。

```
     [,1] [,2] [,3] [,4]
[1,]    1    4    7   10
```

（　　）6. 使用names( )函数可以更改矩阵的行名和列名。

（　　）7. 有如下命令。

```
> dimnames(x)
[[1]]
[1] "A" "B" "C"

[[2]]
NULL
```

由上述执行结果可以知道，目前x对象行名分别是"A""B""C"，没有列名。

（　　）8. R语言是允许矩阵和向量相加的，只要矩阵的行数与向量长度相同即可。

（　　）9. 如下两个命令。

```
> x1 <- matrix(1:9, nrow = 3)
> x2 <- matrix(1:8, nrow = 2)
> x1 %*% x2
```

上述命令的执行结果如下所示。

```
     [,1] [,2] [,3]
[1,]   30   66  102
[2,]   36   81  126
[3,]   42   96  150
```

（　　）10. 有如下命令。

```
> diag(1, 3, 3)
```

上述命令执行结果如下所示。

```
     [,1] [,2] [,3]
[1,]    1    0    0
[2,]    0    1    0
[3,]    0    0    1
```

（　　）11. 可使用下列命令，建立一个元素为1:24的三维数组，行数是3，列数是4，表格数是2。

```
> x <- array(1:24, dim = c(3, 4, 2))
```

二. 单选题

（　　）1. 已知如下3个向量。

a <- c(1, 2, 3)

```
b <- c(4, 5, 6)
c <- c(7, 8, 9)
```
想要生成如下矩阵。

```
1   2   3
4   5   6
7   8   9
```

可以使用下列哪个命令？

A. cbind(a, b, c)

B. rbind(a, b, c)

C. matrix(a, b, c)

D. matrix(c(a, b, c), ncol = 3)

( ) 2. 以下命令会得到哪个输出结果？

```
> x <- c(1, 3, 5)
> y <- c(3, 2, 10)
> cbind(x, y)
```

A. 长度为3的向量

B. 一个3x2的矩阵

C. 一个3x3的矩阵

D. 一个2x3的矩阵

( ) 3. 以下命令会得到哪个输出结果？

```
> x <- matrix(4:15, nrow = 3 )
> x
```

```
A.       [,1] [,2] [,3] [,4]
   [1,]    4    7   10   13
   [2,]    5    8   11   14
   [3,]    6    9   12   15
```

```
B.       [,1] [,2] [,3]
   [1,]    4    8   12
   [2,]    5    9   13
   [3,]    6   10   14
   [4,]    7   11   15
```

```
C.       [,1] [,2] [,3] [,4]
   [1,]    4    5    6    7
   [2,]    8    9   10   11
   [3,]   12   13   14   15
```

```
D.       [,1] [,2] [,3]
   [1,]    4    5    6
   [2,]    7    8    9
   [3,]   10   11   12
   [4,]   13   14   15
```

( ) 4. 以下命令会得到下列哪个结果？

```
> x <- matrix(1:12, nrow = 3)
> x[2, 3]
```

A. [1] 6   B. [1] 5   C. [1] 8   D. [1] 9

( ) 5. 以下命令会得到哪个输出结果？

```
> x <- matrix(1:12, nrow = 3)
> ncol(x)
```

A. [1] 3   B. [1] 4   C. [1] 5   D. [1] 6

( ) 6. 以下命令会得到哪个结论？

```
> dim(x)
[1] 3 4
```

A. x对象行数是3

B. x对象行数是4

C. x对象列数是3

D. x对象行数是7

( ) 7. 以下命令会得到哪个输出结果？

```
> dim(x)
[1] 3 4
> length(x)
```

A. [1] 3   B. [1] 4   C. [1] 7   D. [1] 12

( )8. 以下命令会得到哪个输出结果？

```
> cbind(4:6, 11:13, matrix(1:6, nrow = 3))
```

A.
```
     [,1] [,2] [,3] [,4]
[1,]    1    4    7   10
[2,]    2    5    8   11
[3,]    3    6    9   12
```

B.
```
     [,1] [,2] [,3] [,4]
[1,]    4    7   10   13
[2,]    5    8   11   14
[3,]    6    9   12   15
```

C.
```
     [,1] [,2] [,3] [,4]
[1,]    4   11    1    4
[2,]    5   12    2    5
[3,]    6   13    3    6
```

D.
```
     [,1] [,2] [,3] [,4]
[1,]    2    5    8   11
[2,]    3    6    9   12
[3,]    4    7   10   13
```

( ) 9. 以下命令会得到哪个输出结果？

```
> x <- matrix(10:21, nrow = 3)
> x[2, ]
```

A. [1] 11 14 17 20   B. [1] 10 13 16 19

C. [1] 10 11 12   D. [1] 13 14 15

( ) 10. 以下命令会得到哪个输出结果？

```
> x <- matrix(1:20, nrow = 4)
> x[3:4, 4:5]
```

A.
```
     [,1] [,2]
[1,]    9   13
[2,]   10   14
```

B.
```
     [,1] [,2]
[1,]   15   19
[2,]   16   20
```

C.
```
     [,1] [,2]
[1,]    3    7
[2,]    4    8
```

D.
```
     [,1] [,2]
[1,]    6   10
[2,]    7   11
```

( ) 11. 以下命令会得到哪个输出结果？

```
> x <- matrix(1:20, nrow = 4)
> x[-c(3:4), -2]
```

A.
```
     [,1] [,2] [,3] [,4]
[1,]    1    9   13   17
[2,]    2   10   14   18
```

B.
```
     [,1] [,2] [,3] [,4]
[1,]    5    9   13   17
[2,]    6   10   14   18
```

C.
```
     [,1] [,2] [,3] [,4]
[1,]    2   10   14   18
[2,]    3   11   15   19
[3,]    4   12   16   20
```

D.
```
     [,1] [,2] [,3]
[1,]    1    5   17
[2,]    3    7   19
[3,]    4    8   20
```

( ) 12. 以下命令会得到哪个输出结果？

```
> x <- matrix(1:20, nrow = 4)
> rowSums(x)
```

A. [1] 2.5 6.5 10.5 14.5 18.5   B. [1] 10 26 42 58 74

C. [1] 45 50 55 60   D. [1] 9 10 11 12

( ) 13. 以下命令会得到哪个输出结果？

```
> x <- array(1:24, dim = c(3, 4, 2))
> x[1, 2, 2]
```

A. [1] 13   B. [1] 14   C. [1] 15   D. [1] 16

(   ) 14. 以下命令会得到哪个输出结果？

```
> x <- array(1:24, dim = c(3, 4, 2))
> class(x[1, 2, 2])
> class(x)
```

A. [1] "integer"   B. [1] "array"

C. [1] "character"   D. [1] "matrix"

三. 多选题

(   ) 1. 以下哪些class命令的执行结果为"matrix"？(选择3项)

A. > class(cbind(c(1, 2), c(2, 4)))

B. > class(c(1, 2))

C. > a <- 1:6
   > dim(a) <- c(2, 3)
   > class(a)

D. > a <- matrix(0,1,2)
   > class(a)

E. > class(1+2*3/4-5)

(   ) 2. 有一个命令如下所示。

```
> x <- matrix(1:12, nrow = 3)
```

以下哪些命令可将矩阵的行名分别设为"R1""R2"和"R3"？(选择两项)

A. > rownames(x) <- c("R1", "R2", "R3")

B. > colnames(x) <- c("R1", "R2", "R3")

C. > rownames(x) <- ("R1", "R2", "R3")

D. > dimnames(x)[[1]] <- c("R1", "R2", "R3")

E. > dimnames(x)[[2]] <- c("R1", "R2", "R3")

四. 实际操作题(如果题目有描述不详细时，请自行假设条件)

1. 建立以下元素内容为1:30的矩阵。

(1) 5行6列的矩阵，排列使用默认值。

```
     [,1] [,2] [,3] [,4] [,5] [,6]
[1,]    1    6   11   16   21   26
[2,]    2    7   12   17   22   27
[3,]    3    8   13   18   23   28
[4,]    4    9   14   19   24   29
[5,]    5   10   15   20   25   30
```

(2) 5行6列的矩阵，排列使用byrow = TRUE。

```
     [,1] [,2] [,3] [,4] [,5] [,6]
[1,]    1    2    3    4    5    6
[2,]    7    8    9   10   11   12
[3,]   13   14   15   16   17   18
[4,]   19   20   21   22   23   24
[5,]   25   26   27   28   29   30
```

(3) 使用str( )函数列出上述矩阵。

```
int [1:5, 1:6] 1 2 3 4 5 6 7 8 9 10 ...
```

```
int [1:5, 1:6] 1 7 13 19 25 2 8 14 20 26 ...
```

2. 有3个向量。

x1 <- c(10, 12, 14)

x2 <- c(7, 14, 5)

x3 <- c(15, 3, 19)

(1) 使用rbind( )函数将上述向量组成矩阵A1。

```
> A1
   [,1] [,2] [,3]
x1   10   12   14
x2    7   14    5
x3   15    3   19
```

(2) 使用cbind( )函数将向量组成矩阵A2。

```
> A2
     x1 x2 x3
[1,] 10  7 15
[2,] 12 14  3
[3,] 14  5 19
```

(3) 列出A1矩阵[1:2,]对应的元素。

```
   [,1] [,2] [,3]
x1   10   12   14
x2    7   14    5
```

(4) 列出A1矩阵[1:2, 2:3] 对应的元素。

```
   [,1] [,2]
x1   12   14
x2   14    5
```

(5) 列出A2矩阵[, 2:3] 对应的元素。

```
     x2 x3
[1,]  7 15
[2,] 14  3
[3,]  5 19
```

(6) 列出A2矩阵[2:2, 2:3] 对应的元素。

```
x2 x3
14  3
```

(7) 取得A1矩阵第1行以外的矩阵元素。

```
   [,1] [,2] [,3]
x2    7   14    5
x3   15    3   19
```

(8) 取得A2矩阵第2列以外的矩阵元素。

```
     x1 x3
[1,] 10 15
[2,] 12  3
[3,] 14 19
```

3. NBA 球星5人得分向量数据如下:

    Lin. 7, 8, 6, 11, 9, 12

    Jordon. 12, 8, 9, 15, 7, 12

    Curry. 13, 9, 6, 11, 9, 13

    Antony. 12, 11, 9, 13, 8, 14

    Kevin. 7, 10, 8, 6, 5, 9

请转成矩阵。

```
       [,1] [,2] [,3] [,4] [,5] [,6]
Lin       7    8    6   11    9   12
Jordon   12    8    9   15    7   12
Curry    13    9    6   11    9   13
Antony   12   11    9   13    8   14
Kevin     7   10    8    6    5    9
```

4. 为上一题的NBA球星数据矩阵设置行名(使用球星名字)和列名(使用场次编号)。

```
    1st 2nd 3rd 4th 5th 6th
Lin   7   8   6  11   9  12
Jor  12   8   9  15   7  12
Cur  13   9   6  11   9  13
Ant  12  11   9  13   8  14
Kev   7  10   8   6   5   9
```

5. 使用rowSums( )函数为上述球星计算总得分。

```
Lin Jor Cur Ant Kev
 53  63  61  67  45
```

6. 使用rowMeans( )函数为上述球星计算平均得分。

```
     Lin      Jor      Cur      Ant      Kev
8.833333 10.500000 10.166667 11.166667  7.500000
```

7. 收集2个班级，5位同学的数学和R语言成绩，学生数据用ID表示，然后将数据建立为三维数组。

```
, , class-A

      R-score math
ID-01      71   76
ID-02      72   77
ID-03      73   78
ID-04      74   79
ID-05      75   80

, , class-B

      R-score math
ID-01      81   86
ID-02      82   87
ID-03      83   88
ID-04      84   89
ID-05      85   90
```

第6章 因子

在真实的世界中，我们会遇上各类的数据。例如，形容天气，可用"晴天""阴天""雨天"。列举球类运动，可用"篮球""棒球""足球"。形容汽车颜色，可用"蓝色""黑色""银色"等。回答是非题，可用"Yes"和"No"。在R语言中，我们称以上分类的数据为分类数据(categorical data)。

在类别数据中，有些数据是可以排序或是有顺序关系的，被称为有序因子(ordered factor)。

在R语言中有一个特别的数据结构被称为因子(factor)，这也是本章讨论的重点。不论是字符串数据或数值数据，皆可转换成因子。

6-1　使用factor( )函数或as.factor( )函数建立因子

factor( )函数最重要的参数包括以下两个。

● x向量，这是将转换为因子的向量。

● levels：原x向量内元素的可能值。

实例ch6_1：使用factor( )函数建立一个简单的因子。

```
> yes.Or.No <- c("Yes", "No", "No", "Yes", "Yes")
> first.factor <- factor(yes.Or.No)
> first.factor
[1] Yes No  No  Yes Yes
Levels: No Yes
>
```

对实例ch6_1而言，我们可以说，已经建立了一个Yes和No的类别。对上述实例而言，我们也可以改用as.factor( )函数取代factor( )函数。

实例ch6_2：使用as.factor( )函数建立与ch6_1相同的因子。

```
> yes.Or.No <- c("Yes", "No", "No", "Yes", "Yes")
> second.factor <- as.factor(yes.Or.No)
> second.factor
[1] Yes No  No  Yes Yes
Levels: No Yes
>
```

由上述执行结果可以看到，我们已经使用as.factor( )函数建立与ch6_1相同的因子了。如果现在仔细观察Levels，可以看到类别顺序是先有No，然后是Yes，这是因为R语言是依照字母顺序排列的。但是在我们的习惯里，一般顺序是先有Yes，然后是No。如果想要如此，我们可以参考实例6_3，在建立因子时，使用参数levels强制设定分类数据的顺序。

实例ch6_3：重新建立实例ch6_1所建的因子，此次使用levels强制设置Yes和No的顺序。

```
> yes.Or.No <- c("Yes", "No", "No", "Yes", "Yes")
> third.factor <- factor(yes.Or.No, levels = c("Yes", "No"))
> third.factor
[1] Yes No  No  Yes Yes
Levels: Yes No
>
```

从上述执行结果可以看到，我们已经成功地更改Levels的顺序了。

6-2 指定缺失的Levels值

有时我们收集的向量数据是不完整的。碰上这类状况也可以使用levels参数设置完整的Levels数据。

实例ch6_4：先建立一个方向数据不完整的因子，缺少"South"。

```
> directions <- c("East", "West", "North", "East", "West" )
> fourth.factor <- factor(directions)
> fourth.factor
[1] East  West  North East  West
Levels: East North West
>
```

从上述Levels可以看到缺少"South"，在实际的应用中，方向应该包含4个方向，下面的实例会将"South"补上去。

```
> fifth.factor <- factor(fourth.factor, levels = c("East", "West", "South",
"North"))
> fifth.factor
[1] East  West  North East  West
Levels: East West South North
>
```

从上述执行结果可以看到Levels类别顺序内有"South"了。

6-3 labels参数

使用factor( )函数建立因子时，如果有需要，可以使用第3个参数labels，假设在实例ch6_5中，我们想为"East""West""South""North"建立缩写"E""W""S""N"，这时就可以使用labels了。

```
> sixth.factor <- factor(fourth.factor, levels = c("East", "West", "South",
"North"), labels = c("E", "W", "S", "N"))
> sixth.factor
[1] E W N E W
Levels: E W S N
>
```

由上述执行结果可以看到，我们成功以缩写形式显示了因子的Levels内容。

6-4 因子的转换

在某些时候，我们可能想将因子转换成字符串向量或数值向量，可以使用下列函数。
as.character( )函数：可将因子转换成字符串向量。
as.numeric( )函数：可将因子转换成数值向量。

```
> fifth.factor
[1] East  West  North East  West
Levels: East West South North
> as.character(fifth.factor)
[1] "East"  "West"  "North" "East"  "West"
>
```

实例ch6_8：将实例ch6_5所建的fifth.factor因子转换成数值向量。

```
> fifth.factor
[1] East  West  North East  West
Levels: East West South North
> as.numeric(fifth.factor)
[1] 1 2 4 1 2
>
```

特别需要注意的是，在建立因子时，Levels为"East""West""South""North"，相对应as.numeric( )函数的返回值分别是1、2、3、4，所以，"East""West""North""East""West"的返回值分别是1、2、4、1、2。

6-5 数值型因子转换时常见的错误

假设有一个数值型的因子记录着摄氏温度。

```
> temperature <- factor(c(28, 32, 30, 34, 32, 34))
>
```

如果现在用str( )函数了解此temperature因子，可以得到下列结果。

```
> str(temperature)
 Factor w/ 4 levels "28","30","32",..: 1 3 2 4 3 4
>
```

可以得到levels有4笔，分别是"28""30""32""34"，分别对应1、2、3、4。所以对于"28""32""30""34""32""34"可以传回1、3、2、4、3、4。

现在如果将temperature因子转成字符串向量，将可以得到下列结果。

```
> as.character(temperature)
[1] "28" "32" "30" "34" "32" "34"
>
```

这是预期的结果，但是如果将此temperature因子转成数值向量，将可以得到下列结果。

```
> as.numeric(temperature)
[1] 1 3 2 4 3 4
>
```

很明显这不是我们想要的结果。碰到这类问题时，可使用下列方式解决。

```
> as.numeric(as.character(temperature))
[1] 28 32 30 34 32 34
>
```

也就是将as.character(temperature)的返回值，当作as.numeric( )函数的参数。

6-6 再看levels参数

对于任何因子而言，我们都可以使用str( )函数查看此因子的结构。例如，参考fifth.factor。

```
> str(fifth.factor)
 Factor w/ 4 levels "East","West",..: 1 2 4 1 2
>
```

由上述执行结果可知，fifth.factor因子有4个Levels的值，分别是"East""West"…，这些因子对应的数值分别是1、2、3、4。

对于任何因子而言，如果看它的Levels，可以使用levels( )函数。

实例ch6_9：使用levels( )函数，了解fifth.factor的Levels。

```
> levels(fifth.factor)
[1] "East"  "West"  "South"  "North"
>
```

nlevels( )函数可传回Levels的数量。

实例ch6_10：使用nlevel( )函数，了解fifth.factor的Levels数量。

```
> nlevels(fifth.factor)
[1] 4
>
```

由上述执行结果可知，nlevels( )函数传回的是一个数值向量，此数值代表levels的数量。length( )函数则可传回因子元素的数量。

实例ch6_11：使用length( )函数传回fifth.factor的元素数量。如果length( )函数参数放的是nlevels(fifth.factor)，则可传回Levels的数量。

```
> length(fifth.factor)
[1] 5
> length(levels(fifth.factor))
[1] 4
>
```

R语言也允许，使用levels( )函数配合索引，只取部分Levels内容。

实例ch6_12：只取后3个fifth.factor的levels。

```
> levels(fifth.factor)[2:4]
[1] "West"  "South"  "North"
>
```

6-7 有序因子

有序因子(ordered factor)主要是处理有序的数据，可使用下列两种方法建立有序因子。

● 1：ordered( )函数。

● factor( )函数，增加参数"ordered = TRUE"。

```
> str1 <- c("A", "B", "A", "C", "D", "B", "D")
> str1.order <- ordered(str1)
> str1.order
[1] A B A C D B D
Levels: A < B < C < D
>
```

在上述执行结果中，留意Levels中的方向符号"<"，可由这个符号，知道这是有序因子。在上述实例中，R语言是直接依字符顺序排列的，但有时一些类别的数据，可能需要我们自己定义顺序，例如，在成绩系统中，A的等级是最高的，而后依次是B、C、D等，我们可以使用下列实例解决这个问题。

D < C < B < A
```
> str1 <- c("A", "B", "A", "C", "D", "B", "D")
> str2.order <- factor(str1, levels = c("D", "C", "B", "A"), ordered = TRUE)
> str2.order
[1] A B A C D B D
Levels: D < C < B < A
>
```

在有序因子中，我们可以使用逻辑运算符，筛选想要的元素。在介绍下列实例前，笔者先介绍which( )函数，这个函数参数是一个逻辑比较，将向量、矩阵或因子对象和逻辑条件比较，然后将符合比较条件的索引值传回。

```
> str2.order
[1] A B A C D B D
Levels: D < C < B < A
>
> which(str2.order >= "B")
[1] 1 2 3 6
>
```

由结果得到索引值1(对应A)、索引值2(对应B)、索引值3(对应A)、索引值6(对应B)，所以我们已经获得想要的结果了。

6-8 table( )函数

这个函数可以自动统计在因子的所有元素中，Levels中元素出现的次数。

```
> first.factor
[1] Yes No  No  Yes Yes
Levels: No Yes
> table(first.factor)
first.factor
 No Yes
  2   3
> str2.order
[1] A B A C D B D
Levels: D < C < B < A
> table(str2.order)
str2.order
D C B A
2 1 2 2
>
```

由上述执行结果可以看到，对于一般因子 first.factor，输出结果是依照英文字母的顺序打印出现次数。对有序因子 str2.order 而言，输出结果是依照 levels(D，C，B，A)的顺序打印出现次数。这对于大数据分析师做数据分析是很有帮助的。

本节结束前，再举一个使用 table( )函数测试一个向量和有序因子的实例，有一系列数据如下：

```
> size <- c("small","large", "med", "large", "small", "large")
>
```

如果此时使用 table( )函数测试，可以得到下列结果。

```
> table(size)
size
large   med small
    3     1     2
>
```

```
> size.order <- factor(size, levels = c("small", "med", "large"), ordered =
TRUE)
> size.order
[1] small large med   large small large
Levels: small < med < large
> table(size.order)
size.order
small   med large
    2     1     3
>
```

6-9 认识系统内建的数据集

state.name 是一个向量对象，这个对象依字母顺序排列了美国 50 个州，如下所示。

```
> state.name
 [1] "Alabama"        "Alaska"         "Arizona"        "Arkansas"
 [5] "California"     "Colorado"       "Connecticut"    "Delaware"
 [9] "Florida"        "Georgia"        "Hawaii"         "Idaho"
[13] "Illinois"       "Indiana"        "Iowa"           "Kansas"
[17] "Kentucky"       "Louisiana"      "Maine"          "Maryland"
[21] "Massachusetts"  "Michigan"       "Minnesota"      "Mississippi"
[25] "Missouri"       "Montana"        "Nebraska"       "Nevada"
[29] "New Hampshire"  "New Jersey"     "New Mexico"     "New York"
[33] "North Carolina" "North Dakota"   "Ohio"           "Oklahoma"
[37] "Oregon"         "Pennsylvania"   "Rhode Island"   "South Carolina"
[41] "South Dakota"   "Tennessee"      "Texas"          "Utah"
[45] "Vermont"        "Virginia"       "Washington"     "West Virginia"
[49] "Wisconsin"      "Wyoming"
```

state.region是一个因子，记录每一个州是属于美国哪一区的，如下所示。

```
> state.region
 [1] South         West          West          South
 [5] West          West          Northeast     South
 [9] South         South         West          West
[13] North Central North Central North Central North Central
[17] South         South         Northeast     South
[21] Northeast     North Central North Central South
[25] North Central West          North Central West
[29] Northeast     Northeast     West          Northeast
[33] North Central North Central North Central South
[37] West          Northeast     Northeast     South
[41] North Central South         South         West
[45] Northeast     South         West          South
[49] North Central West
Levels: Northeast South North Central West
>
```

由上图因子可知美国分成东北区(Northeast)、南区(South)、中央北区(North Central)和西区(West)。

可使用table( )函数统计各区有多少州，如下所示。

```
> table(state.region)
state.region
    Northeast         South North Central          West
            9            16            12            13
>
```

本章习题

一. 判断题

(   ) 1. 有2个命令如下：

```
> x <- c("Yes", "No", "Yes", "No", "Yes")
> y <- factor(x)
```

上述y的Levels数量为5。

(   ) 2. 建立因子时，如果想要缩写Levels的值，可以使用labels参数配合levels参数做设定。

(   ) 3. as.character( )函数，可将因子转换成字符串向量。

(   ) 4. as.numeric( )函数，可将数值向量转换成因子。

二. 单选题

(   ) 1. 有命令如下。

```
> x <- c("Yes", "No", "Yes", "No", "Yes")
```

用哪一个命令？可以得到下列结果。

```
x
 No Yes
  2   3
```

    A. rev(x)　　　　　B. table(x)　　　　　　　C. factor(x)　　　D. ordered(x)

(　　) 2. 以下命令会得到什么结果？

```
> x <- c("Yes", "No", "Yes", "No", "Yes")
> y <- factor(x, levels = c("Yes", "No"))
> y
```

  A.　[1] Yes No Yes No Yes　　　　　B.　[1] Yes No Yes No Yes
      Levels: Yes No　　　　　　　　　　　　　Levels: No Yes

  C.　[1] Yes No Yes No Yes　　　　　D.　[1] Y N Y N Y
      Levels: No < Yes　　　　　　　　　　　Levels: Y N

(　　) 3. 以下命令会得到什么结果？

```
> x <- c("Yes", "No", "Yes", "No", "Yes")
> y <- factor(x, levels = c("Yes", "No"),
+ labels = c("Y", "N"))
> y
```

  A.　[1] Yes No Yes No Yes　　　　　B.　[1] Yes No Yes No Yes
      Levels: Yes No　　　　　　　　　　　　　Levels: No Yes

  C.　[1] Yes No Yes No Yes　　　　　D.　[1] Y N Y N Y
      Levels: No < Yes　　　　　　　　　　　Levels: Y N

(　　) 4. 以下命令会得到什么结果？

```
> x <- c("Yes", "No", "Yes", "No", "Yes")
> y <- ordered(x)
> y
```

  A.　[1] Yes No Yes No Yes　　　　　B.　[1] Yes No Yes No Yes
      Levels: Yes No　　　　　　　　　　　　　Levels: No Yes

  C.　[1] Yes No Yes No Yes　　　　　D.　[1] Y N Y N Y
      Levels: No < Yes　　　　　　　　　　　Levels: Y N

(　　) 5. 以下命令会得到什么结果？

```
> x <- c("Yes", "No", "Yes", "No", "Yes")
> y <- factor(x)
> as.numeric(y)
```

  A. [1] 1 2 1 2 1　　　　　　　　　　　B. [1] 2 1 2 1 2
  C. [1] 1 1 1 2 2　　　　　　　　　　　D. [1] 2 2 1 1 2

(　　) 6. 以下命令会得到什么结果？

```
> x <- c("A", "B", "C", "D", "A", "A")
> y <- factor(x)
> nlevels(y)
```

  A. [1] 3　　　　　　B. [1] 4　　　　　C. [1] 5　　　　　D. [1] 6

(　　) 7. 以下命令会得到什么结果？

```
> x <- c("A", "B", "C", "D", "A", "A")
> y <- factor(x)
> length(y)
```

  A. [1] 3　　　　　　B. [1] 4　　　　　C. [1] 5　　　　　D. [1] 6

(　　) 8. 以下命令会得到什么结果？

```
> x <- c("A", "B", "C", "D", "A", "A")
> y <- factor(x, levels = c("D", "C", "B", "A"),
+ ordered = TRUE)
> which(y >= "A")
```

A. [1] 2 3 4　　　　B. [1] 1 1 1　　　　C. [1] 1 5 6　　　　D. [1] 2 4 6

三. 多选题

( ) 1. 有一个执行结果如下:

```
[1] A B C D A A
Levels: A B C D
```

下列哪些命令可以得到上述执行结果? (选择3项)

A. > x <- c("A", "B", "C", "D", "A", "A")
   > factor(x)

B. > x <- c("A", "B", "C", "D", "A", "A")
   > as.factor(x)

C. > x <- c("A", "B", "C", "D", "A", "A")
   > ordered(x)

D. > x <- c("A", "B", "C", "D", "A", "A")
   > factor(x, ordered = is.ordered(x))

E. > x <- c("A", "B", "C", "D", "A", "A")
   > factor(x, levels = c("D", "C", "B", "A"))

四. 实际操作题(如果题目有描述不详细时，请自行假设条件)

1. 将第4章第1题a题目，家人的血型向量，转换成因子。

```
[1] A O O B O B A AB O O
Levels: A AB B O
```

2. 重复前一题，建立因子时，使用levels将血型类别顺序设为 "A" "AB" "B" "O"。

```
[1] A O O B O B A AB O O
Levels: A AB B O
```

3. 统计(或自行假设)班上20人的考试成绩。

95, 93, 84, 76, 85, 73, 64, 82, 77, 65, 74, 43, 72, 62, 89, 67, 73, 65, 88, 71

计分方式如下所示。

A. 90(含)以上

B. 80 ~ 89

C. 70 ~ 79

D. 60 ~ 69

F. 60以下

请将上述数据建立为有序因子，排列方式为A > B > C > D > F，并按下列要求输出结果。

a. 请列出成绩B以上的人。

```
[1]  1  2  3  5  8 15 19
```

b. 请列出成绩F的人。

```
[1] 12
```

c. 请使用table( )函数了解各个成绩的分布。

```
ordered.grade
F D C B A
1 5 7 5 2
```

第7章 数据框

　　至今所介绍的数据，不论是向量、矩阵或三维数组，所探讨的皆是相同类型的数据。但在真实的世界里，我们需要处理不同类型的数据，例如，公司账号、薪资是整数，姓名、地址或电话号码等是字符串，这些数据是无法放入相同矩阵的。

　　R语言提供了一个新的数据结构，称为数据框(data frame)，可以解决这类问题，这也是本章的重点。

7-1　认识数据框

　　数据框是由一系列的列向量(column vector)所组成的，我们可以将它视为矩阵的扩充。对单独的向量与矩阵而言，它们的元素必须相同，但对数据框而言，不同列的向量的元素类别可以不同。数据框还有其他特色如下。

　　(1) 每个列皆有一个名称，如果没有设置，R语言默认该列的名称是V1、V2……，可使用names( )和colnames( )函数查询或设定数据框列的名称。

　　(2) 每一个行也要有一个名称，R语言默认该行名称是"1""2"……，相当于数字编号，但这些数字是字符串类型，可使用row.names( )函数查询或设定行的名称。

7-1-1 建立第一个数据框

假设有3个向量如下：

```
> mit.Name <- c("Kevin", "Peter", "Frank", "Maggie")
> mit.Gender <- c("M", "M", "M", "F")
> mit.Height <- c(170, 175, 165, 168)
>
```

◀ mit.Name：是姓名的字符串向量。

◀ mit.Gender：是性别的字符向量。

◀ mit.Height：是身高的数值向量。

data.frame( )函数，可将上述3个向量组成数据框。

实例ch7_1：建立第1个数据框mit.info，同时验证结果。

```
> mit.info <- data.frame(mit.Name, mit.Gender, mit.Height)
> mit.info
  mit.Name mit.Gender mit.Height
1    Kevin          M        170
2    Peter          M        175
3    Frank          M        165
4   Maggie          F        168
>
```

从上述执行结果可知，已经成功建立mit.info数据框了。

7-1-2 验证与设定数据框的列名和行名

尽管从实例ch7_1的执行结果，已经可以看出向量名称将是数据框的列名，不过这里笔者还是执行验证。先前笔者说过，可使用names( )和colnames( )函数查询或设定数据框列的名称，可参考下列实例。

实例ch7_2：分别使用names( )和colnames( )函数查询mit.info数据框的列名。

```
> names(mit.info)
[1] "mit.Name"   "mit.Gender" "mit.Height"
> colnames(mit.info)
[1] "mit.Name"   "mit.Gender" "mit.Height"
>
```

实例ch7_3：使用row.names( )函数查询行的名称。

```
> row.names(mit.info)
[1] "1" "2" "3" "4"
>
```

```
> names(mit.info)[1] <- "m.Name"
> names(mit.info)
 [1] "m.Name"    "mit.Gender" "mit.Height"
>
```

从上述执行结果可以看到，已经成功修改数据框的第一个列名了，当然也可以一次修改所有的列名，可参考下列实例。

```
> names(mit.info) <- c("Name", "Gender", "Height")
> names(mit.info)
[1] "Name"   "Gender" "Height"
> mit.info
   Name Gender Height
1  Kevin       M    170
2  Peter       M    175
3  Frank       M    165
4 Maggie       F    168
>
```

7-2　认识数据框的结构

如果使用str( )函数，了解数据框的结构时，会发现一个问题。如下所示：

```
> str(mit.info)
'data.frame':   4 obs. of  3 variables:
 $ Name  : Factor w/ 4 levels "Frank","Kevin",..: 2 4 1 3
 $ Gender: Factor w/ 2 levels "F","M": 2 2 2 1
 $ Height: num  170 175 165 168
>
```

我们在7-1-1节建立数据框时，mit.Name(现已改成Name)和mit.Gender(现已改成Gender)分明是字符串向量，但在建立数据框时却成了因子变量。其实这是R语言的默认情况，如果不想如此，那么在使用data.frame( )函数建立数据框时，可以增加参数"stringsAsFactors = FALSE"。

注：有时候在数据框内的某个字段是因子变量时，对建立汇总数据报表是有帮助的，相关知识将在第15章和第16章说明。

```
> mit.Newinfo <- data.frame(mit.Name, mit.Gender, mit.Height, stringsAsFacto
rs = FALSE)
> str(mit.Newinfo)
'data.frame':   4 obs. of  3 variables:
 $ mit.Name  : chr  "Kevin" "Peter" "Frank" "Maggie"
 $ mit.Gender: chr  "M" "M" "M" "F"
 $ mit.Height: num  170 175 165 168
>
```

由上述执行结果可以看到，mit.Name和mit.Gender的数据类别仍是字符串（"chr"）。

7-3 获取数据框内容

7-3-1 一般获取

若想要获取数据框的值，可以将数据框当作矩阵处理。

实例ch7_7：列出所有学生姓名。

```
> mit.Newinfo[ , "mit.Name"]
[1] "Kevin"  "Peter"  "Frank"  "Maggie"
>
```

实例ch7_8：列出2号学生的资料。

```
> mit.Newinfo[ 2, ]
  mit.Name mit.Gender mit.Height
2   Peter          M        175
>
```

实例ch7_9：列出3号学生的姓名。

```
> mit.Newinfo[ 3, "mit.Name"]
[1] "Frank"
>
```

在上述实例ch7_9中，我们在列名称中是直接使用数据框为该列所建的列名，由上述实例可知，mit.Name是数据框的第一列，我们也可以在索引中直接指明是读第几列的数据。

实例ch7_10：以直接指明是读第几列的方式重新列出3号学生的姓名。

```
> mit.Newinfo[ 3, 1]
[1] "Frank"
>
```

7-3-2 特殊字符$

再看一次mit.Newinfo数据框，如下所示。

```
> str(mit.Newinfo)
'data.frame':   4 obs. of  3 variables:
 $ mit.Name  : chr  "Kevin" "Peter" "Frank" "Maggie"
 $ mit.Gender: chr  "M" "M" "M" "F"
 $ mit.Height: num  170 175 165 168
>
```

可以看到每个列名前面皆有 "$" 符号，

这个符号主要是为了方便读取数据框的列名内的数据。

实例ch7_11：列出所有学生姓名。

```
> mit.Newinfo$mit.Name
[1] "Kevin"  "Peter"  "Frank"  "Maggie"
>
```

当然我们也可以用索引方式取得所有学生姓名，如下所示。

```
> mit.Newinfo[ , 1]
[1] "Kevin"  "Peter"  "Frank"  "Maggie"
> mit.Newinfo[ , "mit.Name"]
[1] "Kevin"  "Peter"  "Frank"  "Maggie"
```

任何一个程序设计师一定有许多工作，时间一久可能早就忘了他所设计的程序中哪一个对象有哪些字段。使用实例ch7_11的方式，可让程序未来更容易阅读。

7-3-3 再看取得的数据

对于对象X而言，当使用X[, n]时，是取得对象X的第n列，所获得的结果是一个向量，本节之前的所有实例皆是如此。如果使用X[n]方式可取得X对象的第n列，则所返回的是数据框。如果使用X[-n]方式，则表示取得X对象的除第n列以外的数据，所返回的数据也是数据框。

实例ch7_12：列出所有学生姓名，但此次所返回的是数据框，并列出所有除了学生姓名以外的数据框数据，下列是列出所有学生姓名的实例。

```
> mit.Newinfo[1]
  mit.Name
1    Kevin
2    Peter
3    Frank
4   Maggie
> str(mit.Newinfo[1])
'data.frame':   4 obs. of  1 variable:
 $ mit.Name: chr  "Kevin" "Peter" "Frank" "Maggie"
>
```

下列是列出除了学生姓名以外的数据框数

据的实例。

```
> mit.Newinfo[-1]
  mit.Gender mit.Height
1          M         170
2          M         175
3          M         165
4          F         168
> str(mit.Newinfo[-1])
'data.frame':  4 obs. of  2 variables:
 $ mit.Gender: chr  "M" "M" "M" "F"
 $ mit.Height: num  170 175 165 168
>
```

在阅读下一节前，先将mit.Newinfo的列名修改为"Name""Gender""Height"。

```
> names(mit.Newinfo) <- c("Name", "Gender", "Height")
> mit.Newinfo
    Name Gender Height
1  Kevin      M    170
2  Peter      M    175
3  Frank      M    165
4 Maggie      F    168
>
```

由上述执行结果可知列名修改成功了。

7-4 使用rbind( )函数增加数据框的行数据

假设有一系列数据"Amy""F""161"，想加入数据框，可参考下列实例。

实例ch7_13：将数据"Amy""F""161"，加入mit.Newinfo数据框。

```
> Mit.Newinfo <- rbind(mit.Newinfo, c("Amy", "F", 161))
> Mit.Newinfo
    Name Gender Height
1  Kevin      M    170
2  Peter      M    175
3  Frank      M    165
4 Maggie      F    168
5    Amy      F    161
>
```

由上述执行结果可以看到Mit.Newinfo已经增加Amy的数据了。如果想要一次增加多笔数据，例如，"Tony""M""171""Julia""F""163"，我们可以先将这些行数据组合成一个数据框，然后再使用rbind( )函数将两个数据框组合即可，可参考下列实例。

实例ch7_14：使用rbind( )函数实现两个数据框组合，执行结果将增加编号6和7的"Tony""M""171"和"Julia""F""163"的相关数据。

```
> mit.Newstu <- data.frame(Name = c("Tony", "Julia"), Gender = c("M", "F"),
+ Height = c(171, 163))          #新建一个数据框放新学生数据
> Mit.Newinfo2 <- rbind(Mit.Newinfo, mit.Newstu)
> Mit.Newinfo2
    Name Gender Height
1  Kevin      M    170
2  Peter      M    175
3  Frank      M    165
4 Maggie      F    168
5    Amy      F    161
6   Tony      M    171
7  Julia      F    163
>
```

上图实例的第一个命令是新建数据框，需要特别留意的是，所建数据框的列名必须与想要合并组合的数据框相同，然后使用rbind( )函数将两个数据框组合，即可得到想要的结果。当然我们也可以直接使用索引值增加数据框的行数据。

实例ch7_15：使用索引值增加数据框的行数据，执行结果将增加编号8和9的"Ivan""M""181"和"Ira""M""166"的相关数据。

```
> Mit.Newinfo2[c("8", "9"), ] <- c("Ivan", "Ira", "M", "M", 181, 166 )
> Mit.Newinfo2
    Name Gender Height
1  Kevin    M     170
2  Peter    M     175
3  Frank    M     165
4 Maggie    F     168
5    Amy    F     161
6   Tony    M     171
7  Julia    F     163
8   Ivan    M     181
9    Ira    M     166
>
```

7-5 使用cbind( )函数增加数据框的列数据

在数据处理过程中，一定会碰上想将新的字段数据加到数据框内的情况，这也是本节要讨论的主题。

7-5-1 使用$符号

本节为简便将重新使用mit.Newinfo对象。如下所示。

```
    Name Gender Height
1  Kevin    M     170
2  Peter    M     175
3  Frank    M     165
4 Maggie    F     168
>
```

假设想增加Weight列数据，数据分别是65, 71, 58, 55，有几个方法可以实现，本小节将介绍如何使用$符号，一次加一列数据。

实例ch7_16：使用$符号，为mit.Newinfo对象增加Weight列数据。

```
> Weight <- c(65, 71, 58, 55)
> mit.Newinfo$Weight <- Weight
> mit.Newinfo
    Name Gender Height Weight
1  Kevin    M     170     65
2  Peter    M     175     71
3  Frank    M     165     58
4 Maggie    F     168     55
>
```

需要特别留意的是"mit.Newinfo$Weight <- Weight"命令，"$"符号右边的Weight是数据框将要新增的列名，也可以使用其他名称。至于最右边的"Weight"则是Weight向量的元素值。

7-5-2　一次加多列数据

碰上需一次加多列数据的情况，最简单的方法是为将要增加的列数据建立数据框，最后再使用cbind( )函数，将两个数据框组合。

实例ch7_17：为mit.Newinfo对象增加两个列数据，Age列的数据分别是19，20，20，19，Score列的数据分别是88，91，75，80。

```
> Age <- c(19, 20, 20, 19)
> Score <- c(88, 91, 75, 80)
> mit.addinfo <- data.frame(Age, Score)
> mit.Finalinfo <- cbind(mit.Newinfo, mit.addinfo)
> mit.Finalinfo
    Name Gender Height Weight Age Score
1 Kevin      M    170     65  19    88
2 Peter      M    175     71  20    91
3 Frank      M    165     58  20    75
4 Maggie     F    168     55  19    80
>
```

上述程序的第3行是将新增的Age和Score列数据组成数据框，第4行则是将原先的数据框和新建数据框组合成最后结果的数据框。

7-6 再谈转置函数t( )

请参考下列在实例ch5_13使用rbind( )函数所建的矩阵baskets.NBA2016.Team。

```
> baskets.NBA2016.Team
       1st 2nd 3rd 4th 5th 6th
Lin      7   8   6  11   9  12
Jordon  12   8   9  15   7  12
>
```

在本章一开始，笔者介绍了数据框是由一系列的列向量所组成的。如果我们想将上述矩阵对象转成数据框，那么可依照下列两个步骤进行操作。

(1) 使用t( )函数，将由行向量组成的矩阵转成列向量格式。

(2) 正式转成数据框。

实例ch7_18：将baskets.NBA2016.Team矩阵对象，转成数据框对象。

```
> baskets.TNBA2016 <- t(baskets.NBA2016.Team)    # 转置处理
> baskets.NBA.dfTeam <- data.frame(baskets.TNBA2016)
> baskets.NBA.dfTeam
    Lin Jordon
1st   7     12
2nd   8      8
3th   6      9
4th  11     15
5th   9      7
6th  12     12
>
```

经过以上转换后，以后就可参照先前章节执行数据框的操作了。

本章习题

一. 判断题

(　　　) 1. 数据框是由一系列的列向量组成的，我们可以将它视为矩阵的扩充。

(　　　) 2. colnames( )是唯一一个可查询和取得数据框的函数。

(　　　) 3. 假设x.df是一个数据框，下列两个命令的执行结果相同。

```
> names(x.df)
```

或

```
> colnames(x.df)
```

(　　　) 4. 数据框与矩阵的差别之一在于数据框中每一列的长度可以不相等，而矩阵中每一列的长度一定要相等。

(　　　) 5. 有系列命令如下：

```
> x.name <- c("John", "Mary")
> x.sex <- c("M", "F")
> x.weight <- c(70, 50)
> x.df <- data.frame(x.name, x.sex, x.weight)
> x.df[, 1]
```

执行后可以得到下列结果。

```
[1] John Mary
Levels: John Mary
```

(　　　) 6. 有如下系列命令：

```
> x.name <- c("John", "Mary")
> x.sex <- c("M", "F")
> x.weight <- c(70, 50)
> x.df <- data.frame(x.name, x.sex, x.weight, stringsAsFactors = FALSE)
> x.df[2, 1]
```

执行后可以得到下列结果。

```
[1] Mary
Levels: John Mary
```

(　　　) 7. cbind( )函数，可将两个数据框组合。

二. 单选题

(　　　) 1. 下列哪一类型的数据结构可允许有不同数据类型。

    A. 向量

    B. 矩阵

    C. 数组

    D. 数据框

(　　) 2. 由以下命令可以判断，mtcars对象是什么数据类型？

```
> str(mtcars)
'data.frame':   32 obs. of  11 variables:
 $ mpg : num  21 21 22.8 21.4 18.7 18.1 14.3 24.4 22.8 19.2
...
 $ cyl : num  6 6 4 6 8 6 8 4 4 6 ...
 $ disp: num  160 160 108 258 360 ...
 $ hp  : num  110 110 93 110 175 105 245 62 95 123 ...
 $ drat: num  3.9 3.9 3.85 3.08 3.15 2.76 3.21 3.69 3.92 3.
92 ...
 $ wt  : num  2.62 2.88 2.32 3.21 3.44 ...
 $ qsec: num  16.5 17 18.6 19.4 17 ...
 $ vs  : num  0 0 1 1 0 1 0 1 1 1 ...
 $ am  : num  1 1 1 0 0 0 0 0 0 0 ...
 $ gear: num  4 4 4 3 3 3 3 4 4 4 ...
 $ carb: num  4 4 1 1 2 1 4 2 2 4 ...
```

A. 向量　　　　　　　　　　　　　　　B. 矩阵

C. 因子　　　　　　　　　　　　　　　D. 数据框

(　　) 3. 由以下命令可以判断，mtcars对象有多少列？

```
> str(mtcars)
'data.frame':   32 obs. of  11 variables:
```

A. 10　　　　　　　　B. 11　　　　　　　　C. 12　　　　　　　　D. 13

(　　) 4. 以下命令会得到哪种执行结果？

```
> x.name <- c("John", "Mary")
> x.sex <- c("M", "F")
> x.weight <- c(70, 50)
> x.df <- data.frame(x.name, x.sex, x.weight, stringsAsFactors = FALSE)
> x.df[1, 1]
```

A. [1] "Mary"　　　　　　　　　　　　B. [1] "John"

　　[1] Mary　　　　　　　　　　　　　　[1] John
C. Levels: John Mary　　　　　　　D. Levels: John Mary

(　　) 5. 以下命令会得到哪种执行结果？

```
> x.name <- c("John", "Mary")
> x.sex <- c("M", "F")
> x.weight <- c(70, 50)
> x.df <- data.frame(x.name, x.sex, x.weight, stringsAsFactors = FALSE)
> names(x.df) <- c("name", "sex", "weight")
> x.df
```

A. 　　name sex weight　　　　　　B. 　　x.name x.sex x.weight
　　1 John M   70　　　　　　　　　1 John   M   70
　　2 Mary F   50　　　　　　　　　2 Mary   F   50

C. [1] Mary　　　　　　　　　　　　D. [1] John
　　Levels: John Mary　　　　　　　　Levels: John Mary

(　　) 6. 以下命令执行后，可以获得多少个行数据？

```
> x.name <- c("John", "Mary")
> x.sex <- c("M", "F")
> x.weight <- c(70, 50)
> x.df <- data.frame(x.name, x.sex, x.weight, stringsAsFactors = FALSE)
> y.df <- rbind(x.df, c("Frankie", "M", 66))
```

A. 1　　　　　　　　B. 2　　　　　　　　C. 3　　　　　　　　D. 4

(　　) 7. 以下命令会得到哪种执行结果？

```
> x.name <- c("John", "Mary")
> x.sex <- c("M", "F")
> x.weight <- c(70, 50)
> x.df <- data.frame(x.name, x.sex, x.weight)
> age <- c(23, 20)
> y.df <- data.frame(age)
> new.df <- cbind(x.df, y.df)
> new.df
```

A.
```
  x.name x.sex x.weight
1   John     M       70
2   Mary     F       50
```

B.
```
  x.name x.sex x.weight
1    John     M       70
2    Mary     F       50
3 Frankie     M       66
```

C.
```
  x.name x.sex x.weight age
1   John     M       70  23
2   Mary     F       50  20
```

D.
```
  name sex weight
1 John   M     70
2 Mary   F     50
```

三. 多选题

(　　) 1. 有命令如下：

```
> A <- c('A', 'B', 'A', 'A', 'B')
> B <- c('Winter', 'Summer', 'Summer', 'Spring', 'Fall')
> C <- c(7.4, 6.3, 8.6, 7.2, 8.9)
> my.df <- data.frame(A, B, C)
> abc = 1:5
```

若要使向量abc成为my.df的第4列，可以用下列哪些命令？(选择3项)

A. my.df(abc) <- abc

B. my.df$abc <- abc

C. my.df[, "abc"] <- abc

D. my.df["abc",] <- abc

E. my.df[4] <- abc

四. 实际操作题(如果题目有描述不详细时，请自行假设条件)

1. 请参考实例ch7_1，建立自己家人的数据框A1，至少含有5个行数据，并执行以下操作。

(1) 请将列名分别更改为. name、gender、height。

```
    name gender height
1 Father      M    172
2 Mother      F    163
3     Me      M    175
4    Bro      M    170
5    Sis      F    154
```

(2) 请为数据框增加5个行数据。

```
     name gender height
1  Father      M    172
2  Mother      F    163
3      Me      M    175
4     Bro      M    170
5     Sis      F    154
6  Austin      M    173
7     Ben      M    162
8   Carel      F    160
9    Chen      M    178
10    Den      M    165
```

(3) 请建立另一个数据框A2，这个数据框有3个行数据，然后将A2数据框接在A1数据框的下方。

```
   name gender height
1  Father    M    172
2  Mother    F    163
3     Me     M    175
4     Bro    M    170
5     Sis    F    154
6  Austin    M    173
7     Ben    M    162
8   Carel    F    160
9    Chen    M    178
10    Den    M    165
11    Eva    F    163
21  Frank    M    181
31  Helen    F    153
```

(4) 请列出身高170cm以上的数据。

```
   name gender height
1  Father    M    172
3     Me     M    175
6  Austin    M    173
9    Chen    M    178
21  Frank    M    181
```

2. 请建立数据框B，这个数据框有两个字段(列数据)，分别是weight和gender，然后将数据框B接在数据框A1的右边。

(1) 请列出性别为女性的数据。

```
   name gender height    weight age
2  Mother    F    163 50.00000  52
5     Sis    F    154 52.55556  17
8   Carel    F    160 60.22222  23
11    Eva    F    163 67.88889  23
31  Helen    F    153 73.00000  29
```

(2) 请列出性别为男性，同时体重超过70kg的数据。

```
   name gender height    weight age
21 Frank    M    181 70.44444  35
```

第**8**章 列表

　　列表(list)是一种具有很大弹性的对象，在同一列表内可以有不同属性的元素，例如，字符、字符串或数值。也可拥有不同的对象，例如，向量、矩阵、因子、数据框或其他列表。

　　注：研读至此，相信各位可以看到，数据框可以视为由数个向量所组成的列表对象，但是数据框受限于各向量长度必须相同，列表则无此限制。

8-1 建立列表

　　建立列表所需的函数是list( )，其实可以将列表想成是一个大的袋子，这个袋子里面装满了各式各样的对象，接下来，将分成几个小节讲解建立列表的知识。

8-1-1 建立列表对象 —— 对象元素不含名称

　　在程序实例ch5_39中，我们曾经建立一个baskets.NBA2016.Team对象，接下来我们将以这个实例所建的矩阵为模板建立列表。

```
> baskets.Cal <- list("California", "2016-2017", baskets.NBA2016.Team)
> baskets.Cal
[[1]]
[1] "California"

[[2]]
[1] "2016-2017"

[[3]]
      1st 2nd 3rd 4th 5th 6th
Lin     7   8   6  11   9  12
Jordon 12   8   9  15   7  12

>
```

由上述执行结果可以知道，列表已经建立成功了，此列表名称是"baskets.Cal"，这个列表内有3个对象，"[[ ]]"内的编号是列表内对象元素的编号，由以上执行结果可知对象1的内容是"California"，对象2是"2016-2017"，对象3是原矩阵baskets.NBA2016.Team的内容。

8-1-2　建立列表对象 —— 对象元素含名称

建立列表，并且同时为对象元素命名所使用的也是list( )函数。

```
> baskets.NewCal <- list(TeamName = "California", Season = "2016-2017", scor
e.Info = baskets.NBA2016.Team)
> baskets.NewCal
$TeamName
[1] "California"

$Season
[1] "2016-2017"

$score.Info
      1st 2nd 3rd 4th 5th 6th
Lin     7   8   6  11   9  12
Jordon 12   8   9  15   7  12

>
```

由上述执行结果可知，" [[ ]]"符号已经消失了，取而代之的是"$"符号连接对象元素名称。"$"用法和数据框类似。其实我们可以将数据框想成是列表的一种特殊格式。本章接下来介绍的各种列表用法，也均可在数据框上使用。

8-1-3 处理列表内对象元素名称

names( )函数可以获得以及修改列表内对象元素名称。

```
> names(baskets.Cal)
NULL
> names(baskets.NewCal)
[1] "TeamName"    "Season"        "score.Info"
>
```

对于baskets.Cal对象而言，由于我们在实例ch8_1建立时没有添加名称，所以返回的是NULL，而baskets.NewCal则返回在实例ch8_2所设定的名称。

```
> names(baskets.Cal)[1] <- "TName"
> baskets.Cal
$TName
[1] "California"

$<NA>
[1] "2016-2017"

$<NA>
        1st 2nd 3rd 4th 5th 6th
Lin       7   8   6  11   9  12
Jordon   12   8   9  15   7  12

> names(baskets.Cal)
[1] "TName" NA         NA
>
```

在上述实例中，笔者用了两个方法验证结果，很明显可以看到，对于"California"字符串而言已经成功建立"TName"名称，至于尚未建立名称的对象在输出结果中则用"NA"表示。

8-1-4 获得列表的对象元素个数

length( )函数可以获得列表的元素个数。

```
> length(baskets.NewCal)
[1] 3
>
```

8-2 获取列表内对象的元素内容

对于列表内对象元素，如果有名称，可以使用 "$" 符号，取得对象元素内容。无论列表内的对象元素已有名称或尚未有名称，皆可以使用 "[[ ]]" 符号取得对象元素内容。不论是使用 "$" 符号或是 "[[ ]]" 所传回的都是对象元素本身。

读者也可以参考8-2-4节，使用 "[ ]"，但所传回的数据类型是列表。

8-2-1 使用 "$" 符号取得列表内对象的元素内容

"$" 符号的用法与7-3-2节数据框的 "$" 用法相同。

实例ch8_6：使用"$"符号获得baskets.NewCal列表内所有元素的内容。

```
> baskets.NewCal$TeamName
[1] "California"
> baskets.NewCal$Season
[1] "2016-2017"
> baskets.NewCal$score.Info
       1st 2nd 3rd 4th 5th 6th
Lin      7   8   6  11   9  12
Jordon  12   8   9  15   7  12
>
```

实例ch8_7：使用"$"符号获得baskets.NewCal列表内元素Score.Info，Jordon第4场进球数。

```
> baskets.NewCal$score.Info[2, 4]
[1] 15
>
```

实例ch8_8：使用"$"符号获得baskets.NewCal列表内元素Score.Info，Lin第5场的进球数。

```
> baskets.NewCal$score.Info[1, 5]
[1] 9
>
```

8-2-2 使用 "[[ ]]" 符号取得列表内对象的元素内容

这种用法也很简单，只要将 "[[ ]]" 内的

数值想成是索引值即可。

实例ch8_9：使用"[[ ]]"符号获得baskets.Cal列表内所有元素的内容。

```
> baskets.Cal[[1]]
[1] "California"
> baskets.Cal[[2]]
[1] "2016-2017"
> baskets.Cal[[3]]
       1st 2nd 3rd 4th 5th 6th
Lin      7   8   6  11   9  12
Jordon  12   8   9  15   7  12
>
```

实例ch8_10：使用"[[ ]]"符号获得baskets.NewCal列表内所有元素的内容。

```
> baskets.NewCal[[1]]
[1] "California"
> baskets.NewCal[[2]]
[1] "2016-2017"
> baskets.NewCal[[3]]
       1st 2nd 3rd 4th 5th 6th
Lin      7   8   6  11   9  12
Jordon  12   8   9  15   7  12
>
```

实例ch8_11：使用"[[ ]]"符号获得baskets.NewCal列表内元素Score.Info，Jordon第4场的进球数。

```
> baskets.NewCal[[3]][2, 4]
[1] 15
>
```

实例ch8_12：使用"[[ ]]"符号获得baskets.NewCal列表内元素Score.Info，Lin第5场的进球数。

```
> baskets.NewCal[[3]][1, 5]
[1] 9
>
```

8-2-3　列表内对象名称也可当作索引值

前一小节在 " [[ ]] " 内，直接使用数字当索引，如果列表内的对象元素已有名称，也可以用这个对象元素名称当索引。

```
> baskets.NewCal[["TeamName"]]
[1] "California"
> baskets.NewCal[["Season"]]
[1] "2016-2017"
> baskets.NewCal[["score.Info"]]
        1st 2nd 3rd 4th 5th 6th
Lin       7   8   6  11   9  12
Jordon   12   8   9  15   7  12
>
```

8-2-4　使用 " [ ] " 符号取得列表内对象的元素内容

使用 " [ ] " 也可取得列表对象的元素内容，但所传回的数据类型是列表。" [ ] " 符号的另一个特点是可以使用负索引。

```
> baskets.NewCal[1]
$TeamName
[1] "California"

> baskets.NewCal[2]
$Season
[1] "2016-2017"

> baskets.NewCal[3]
$score.Info
        1st 2nd 3rd 4th 5th 6th
Lin       7   8   6  11   9  12
Jordon   12   8   9  15   7  12

>
```

```
> baskets.NewCal[1:2]
$TeamName
[1] "California"

$Season
[1] "2016-2017"

> baskets.NewCal[2:3]
$Season
[1] "2016-2017"

$score.Info
        1st 2nd 3rd 4th 5th 6th
Lin       7   8   6  11   9  12
Jordon   12   8   9  15   7  12

>
```

需要留意的是，上述两个实例所传回的皆是列表。

如果索引值是负数，则代表传回的列表不含负索引所指的对象元素。

```
> baskets.NewCal[-1]
$Season
[1] "2016-2017"

$score.Info
        1st 2nd 3rd 4th 5th 6th
Lin       7   8   6  11   9  12
Jordon   12   8   9  15   7  12

>
```

由上述结果可知，R 语言在剔除 TeamName 对象元素后，将重新排列列表内对象的顺序。

```
> baskets.NewCal[names(baskets.NewCal) != "TeamName"]
$Season
[1] "2016-2017"

$score.Info
        1st 2nd 3rd 4th 5th 6th
Lin       7   8   6  11   9  12
Jordon   12   8   9  15   7  12

>
```

8-3 编辑列表内的对象元素值

我们可以用编辑修改其他对象的方式，编辑修改列表各个元素内容。

8-3-1 修改列表元素内容

我们可以使用"[[ ]]"和"$"修改列表元素的内容，笔者将以不同方法逐步讲解，如何修改列表元素的内容。

实例ch8_18：将baskets.NewCal列表的季度"Season"改成"2017-2018"。

```
> baskets.NewCal[[2]] <- "2017-2018"        # 编辑修改
> baskets.NewCal                            # 验证结果
$TeamName
[1] "California"

$Season
[1] "2017-2018"

$score.Info
       1st 2nd 3th 4th 5th 6th
Lin      7   8   6  11   9  12
Jordon  12   8   9  15   7  12

>
```

实例ch8_19：以不同方法，将baskets.NewCal列表的季度"Season"改成"2018-2019"。

```
> baskets.NewCal[["Season"]] <- "2018-2019"    # 编辑修改
> baskets.NewCal                               # 验证结果
$TeamName
[1] "California"

$Season
[1] "2018-2019"

$score.Info
       1st 2nd 3th 4th 5th 6th
Lin      7   8   6  11   9  12
Jordon  12   8   9  15   7  12

>
```

实例ch8_20：以不同方法，将baskets.NewCal列表的季度"Season"改成"2019-2020"。

```
> baskets.NewCal$Season <- "2019-2020"          # 编辑修改
> baskets.NewCal                                # 验证结果
$TeamName
[1] "California"

$Season
[1] "2019-2020"

$score.Info
       1st 2nd 3th 4th 5th 6th
Lin      7   8   6  11   9  12
Jordon  12   8   9  15   7  12

>
```

此外，也可以使用"[ ]"的方式实现列表元素内容的修改，方法可参考下列实例。

实例ch8_21：以"[ ]"方法，将baskets.NewCal列表的"Season"改成"2020-2021"。

```
> baskets.NewCal[2] <- list("2020-2021")        # 编辑修改
> baskets.NewCal                                # 验证结果
$TeamName
[1] "California"

$Season
[1] "2020-2021"

$score.Info
       1st 2nd 3th 4th 5th 6th
Lin      7   8   6  11   9  12
Jordon  12   8   9  15   7  12

>
```

从以上实例，我们已经学会修改列表单一元素内容的方法了，如果想一次修改多个元素的内容，可参考下列实例。

实例ch8_22：一次修改列表内两个元素的内容，本实例会将元素1改成"Texas"，将元素2改成"2016-2017"，本实例会先制作一份备份"copy.baskets.NewCal"，然后再修改此对象的元素1和元素2的内容。

```
> copy.baskets.NewCal <- baskets.NewCal              # 先制作一份备份
> copy.baskets.NewCal[1:2] <- list("Texas", "2016-2017")   # 修改
> copy.baskets.NewCal                                # 验证结果
$TeamName
[1] "Texas"

$Season
[1] "2016-2017"

$score.Info
       1st 2nd 3th 4th 5th 6th
Lin      7   8   6  11   9  12
Jordon  12   8   9  15   7  12

>
```

8-3-2 为列表增加更多元素

我们可以修改列表元素的值，也可以为列表增加新元素。此时可以使用索引，也可以使用"$"符号。

实例ch8_23：为列表baskets.NewCal对象增加新的元素，元素名称是PlayerName，内容是"Lin"和"Jordon"。

```
> baskets.NewCal[["PlayerName"]] <- c("Lin", "Jordon")        #新增元素
> baskets.NewCal                                              #验证结果
$TeamName
[1] "California"

$Season
[1] "2020-2021"

$score.Info
       1st 2nd 3th 4th 5th 6th
Lin      7   8   6  11   9  12
Jordon  12   8   9  15   7  12

$PlayerName
[1] "Lin"     "Jordon"

>
```

由上述执行结果可以看到，我们成功地增加了"PlayerName"元素。

实例ch8_24：以不同方式为列表baskets.NewCal对象增加新的元素，元素名称是"PlayerAge"，内容是"25"和"45"。

```
> baskets.NewCal["PlayerAge"] <- list(c(25, 45))          # 新增元素
> baskets.NewCal                                          #验证结果
$TeamName
[1] "California"

$Season
[1] "2020-2021"

$score.Info
       1st 2nd 3th 4th 5th 6th
Lin      7   8   6  11   9  12
Jordon  12   8   9  15   7  12

$PlayerName
[1] "Lin"     "Jordon"

$PlayerAge
[1] 25 45

>
```

实例ch8_25：以不同方式为列表baskets.NewCal对象增加新的元素，元素名称是"Gender"，内容是"M"和"M"。

```
> baskets.NewCal$Gender  <- c("M", "M")                    #新增元素
> baskets.NewCal                                           #验证结果
$TeamName
[1] "California"

$Season
[1] "2020-2021"

$score.Info
       1st 2nd 3th 4th 5th 6th
Lin      7   8   6  11   9  12
Jordon  12   8   9  15   7  12

$PlayerName
[1] "Lin"     "Jordon"

$PlayerAge
[1] 25 45

$Gender
[1] "M" "M"

>
```

对于使用"[ ]"和"[[ ]]"而言，也可以在索引中直接以数值表示列表新增的第几个元素，可参考下列实例。

实例 ch8_26：以数值当索引重新设计 ch8_23，但此次使用对象 "copy.baskets.NewCal"。

```
> copy.baskets.NewCal[[4]] <- c("Lin", "Jordon")
> copy.baskets.NewCal
$TeamName
[1] "Texas"

$Season
[1] "2016-2017"

$score.Info
       1st 2nd 3rd 4th 5th 6th
Lin      7   8   6  11   9  12
Jordon  12   8   9  15   7  12

[[4]]
[1] "Lin"     "Jordon"

>
```

当然使用这种方式新增列表元素时，首先必须知道列表内有多少元素，如果原列表已经有4个元素，上述实例会修改第4个元素的内容，而不是新增第4个元素。

实例 ch8_27：以数值当索引重新设计 ch8_24，但此次使用对象 "copy.baskets.NewCal"。

```
> copy.baskets.NewCal[5] <- list(c(25, 45))
> copy.baskets.NewCal
$TeamName
[1] "Texas"

$Season
[1] "2016-2017"

$score.Info
        1st 2nd 3rd 4th 5th 6th
Lin       7   8   6  11   9  12
Jordon   12   8   9  15   7  12

[[4]]
[1] "Lin"      "Jordon"

[[5]]
[1] 25 45

>
```

同样地，使用这种方式新增列表元素时，首先必须知道列表内有多少个元素，如果原列表已经有5个元素，上述实例会修改第5个元素的内容，而不是新增第5个元素。

8-3-3　删除列表内的元素

如果想要删除列表内的元素，只要将此元素设为NULL即可。同时如果所删除的元素非最后一个元素，原先后面的元素会往前移。例如，如果我们删除第4个元素，则删除后第5个元素会变成第4个元素，其他依此类推。

实例ch8_28：删除列表对象"baskets.NewCal"内的第4个元素"PlayerName"。

```
> baskets.NewCal[[4]] <- NULL
> baskets.NewCal
$TeamName
[1] "California"

$Season
[1] "2020-2021"

$score.Info
        1st 2nd 3rd 4th 5th 6th
Lin       7   8   6  11   9  12
Jordon   12   8   9  15   7  12

$PlayerAge
[1] 25 45

$Gender
[1] "M" "M"

>
```

由上述执行结果可以很明显看到，原先第5个元素"PlayerAge"已经往前移，变成第4个元素了。

实例ch8_29：以不同方法删除列表对象"baskets.NewCal"内的第4个元素"PlayerAge"。

```
> baskets.NewCal["PlayerAge"] <- NULL
> baskets.NewCal
$TeamName
[1] "California"

$Season
[1] "2020-2021"

$score.Info
        1st 2nd 3rd 4th 5th 6th
Lin       7   8   6  11   9  12
Jordon   12   8   9  15   7  12

$Gender
[1] "M" "M"

>
```

实例ch8_30：以不同方法删除列表对象"baskets.NewCal"内的第4个元素"Gender"。

```
> baskets.NewCal$Gender <- NULL
> baskets.NewCal
$TeamName
[1] "California"

$Season
[1] "2020-2021"

$score.Info
        1st 2nd 3rd 4th 5th 6th
Lin       7   8   6  11   9  12
Jordon   12   8   9  15   7  12

>
```

8-4 列表合并

我们至今已经使用过许多次c( )函数了，字符c其实是concatenate的缩写，也就是合并，如果想将2个或多个列表合并，所使用的也是c( )函数。在正式执行列表合并操作前，笔者先建立一个列表对象"baskets.NewInfo"，其内容如下：

```
> baskets.NewInfo <- list(Heights = c(192, 199), Ages = c(25, 45))
> baskets.NewInfo
$Heights
[1] 192 199

$Ages
[1] 25 45

>
```

实例ch8_31：执行"baskets.NewCal"列表和"baskets.NewInfo"列表合并。

```
> baskets.Merge <- c(baskets.NewCal, baskets.NewInfo)    # 串行合并
> baskets.Merge                                          # 验证结果
$TeamName
[1] "California"

$Season
[1] "2020-2021"

$score.Info
       1st 2nd 3th 4th 5th 6th
Lin      7   8   6  11   9  12
Jordon  12   8   9  15   7  12

$Heights
[1] 192 199

$Ages
[1] 25 45

>
```

由上述执行结果可知，我们已经成功执行列表合并了。

8-5 解析列表的内容结构

本章最后笔者将要解析列表的内容结构，执行str(baskets.Merge)可以得到下列结果。

```
> str(baskets.Merge)
List of 5
 $ TeamName  : chr "California"
 $ Season    : chr "2020-2021"
 $ score.Info: num [1:2, 1:6] 7 12 8 8 6 9 11 15 9 7 ...
  ..- attr(*, "dimnames")=List of 2
  .. ..$ : chr [1:2] "Lin" "Jordon"
  .. ..$ : chr [1:6] "1st" "2nd" "3rd" "4th" ...
 $ Heights   : num [1:2] 192 199
 $ Ages      : num [1:2] 25 45
>
```

(1) 第1行，表示这是一个列表，此列表有5个元素。

(2) 第2行，由"$"开头，表示这是第1个元素，此元素的名称是"TeamName"，元素数据类型是字符串"chr"，内容是"California"。

(3) 第3行，由"$"开头，表示这是第2个元素，此元素名称是"Season"，元素数据类型是字符串"chr"，内容是"2020-2021"。

(4) 第4行，由"$"开头，表示这是第3个元素，此元素名称是"score.Info"，元素数据类型是数值"num"，这是2行6列的矩阵。

(5) 第5行，开头是".."，表示这项内容属于上方元素，相当于第3个元素，其行名称和列名称是存储在"dimnames"属性内，同时"dimnames"又是一个列表，内有两个元素。

(6) 第6行和第7行，开头是"...."接"$"的缩排，表示这是属于上方第3个元素的数组内容，这两个向量均是字符串向量，长度分别为2和6。

(7) 第8行，由"$"开头，表示这是第4个元素，此元素的名称是"Heights"，元素数据类型是数值"num"，内容是"192"和"199"。

(8) 第9行，由"$"开头，表示这是第5个元素，此元素名称是"Ages"，元素数据类型是数值"num"，内容是"25"和"45"。

其实，str( )函数主要是可以使你了解对象的结构，由此你可以获得许多有用的信息。在本章实例ch8_1中我们建立了"baskets.Cal"对象，虽然后来经过修改，但我们可以再看一次这个对象的结构，如下所示。

```
> str(baskets.Cal)
List of 3
 $ TName: chr "California"
 $ NA   : chr "2016-2017"
 $ NA   : num [1:2, 1:6] 7 12 8 8 6 9 11 15 9 7 ...
  ..- attr(*, "dimnames")=List of 2
  .. ..$ : chr [1:2] "Lin" "Jordon"
  .. ..$ : chr [1:6] "1st" "2nd" "3rd" "4th" ...
>
```

在上述执行结果可以看到baskets.Cal有3个元素，其中第2和3个元素的"$"字符右边是NA，代表这两个元素没有名称，其他内容则不难了解。

最后笔者建议，由于列表可以包含多种不同数据格式的元素，而且这将是您将来迈向大数据工程师行业很重要的工具，应该彻底了解，使用时应该给予每个元素名称，方便未来使用。

一. 判断题

(   ) 1. 数据框与列表的相同点在于可以同时存储数值数据与字符串数据。

(   ) 2. 数据框与列表的差别之一是列表中每一元素的长度可以不相等，而数据框中每一列向量的长度需相等。

(   ) 3. 有如下两个命令。

```
> a <- c(1, 2, 3, 4)
> b <- list(1, 2, 3, 4)
```

上述执行命令后，a[[1]]和b[[1]]的执行结果相同。

(   ) 4. 有如下命令。

```
> x.list <- list(name = "x.name", gender = "x.sex")
```

对上述x.list对象而言，第2个元素的对象名称是"x.sex"，未来我们可以使用x.list$x.sex存取此元素的内容。

(   ) 5. 有如下系列命令。

```
> A = c('A', 'B', 'A', 'A', 'B')
> B = c('Winter', 'Summer', 'Summer', 'Spring', 'Fall')
> x.list <- list(A, B)
> length(x.list)
```

上述命令执行结果如下所示。

```
[1] 10
```

(   ) 6. 有如下两个命令。

```
> x.list <- list(name = "x.name", gender = "x.sex")
> x.list[["name"]]
```

上述命令执行时会有错误产生。

(   ) 7. 有如下两个命令。

```
> x.list
$name
[1] "x.name"

$gender
[1] "x.sex"

> x.list$gender <- NULL
```

上述命令执行后，列表x.list将只剩下一个元素。

(   ) 8. cbind( )函数一般也常用于列表合并，有如下系列命令。

```
> x.name <- c("John", "Mary")
> x.sex <- c("M", "F")
> x.age <- c(20, 23)
> x.weight <- c(70, 50)
> x.list1 <- list(x.name, x.sex)
> x.list2 <- list(age, x.weight)
> x.list3 <- cbind(x.list1, x.list2)
> x.list3
```

上述命令执行结果如下所示。

```
> x.list3
[[1]]
[1] "John" "Mary"

[[2]]
[1] "M" "F"

[[3]]
[1] 23 20

[[4]]
[1] 70 50
```

(   ) 9. 使用"[ ]"也可取得列表元素的内容，所返回的数据类型是列表。

二. 单选题

(   ) 1. 下列哪一类型的数据结构的弹性最大?

A. 向量   B. 矩阵

C. 数据框   D. 列表

(   ) 2. 有如下系列命令。

```
> id <- c(34453, 72456, 87659)
> name <- c("John", "Mary")
> lst1 <- list(stud.id = id, stud.name = name)
```

若要利用列表"lst1"得到字符串向量"name"中的数据"John"，可以用以下哪一个命令?

A. lst1$name[1]   B. lst1["stud.name"][1]

C. lst1[[stud.name]][1]   D. lst1[[2]][1]

(   ) 3. 有如下系列命令。

```
> id <- c(34453, 72456, 87659)
> name <- c("John", "Mary", "Jenny")
> gender <- c("M", "F", "F")
> height <- c(167, 156, 180)
```

下列哪一个命令是有问题的?

A. data.frame(id, name, gender, height)

B. list(id, name, gender, height)

C. matrix(id, name, gender, height)

D. cbind(id, name, gender, height)

(   ) 4. 有如下系列命令。

```
> id <- c(34453, 72456, 87659)
> x.list <- list("NY", "2020", id)
```

下列哪一个命令可以取得列表第2个元素的内容?

A. > x.list[[2]]   B. > x.list[[1]]

C. > x.list$2020   D. > x.list$NY

(   ) 5. 有一个列表，其内容如下所示。

```
> x.list
$City
[1] "NY"

$Season
[1] "2020"

$Number
[1] 34453 72456 87659
```

下列哪一个命令无法取得x.list列表Number的第2个数据的内容？

A. > x.list[[3]][2]　　　　　　　B. > x.list$Number[2]

C. > x.list[["Number"]][2]　　　 D. > x.list["Number"][2]

(   ) 6. 有一个列表，其内容如下所示。

```
> x.list
$City
[1] "NY"

$Season
[1] "2020"

$Number
[1] 34453 72456 87659
```

下列哪一个命令可以得到下列执行结果？

```
$Season
[1] "2020"

$Number
[1] 34453 72456 87659
```

A. > x.list[[c(2:3)]]　　　　　　 B. > c(x.list[[2]], x.list[[3]])

C. > x.list[[-1]]　　　　　　　　 D. > x.list[-1]

(   ) 7. 有一个列表，其内容如下所示。

```
> x.list
$City
[1] "NY"

$Season
[1] "2020"

$Number
[1] 34453 72456 87659
```

下列哪一个命令无法为列表增加第4个元素？

A. > x.list[["Country"]] <- "USA"

B. > x.list["Country"] <- "USA"

C. > x.list"Country" <- "USA"

D. > x.list[4] <- "USA"

(　　) 8. 请参考下列执行结果。

```
> str(baskets.Merge)
List of 5
 $ TeamName  : chr "California"
 $ Season    : chr "2020-2021"
 $ score.Info: num [1:2, 1:6] 7 12 8 8 6 9 11 15 9 7 ...
  ..- attr(*, "dimnames")=List of 2
  .. ..$ : chr [1:2] "Lin" "Jordon"
  .. ..$ : chr [1:6] "1st" "2nd" "3rd" "4th" ...
 $ Heights   : num [1:2] 192 199
 $ Ages      : num [1:2] 25 45
>
```

下列哪一个叙述是错误的？

A. 第1行，表示这是一个列表，此列表有5个元素。

B. 第4行，由"$"开头，表示这是第3个元素，此元素名称是"score.Info"，元素数据类型是数值"num"，这是1个2行4列的矩阵。

C. 第8行，由"$"开头，表示这是第4个元素，此元素的名称是"Heights"，元素数据类型是数值"num"，内容是"192"和"199"。

D. 第9行，由"$"开头，表示这是第5个元素，此元素名称是"Ages"，元素数据类型是数值"num"，内容是"25"和"45"。

三. 多选题

(　　) 1. 下列哪些对象可以同时存储数值数据与字符串数据？(选择两项)

A. 列表　　　　　　B. 矩阵　　　　　　C. 数组

D. 数据框　　　　　E. 向量

四. 实际操作题(如果题目有描述不详细时，请自行假设条件)

1. 麻将是由下列数据组成的，请利用下述信息建立列表。

a. 季节：春、夏、秋、冬，各1颗。

b. 花色：梅、兰、竹、菊，各1颗。

c. 红中、发财、白板，各4颗。

d. 1万到9万各4颗。

e. 1条到9条各4颗。

f. 1饼到9饼各4颗。

2. 建立一个列表A，这个列表包含以下3个元素(可想成在某一年，某一城市认识的朋友)。

(1) year：字符串。

(2) city：字符串。

(3) friend：5个姓名字符串向量数据。

对列表A进行下列操作，使用方法列出列表中friend字符串向量中第2个人的名字。

```
[1] "Bunny"
```

3. 请分别使用A[ ]、A[1]、A[2]、A[[1]]、A[[2]]和A$year传回对象的内容，并了解其差异。

```
$year
[1] "2017"

$city
[1] "Taoyuan"

$friend
[1] "Allen"  "Bunny"  "Cindy"  "Dennie" "Ellen"
```

```
$year
[1] "2017"

$city
[1] "Taoyuan"

[1] "2017"

[1] "Taoyuan"

[1] "2017"
```

4. 使用负索引，只传回city和friend元素的内容。

```
$city
[1] "Taoyuan"

$friend
[1] "Allen"  "Bunny"  "Cindy"  "Dennie" "Ellen"
```

5. 将列表的city字段内容改成LA。

```
$year
[1] "2017"

$city
[1] "LA"

$friend
[1] "Allen"  "Bunny"  "Cindy"  "Dennie" "Ellen"
```

6. 为列表增加新元素(可自行发挥)，此元素有3个数据。

```
$year
[1] "2017"

$city
[1] "LA"

$friend
[1] "Allen"  "Bunny"  "Cindy"  "Dennie" "Ellen"

$AGE
[1] 21 20 19 32 29
```

7. 请自行建立列表B，这个列表内容可自行发挥，至少有3个元素数据。

```
$photoby
[1] "HERB"

$relation
[1] "FRIEND"

$DATES
[1] "2016-08-15" "2016-08-16" "2016-08-17" "2016-08-18"
```

第9章 进阶字符串的处理

在R语言中，字符串的处理扮演着一个非常重要的角色，相信各位读完前8章，对R语言已经有一个基本认识，读完本章，可以让你的R语言功力更上一层。

9-1　语句的分割

在使用R语言时，常常需要将一段句子拆成单词，此时可以使用strsplit( )函数。

实例ch9_1：建立一个字符串"Hello R World"，建好后以空格为界，将此段语句分割成单词。

```
> x <- c("Hello R World")
> x
[1] "Hello R World"
> strsplit(x, " ")                # 将句子拆成单字，以空格为界
[[1]]
[1] "Hello" "R"      "World"

>
```

由上述执行结果可以知道strsplit( )函数的返回结果是一个列表，此列表只有一个元素，这个

元素是一个字符串向量。

```
> xVector <- strsplit(x, " ")[[1]]
> xVector
[1] "Hello" "R"        "World"
>
```

9-2 修改字符串的大小写

toupper( )：这个函数可以将字符串改成大写。
tolower( )：这个函数可以将字符串改成小写。

```
> xVector                            # 检查字符串内容
[1] "Hello" "R"        "World"
> toupper(xVector)
[1] "HELLO" "R"        "WORLD"
>
```

```
> xVector                            # 检查字符串内容
[1] "Hello" "R"        "World"
> tolower(xVector)
[1] "hello" "r"        "world"
>
```

9-3 unique( )函数的使用

这个函数主要是让向量内容没有重复地出现，在以字符串做实例前，笔者先以数值数据为例子说明。在之前章节中，笔者曾介绍过一个数值向量对象，如下所示。

```
> baskets.NBA2016.Jordon
[1] 12  8  9 15  7 12
>
```

很明显此向量对象的元素值"12"出现了2次，unique( )函数可以让所有元素内容不重复出现。

```
> unique(baskets.NBA2016.Jordon)
[1] 12  8  9 15  7
>
```

从上述执行结果可以看到，原来元素值"12"出现2次，现在已经不重复出现了。其实R语言程序设计师在处理字符串问题时，偶尔也会有字符串向量内有单词重复的问题，此时也可以用这个函数处理。以下实例是一个语句，当建成字符串向量后，有单词"coffee"重复出现。

```
> coffee.Words <- "Coffee produced using the drying method is known as natur
al coffee"
>
```

实例ch9_6：将"coffee.Words"字符串语句对象先拆分成个别单词，再将重复的单词处理成只出现一次。因为在这个例子中"Coffee"和"coffee"会被视为不同字，所以需将此句子处理成全小写，再使用unique( )函数将重复的单词处理成只出现一次。

```
> coffee.NewWords <- strsplit(coffee.Words, " ")[[1]]    #将句子拆成单字
> unique(tolower(coffee.NewWords))    # 先转成小写，再执行元素唯一化
 [1] "coffee"    "produced" "using"    "the"       "drying"   "method"   "is"
 [8] "known"     "as"        "natural"
>
```

由上述执行结果可以看到，"coffee"字符串只出现一次。

9-4 字符串的连接

学会了如何将句子拆成各个字符串或单词后，接着本节会讲解如何将各个字符串或单词连接成语句，此时会用到paste( )函数。

9-4-1 使用paste( )函数常见的失败实例1

实例ch9_7：字符串连接失败的实例1。

```
> coffee.fail1 <- paste(c("Boiling", "coffee", "brind", "out", "a", "bitterl
y", "taste"))
> coffee.fail1
[1] "Boiling" "coffee"  "brind"    "out"      "a"         "bitterly"
[7] "taste"
>
```

上述实例使用paste( )函数失败，最主要的原因是paste( )函数内有c( )函数，字符串经过c( )函数处理后就会形成一个字符串向量。

9-4-2　使用paste( )函数常见的失败实例2

```
> # 建立字符串向量
> coffee.str <- c("Boiling", "coffee", "brings", "out", "a", "bitterly", "taste")
> paste(coffee.str)  # 执行字符串连接但失败实例2
[1] "Boiling"  "coffee"   "brings"   "out"      "a"        "bitterly" "taste"
>
```

上述实例失败的原因和实例ch9_7相同。

9-4-3　字符串的成功连接与collapse参数

若是想用paste( )函数成功将字符串向量内的字符串连接，需加上collapse参数。假设字符串是使用空格连接，则在paste( )函数内加上collapse = " "即可。

```
> paste(coffee.str, collapse = " ")
[1] "Boiling coffee brings out a bitterly taste"
>
```

由上述执行结果可以看到，我们成功地将字符串依照本意连接了。在实例ch9_9内，如果将参数设定成"collapse = NULL"，会有什么结果呢？可参考下列实例。

```
> paste(coffee.str, collapse = NULL)
[1] "Boiling"  "coffee"   "brings"   "out"      "a"        "bitterly"
[7] "taste"
>
```

由上述执行结果可知，将collapse参数设为NULL，与不加上此参数结果相同，可参考实例ch9_8。其实collapse参数除了NULL外，可以是任何其他字符，这个字符将是连接各个单字的字符。

```
> paste(coffee.str, collapse = "-")
[1] "Boiling-coffee-brings-out-a-bitterly-taste"
>
```

9-4-4　再谈paste( )函数

其实paste( )函数的主要目的是将两个或多个向量连接。

```
> str1 <- letters[1:6]
> str2 <- 1:6
> paste(str1, str2)   # 2个向量的连接
[1] "a 1" "b 2" "c 3" "d 4" "e 5" "f 6"
>
```

由上述执行结果可知，向量str1的第1个元素和str2的第1个元素连接了，同时向量str1的第2个元素和str2的第2个元素连接，其他依此类推。在连接的结果向量中，每个元素间以空格分开，如果我们不想让元素间有空格，可以在paste( )函数内加上sep = " "参数。

实例 ch9_13：将两个向量连接，连接的结果向量的元素间没有空格。

```
> str1 <- letters[1:6]
> str2 <- 1:6
> paste(str1, str2, sep = "")       # 2个向量的连接
[1] "a1" "b2" "c3" "d4" "e5" "f6"
>
```

如果要连接的两个向量的长度(元素个数)不相同，会如何呢？这时R语言会使用重复机制，让较短的向量重复，直至与较长向量的长度相等。

实例 ch9_14：将两个向量连接，但2个向量长度不相同。

```
> str3 <- 1:5
> paste(str1, str3, sep = "")
[1] "a1" "b2" "c3" "d4" "e5" "f1"
>
```

由上述执行结果可以知道，较短的向量必须重复，所以较短的字符串str1的第1个元素再和较长的字符串str3的第6个元素连接。再看一个实例。

实例 ch9_15：将两个向量连接，但两个向量长度不相同的实例。

```
> paste("R", str3, sep = "")         # 2个向量的连接
[1] "R1" "R2" "R3" "R4" "R5"
> .
```

在上述例子中，短向量只有一个元素"R"，所以只好重复5次，以配合较长的向量，这在R语言功能中称Recycling，中文可理解成较短的向量元素被回收重复使用。其实sep参数主要是设定2个元素间如何连接，下列是另一个实例。

实例 ch9_16：重新设计实例ch9_13，但元素间用"_"隔开的实例。

```
> paste(str1, str2, sep = "_")       # 2个向量的连接
[1] "a_1" "b_2" "c_3" "d_4" "e_5" "f_6"
>
```

最后，paste( )函数也可以将两个向量连接成一个向量，此时要使用之前曾用过的collapse参数。

实例 ch9_17：重新设计实例ch9_15，但结果是一个字符串。

```
> paste("R", str3, sep = "", collapse = " ")
[1] "R1 R2 R3 R4 R5"
>
```

```
> paste(str1, str2, sep = "_", collapse = " ")
[1] "a_1 b_2 c_3 d_4 e_5 f_6"
>
```

9-4-5 扑克牌向量有趣的应用

本小节将应用所学的知识，设计一个完整的扑克牌向量。

```
> cardsuit <- c("Spades", "Hearts", "Diamonds", "Clubs")
> cardnum <- c("A", 2:10, "J", "Q", "K")
> deck <- paste(rep(cardsuit, each = 13), cardnum)
> deck
 [1] "Spades A"     "Spades 2"     "Spades 3"     "Spades 4"     "Spades 5"
 [6] "Spades 6"     "Spades 7"     "Spades 8"     "Spades 9"     "Spades 10"
[11] "Spades J"     "Spades Q"     "Spades K"     "Hearts A"     "Hearts 2"
[16] "Hearts 3"     "Hearts 4"     "Hearts 5"     "Hearts 6"     "Hearts 7"
[21] "Hearts 8"     "Hearts 9"     "Hearts 10"    "Hearts J"     "Hearts Q"
[26] "Hearts K"     "Diamonds A"   "Diamonds 2"   "Diamonds 3"   "Diamonds 4"
[31] "Diamonds 5"   "Diamonds 6"   "Diamonds 7"   "Diamonds 8"   "Diamonds 9"
[36] "Diamonds 10"  "Diamonds J"   "Diamonds Q"   "Diamonds K"   "Clubs A"
[41] "Clubs 2"      "Clubs 3"      "Clubs 4"      "Clubs 5"      "Clubs 6"
[46] "Clubs 7"      "Clubs 8"      "Clubs 9"      "Clubs 10"     "Clubs J"
[51] "Clubs Q"      "Clubs K"
>
```

对这个实例而言，cardsuit是代表扑克牌的4种花色，cardnum是代表扑克牌的数字，先利用rep( )函数产生52张牌的花色，然后利用paste( )函数将花色与扑克牌数字组合。

9-5 字符串数据的排序

在数据的使用中，数据排序是一个常用的功能，在R语言中这是一个简单的功能，在第4章4-2节笔者曾介绍sort( )函数，作用是将一个数值向量的元素值排序，本节将探讨为字符串向量排序。

```
> coffee.str                       # 了解字符串向量内容
[1] "Boiling"  "coffee"   "brings"   "out"      "a"        "bitterly" "taste"
> sort(coffee.str)                 # 排序
[1] "a"        "bitterly" "Boiling"  "brings"   "coffee"   "out"      "taste"
>
```

由上述执行结果可以知道，sort( )函数会为字符串向量的元素排序，默认是由小排到大，至于元素本身则不做排序。另外，对于"Boiling""brings"和"bitterly"而言，排序时如果碰上首字母"b"或"B"相同，会先比较下一个英文字母，此例是比较"o""r""i"，最后再比大小写。另外，decreasing参数默认是FALSE，如果设为TRUE，则排序是按由大排到小。

```
> sort(c("Bb", "bb"))
[1] "bb" "Bb"
> sort(c("Bb", "bb"), decreasing = TRUE)
[1] "Bb" "bb"
>
```

在上述实例中笔者故意使用大写和小写的"B"和"b"，主要是供读者了解字母相同但大小写不同时的排序方式。

```
> coffee.str
[1] "Boiling"  "coffee"   "brings"   "out"      "a"        "bitterly"
[7] "taste"
> sort(coffee.str, decreasing = TRUE)
[1] "taste"    "out"      "coffee"   "brings"   "Boiling"  "bitterly"
[7] "a"
>
```

9-6　查找字符串的内容

在介绍此节内容以及接下来几节内容前，我们首先了解一下R语言系统内建的数据集state.name，如下所示。

```
> state.name
 [1] "Alabama"        "Alaska"         "Arizona"        "Arkansas"
 [5] "California"     "Colorado"       "Connecticut"    "Delaware"
 [9] "Florida"        "Georgia"        "Hawaii"         "Idaho"
[13] "Illinois"       "Indiana"        "Iowa"           "Kansas"
[17] "Kentucky"       "Louisiana"      "Maine"          "Maryland"
[21] "Massachusetts"  "Michigan"       "Minnesota"      "Mississippi"
[25] "Missouri"       "Montana"        "Nebraska"       "Nevada"
[29] "New Hampshire"  "New Jersey"     "New Mexico"     "New York"
[33] "North Carolina" "North Dakota"   "Ohio"           "Oklahoma"
[37] "Oregon"         "Pennsylvania"   "Rhode Island"   "South Carolina"
[41] "South Dakota"   "Tennessee"      "Texas"          "Utah"
[45] "Vermont"        "Virginia"       "Washington"     "West Virginia"
[49] "Wisconsin"      "Wyoming"
>
```

9-6-1　使用索引值搜索

如果我们知道所要查找的字符串的索引值，那么可以使用substr( )函数查找字符串，笔者将直接以实例说明substr( )函数的用法。

实例ch9_23：列出state.name数据集内第2到第4个子字符串。

```
> substr(state.name, start = 2, stop = 4)
 [1] "lab" "las" "riz" "rka" "ali" "olo" "onn" "ela" "lor" "eor" "awa"
[12] "dah" "lli" "ndi" "owa" "ans" "ent" "oui" "ain" "ary" "ass" "ich"
[23] "inn" "iss" "iss" "ont" "ebr" "eva" "ew " "ew " "ew " "ew " "ort"
[34] "ort" "hio" "kla" "reg" "enn" "hod" "out" "out" "enn" "exa" "tah"
[45] "erm" "irg" "ash" "est" "isc" "yom"
>
```

9-6-2　使用grep( )函数搜索

grep( )函数是一个查找功能非常强大的函数，grep名称是从UNIX系统而来，它的英文全名是Global Regular Expression Print。例如，如果你去图书馆想找一本书，只知道是Word 2013的书，却不知道完整书名，那么只输入"Word 2013"，系统即可搜索。这个函数的基本使用格式如下所示：

```
grep(pattern, x)
```

◀ pattern：代表搜索的目标内容。
◀ x：是字符串向量。

实例ch9_24：搜索state.name数据集中，字符串含"M"的州。

```
> grep("M", state.name)
[1] 19 20 21 22 23 24 25 26 31
>
```

由上述执行结果，我们获得了字符串含"M"的州所对应的索引位置。当然我们可以使用下列方式获得州名。

实例ch9_25：获得前一个实例中，索引值是19的州名。

```
> state.name[19]
[1] "Maine"
>
```

我们获得州名了，但每一个州均须如此操作是有一点麻烦，如果想获得完整的州名，可使用下列方式优化。

实例ch9_26：改良实例ch9_24，获得完整的州名。

```
> state.name[grep("M", state.name)]
[1] "Maine"          "Maryland"       "Massachusetts"  "Michigan"
[5] "Minnesota"      "Mississippi"    "Missouri"       "Montana"
[9] "New Mexico"
>
```

grep( )函数对于英文字母大小写是敏感的，例如，如果搜寻的是"m"，将有完全不同的结果。

实例 ch9_27：搜索 state.name 数据集中，字符串含"m"的州。

```
> state.name[grep("m", state.name)]
[1] "Alabama"       "New Hampshire" "Oklahoma"      "Vermont"
[5] "Wyoming"
>
```

美国有许多州是以"New"开头的，下列程序可以搜索州名含"New"的州。

实例 ch9_28：搜索 state.name 数据集中，州名含"New"的州。

```
> state.name[grep("New", state.name)]
[1] "New Hampshire" "New Jersey"    "New Mexico"    "New York"
>
```

如果在搜索时，找不到所搜索的内容，R语言将响应"character(0)"，表示是空的向量。

实例 ch9_29：搜索 state.name 数据集中，州名含"new"的州。

```
> state.name[grep("new", state.name)]
character(0)
>
```

如果要搜索州名含2个单字的州，可以使用搜索空格(" ")处理。

实例 ch9_30：搜索 state.name 数据集中，州名含两个单词的州。

```
> state.name[grep(" ", state.name)]
[1] "New Hampshire"  "New Jersey"    "New Mexico"     "New York"
[5] "North Carolina" "North Dakota"  "Rhode Island"   "South Carolina"
[9] "South Dakota"   "West Virginia"
>
```

9-7 字符串内容的更改

sub( )函数可以对搜索的字符串内容执行更改，这个函数的使用格式如下所示。

sub(pattern, replacement, x)

◀ pattern：要搜索的字符串。
◀ replacement：将要取代原字符串的字符串。
◀ x：字符串向量。

```
> sub("New", "Old", state.name)
 [1] "Alabama"         "Alaska"          "Arizona"         "Arkansas"
 [5] "California"      "Colorado"        "Connecticut"     "Delaware"
 [9] "Florida"         "Georgia"         "Hawaii"          "Idaho"
[13] "Illinois"        "Indiana"         "Iowa"            "Kansas"
[17] "Kentucky"        "Louisiana"       "Maine"           "Maryland"
[21] "Massachusetts"   "Michigan"        "Minnesota"       "Mississippi"
[25] "Missouri"        "Montana"         "Nebraska"        "Nevada"
[29] "Old Hampshire"   "Old Jersey"      "Old Mexico"      "Old York"
[33] "North Carolina"  "North Dakota"    "Ohio"            "Oklahoma"
[37] "Oregon"          "Pennsylvania"    "Rhode Island"    "South Carolina"
[41] "South Dakota"    "Tennessee"       "Texas"           "Utah"
[45] "Vermont"         "Virginia"        "Washington"      "West Virginia"
[49] "Wisconsin"       "Wyoming"
>
```

在执行用一个字符串取代另一个字符串的命令时，如果是用空字符串（""）取代，相当于是将原字符串删除。

实例 ch9_32：有 3 个字符串分别是"test1.xls""test2.xls"和"test3.xls"，将这 3 个字符串更改成"1""2"和"3"。

```
> strtest <- c("test1.xls", "test2.xls", "test3.xls")
> str4 <- sub("test" , "", strtest)        #删除字符串test
> str4
[1] "1.xls" "2.xls" "3.xls"
> sub(".xls", "", str4)                      #删除字符串xls
[1] "1" "2" "3"
>
```

在上述实例中，笔者分两步删除部分字符串，第 1 步是删除"test"，第 2 步是删除".xls"，最后得到上述结果。

9-8 正则表达式

在前几节我们学会了使用固定方式搜索和取代字符串，本节将介绍 R 语言内更复杂的正则表达式(regular expression)，让搜索变得更复杂。

9-8-1 搜索具有可选择性

搜索具有可选择性，相当于具有 or 的特性，它的 R 语言语法是使用"|"符号，这个符号与"\"在同一个键盘按键上。

```
> state.name[grep("New|South", state.name)]
[1] "New Hampshire"  "New Jersey"      "New Mexico"      "New York"
[5] "South Carolina" "South Dakota"
>
```

上述实例中要留意的是 "New" "|" 和 "South" 间不可以有空格。

9-8-2　搜索分类字符串

可以使用 "( )" 符号搭配前一小节的 "|" 符号，将所搜索的字符串分类。假设有一个字符串向量，如下所示。

```
> str5 <- c("ch6.xls","ch7.xls","ch7.c", "ch7.doc", "ch8.xls")
>
```

实例 ch9_34：使用 str5 对象，搜索其中含 "ch6" 或 "ch7" 并同时含 ".xls" 的字符串。

```
> str5[grep("ch(6|7).xls", str5)]
[1] "ch6.xls" "ch7.xls"
>
```

9-8-3　搜索部分字符可重复的字符串

在搜索中可以添加 "*" 代表出现0次或多次，添加 "+" 代表出现1次或多次。假设有一个字符串向量，如下所示。

```
> str6 <- c("ch.xls","ch7.xls","ch77.xls", "ch87.xls", "ch88.xls")
>
```

实例 ch9_35：使用 str6 对象，搜寻依次含 "ch"，0到多个 "7" 或 "8"，".xls" 的字符串。

```
> str6[grep("ch(7*|8*).xls", str6)]
[1] "ch.xls"    "ch7.xls"   "ch77.xls" "ch88.xls"
>
```

实例 ch9_36：使用 str6 对象，搜索其中依次含 "ch"，1到多个 "7" 或 "8"，".xls" 的字符串。

```
> str6[grep("ch(7+|8+).xls", str6)]
[1] "ch7.xls"  "ch77.xls" "ch88.xls"
>
```

对于实例 ch9_36 而言，字符串中必须至少要有一个 "7" 或 "8"，所以使用的正则表达式符号是 "+"，这使字符串 "ch.xls" 不符合规则。

一. 判断题

( ) 1. 有如下两个命令。

```
> x <- c("Good Night")
> strsplit(x, " ")
[[1]]
[1] "Good"  "Night"
```

由上述执行结果可以知道strsplit( )函数可以将此段语句拆散成单词，以空格为界，同时返回向量对象。

( ) 2. 有如下两个命令。

```
> x <- c("Hello R")
> toupper(x)
```

执行后可以得到下列输出结果。

```
[1] "HELLO R"
```

( ) 3. 有如下两个命令。

```
> x <- c("A", "B", "A", "C", "B")
> unique(x)
```

执行后可以得到下列输出结果。

```
[1] "A" "B" "C"
```

( ) 4. 有如下系列命令。

```
> x1 <- LETTERS[1:3]
> x2 <- 1:3
> paste(x1, x2)
```

执行后可以得到下列输出结果。

```
[1] "A1" "B2" "C3"
```

( ) 5. 有如下系列命令。

```
> x1 <- LETTERS[1:6]
> x2 <- 1:5
> paste(x1, x2)
```

上述命令执行后会有错误产生。

( ) 6. 下列命令可以搜索state.name数据集中，州名含"M"的州。

```
> substr("M", state.name)
```

( ) 7. 下列命令可以搜索state.name数据集中，州名含两个单字的州。

```
> state.name[grep(" ", state.name)]
```

( ) 8. 下列命令可以搜寻state.name数据集中，州名含有"New"和"South"的州。

```
> state.name[grep("New | South", state.name)]
```

执行后可以得到下列输出结果。

```
[1] "New Hampshire"  "New Jersey"     "New Mexico"     "New York"
[5] "South Carolina" "South Dakota"
```

二. 单选题

(   ) 1. 有如下命令。

```
> x <- c("A", "B", "A", "C", "B")
```

下列哪一个命令执行后可以得到下列输出结果？

```
[1] "A" "B" "C"
```

A. `> sort(x)`   B. `> strsplit(x)`

C. `> unique(x)`   D. `> grap[unique(" ", x]`

(   ) 2. 有字符串st，其内容如下所示。

```
> st
[1] "Silicon"   "Stone"      "Education"
```

下列哪一命令执行后可以得到下列输出结果？

```
[1] "Silicon Stone Education"
```

A. `> paste(st)`   B. `> paste(st, collapse = NULL)`

C. `> paste(st, sep = "")`   D. `> paste(st, collapse = " ")`

(   ) 3. 有系列命令如下。

```
> str1 <- LETTERS[1:5]
> str2 <- 1:5
```

下列哪一命令执行后可以得到下列结果？

```
[1] "A1" "B2" "C3" "D4" "E5"
```

A. `> paste(str1, str2, sep = "")`

B. `> paste(str1, str2, sep = " ")`

C. `> paste(str1, str2, collapse = NULL)`

D. `> paste(str1, str2, collapse = "")`

(   ) 4. 有如下两个命令。

```
> card <- c("Spades", "Hearts", "Diamonds", "Clubs")
> cnum <- c("A", 2:10, "J", "Q", "K")
```

下列哪一命令执行后可以得到下列输出结果？

```
 [1] "Spades A"     "Spades 2"     "Spades 3"    "Spades 4"     "Spades 5"
 [6] "Spades 6"     "Spades 7"     "Spades 8"    "Spades 9"     "Spades 10"
[11] "Spades J"     "Spades Q"     "Spades K"    "Hearts A"     "Hearts 2"
[16] "Hearts 3"     "Hearts 4"     "Hearts 5"    "Hearts 6"     "Hearts 7"
[21] "Hearts 8"     "Hearts 9"     "Hearts 10"   "Hearts J"     "Hearts Q"
[26] "Hearts K"     "Diamonds A"   "Diamonds 2"  "Diamonds 3"   "Diamonds 4"
[31] "Diamonds 5"   "Diamonds 6"   "Diamonds 7"  "Diamonds 8"   "Diamonds 9"
[36] "Diamonds 10"  "Diamonds J"   "Diamonds Q"  "Diamonds K"   "Clubs A"
[41] "Clubs 2"      "Clubs 3"      "Clubs 4"     "Clubs 5"      "Clubs 6"
[46] "Clubs 7"      "Clubs 8"      "Clubs 9"     "Clubs 10"     "Clubs J"
[51] "Clubs Q"      "Clubs K"
```

A. `> paste(card[1:52], cnum)`

B. `> paste(rep(card, each = 13), cnum)`

C. `> paste(rep(card, each = 52), cnum)`

D. `> paste(card, cnum)`

(   ) 5. 搜索R语言内附的state.name数据，下列哪一命令可以搜索state.name内州名含"New"字符串的州，并且执行后可以得到下列输出结果？

```
[1] "New Hampshire" "New Jersey"    "New Mexico"    "New York
```

A. > substr("New", state.name)

B. > grep("New", state.name)

C. > state.name[grep("New", state.name)]

D. > strsplit("New", state.name)

( ) 6. 搜索R语言内附的state.name数据，下列哪一命令可以搜索state.name内州名内含"N"和"M"的州，并且执行后可以得到下列输出结果？

```
[1]  "Maine"        "Maryland"      "Massachusetts"  "Michigan"
[5]  "Minnesota"    "Mississippi"   "Missouri"       "Montana"
[9]  "Nebraska"     "Nevada"        "New Hampshire"  "New Jersey"
[13] "New Mexico"   "New York"      "North Carolina" "North Dakota"
```

A. > grep("N|M", state.name)

B. > state.name[grep("N|M", state.name)]

C. > state.name[grep("N | M", state.name)]

D. > grep("N | M", state.name)

( ) 7. 有一个字符串内容如下所示。

> strtxt <- c("ch.txt", "ch3.txt", "ch33.txt", "ch83.txt" , "ch88.txt")

下列哪一命令执行后可以得到下列输出结果？

```
[1] "ch.txt"   "ch3.txt"   "ch33.txt" "ch88.txt"
```

A. > strtxt[grep("ch(3|8).txt", strtxt)]

B. > strtxt[grep("ch(3+|8+).txt", strtxt)]

C. > strtxt[grep("ch(3*|8*).txt", strtxt)]

D. > strtxt[grep("ch(3-|8-).txt", strtxt)]

( ) 8. 有一个字符串向量，其内容如下所示。

> strtxt <- c("ch.txt", "ch3.txt", "ch33.txt", "ch83.txt" , "ch88.txt")

下列哪一命令执行后可以得到下列结果？

```
[1] "ch3.txt"   "ch33.txt" "ch88.txt"
```

A. > strtxt[grep("ch(3|8).txt", strtxt)]

B. > strtxt[grep("ch(3+|8+).txt", strtxt)]

C. > strtxt[grep("ch(3*|8*).txt", strtxt)]

D. > strtxt[grep("ch(3-|8-).txt", strtxt)]

三. 多选题

( ) 1. 下列哪些函数具有搜索字符串的功能？(选择两项)

A. strsplit( )   B. strsearch( )   C. grep( )

D. substr( )   E. unique( )

四. 实际操作题(如果题目有描述不详细时，请自行假设条件)

1. 请将自己的姓名转成英文，可以得到3个字符串。例如：

"Hung"   "Jiin"   "Kwei"

(1) 请用paste( )函数，将上述字符串转成下列字符串：

a. "Hung Jiin Kwei"

```
[1] "Hung Jiin Kwei"
```

b. "Jiin Kwei Hung"

```
[1] "Jiin Kwei Hung"
```

(2) 请将"Hung Jiin Kwei"字符串转成"Hung""Jiin""Kwei"

```
[1] "Hung" "Jiin" "Kwei"
```

2. 请建立5个姓名字符串数据，然后执行从小到大和从大到小排序。

```
[1] "Chang Three" "Chao One"    "Lee Four"    "Wang five"
[5] "Wang Two"
```

```
[1] "Wang Two"    "Wang five"    "Lee Four"    "Chao One"
[5] "Chang Three"
```

3. 搜索state.name数据集中，字符串含"South"的州。

```
[1] "South Carolina" "South Dakota"
```

4. 搜索state.name数据集中，将字符串中的"M"改成"m"。

```
 [1] "Alabama"         "Alaska"          "Arizona"
 [4] "Arkansas"        "California"      "Colorado"
 [7] "Connecticut"     "Delaware"        "Florida"
[10] "Georgia"         "Hawaii"          "Idaho"
[13] "Illinois"        "Indiana"         "Iowa"
[16] "Kansas"          "Kentucky"        "Louisiana"
[19] "maine"           "maryland"        "massachusetts"
[22] "michigan"        "minnesota"       "mississippi"
[25] "missouri"        "montana"         "Nebraska"
[28] "Nevada"          "New Hampshire"   "New Jersey"
[31] "New mexico"      "New York"        "North Carolina"
[34] "North Dakota"    "Ohio"            "Oklahoma"
[37] "Oregon"          "Pennsylvania"    "Rhode Island"
[40] "South Carolina" "South Dakota"    "Tennessee"
[43] "Texas"           "Utah"            "Vermont"
[46] "Virginia"        "Washington"      "West Virginia"
[49] "Wisconsin"       "Wyoming"
```

5. 搜索state.name数据集中，州名只含一个单词的州。

```
 [1] "Alabama"        "Alaska"         "Arizona"        "Arkansas"
 [5] "California"     "Colorado"       "Connecticut"    "Delaware"
 [9] "Florida"        "Georgia"        "Hawaii"         "Idaho"
[13] "Illinois"       "Indiana"        "Iowa"           "Kansas"
[17] "Kentucky"       "Louisiana"      "Maine"          "Maryland"
[21] "Massachusetts"  "Michigan"       "Minnesota"      "Mississippi"
[25] "Missouri"       "Montana"        "Nebraska"       "Nevada"
[29] "Ohio"           "Oklahoma"       "Oregon"         "Pennsylvania"
[33] "Tennessee"      "Texas"          "Utah"           "Vermont"
[37] "Virginia"       "Washington"     "Wisconsin"      "Wyoming"
```

6. 搜索state.name数据集中，州名含"A"和"M"的州。

```
 [1] "Alabama"       "Alaska"         "Arizona"        "Arkansas"
 [5] "Maine"         "Maryland"       "Massachusetts"  "Michigan"
 [9] "Minnesota"     "Mississippi"    "Missouri"       "Montana"
[13] "New Mexico"
```

第10章 日期和时间的处理

在现实生活中，不论是怎样的数据，大都和时间有关。例如，做股市分析，一定要记录每天每个时间点的股价。做气候分析，也必须要记录每天每个时间点的数据。笔者将在本章介绍R语言中有关日期和时间的处理。

10-1 日期的设定与使用

R语言有一系列的日期函数，本节将一一说明。

10-1-1 as.Date( )函数

as.Date( )函数可用于设置日期向量，这个函数的默认日期格式如下所示。
"YYYY-MM-DD"
Y是代表年份，M是代表月份，D是代表日期。

实例 ch10_1：为2016年8月1日建立一个日期向量。

```
> x.date <- as.Date("2016-08-01")
> x.date
[1] "2016-08-01"
> str(x.date)
 Date[1:1], format: "2016-08-01"
>
```

日期向量也可以和数值向量一样，进行加法或减法运算，分别获得加几天或减几天的结果。

实例 ch10_2：列出未来 30 天的日期向量。

```
> x.date + 0:30
 [1] "2016-08-01" "2016-08-02" "2016-08-03" "2016-08-04" "2016-08-05"
 [6] "2016-08-06" "2016-08-07" "2016-08-08" "2016-08-09" "2016-08-10"
[11] "2016-08-11" "2016-08-12" "2016-08-13" "2016-08-14" "2016-08-15"
[16] "2016-08-16" "2016-08-17" "2016-08-18" "2016-08-19" "2016-08-20"
[21] "2016-08-21" "2016-08-22" "2016-08-23" "2016-08-24" "2016-08-25"
[26] "2016-08-26" "2016-08-27" "2016-08-28" "2016-08-29" "2016-08-30"
[31] "2016-08-31"
>
```

实例 ch10_3：列出过去 6 天的日期向量。

```
> x.date - 0:6
[1] "2016-08-01" "2016-07-31" "2016-07-30" "2016-07-29" "2016-07-28"
[6] "2016-07-27" "2016-07-26"
>
```

10-1-2   weekdays( )函数

weekdays( )函数可返回某个日期是星期几。

实例 ch10_4：列出 2016 年 8 月 1 日，也就是 x.date 日期是星期几。

```
> weekdays(x.date)
[1] "周一"
>
```

上述命令返回的是中文"周一"，这是因为在安装R语言时，R语言会先检测目前所使用操作系统的语言版本，自动将weekdays( )函数或下一节要介绍的months( )函数进行本地化处理。更多细节会在10-1-5节进行说明。

实例 ch10_5：列出 2016 年 8 月 1 日，也就是 x.date 日期对象以及未来 6 天是星期几。

```
> weekdays(x.date + 0:6)
[1] "周一" "周二" "周三" "周四" "周五" "周六" "周日"
>
```

10-1-3   months( )函数

months( )函数可返回某个日期对象是几月。

实例 ch10_6：列出 2016 年 8 月 1 日，也就是 x.date 日期对象是几月。

```
> months(x.date)
[1] "8月"
>
```

10-1-4　quarters( )函数

quarters( )函数可返回某个日期对象是第几季度。

实例 ch10_7：列出 2016 年 8 月 1 日，也就是 x.date 日期是第几季度。

```
> quarters(x.date)
[1] "Q3"
>
```

10-1-5　Sys.localeconv( )函数

Sys.localeconv( )函数可以让你了解目前所使用系统的本地化的各项参数的使用格式。

实例 ch10_8：了解目前所使用系统的本地化各项参数的使用格式。

```
> Sys.localeconv()
      decimal_point      thousands_sep             grouping     int_curr_symbol
                "."                 ""                                "TWD "
    currency_symbol mon_decimal_point mon_thousands_sep        mon_grouping
              "NT$"               "."               ","          "\003\003"
      positive_sign      negative_sign     int_frac_digits          frac_digits
                 ""                "-"                 "2"                 "2"
      p_cs_precedes      p_sep_by_space       n_cs_precedes      n_sep_by_space
                "1"                "0"                 "1"                 "0"
        p_sign_posn        n_sign_posn
                "1"                "4"
>
```

10-1-6　Sys.Date( )函数

Sys.Date( )函数可以返回目前的系统日期。

实例 ch10_9：取得目前的系统日期。

```
> Sys.Date()
[1] "2015-08-05"
>
```

10-1-7　再谈seq( )函数

在第4章4-1-3节笔者有介绍过seq( )函数，使用这个函数可以建立向量对象，我们也可以使用这个函数建立与日期有关的向量对象。再看一次这个函数的使用格式，如下所示。

```
seq(from, to, by = width, length.out = numbers)
```

对于将seq( )函数应用在日期向量，最重要的是"by ="参数，它可以是多少天"days"，多少周"weeks"，也可以是多少个月"months"。

```
> new.date <- seq(x.date, by = "1 months", length.out = 12)
> new.date
 [1] "2016-08-01" "2016-09-01" "2016-10-01" "2016-11-01" "2016-12-01"
 [6] "2017-01-01" "2017-02-01" "2017-03-01" "2017-04-01" "2017-05-01"
[11] "2017-06-01" "2017-07-01"
>
```

实例ch10_11：以现在系统日期为基础，每隔2周产生1个元素，共产生6个元素。

```
> new.current.date <- seq(current.date, by = "2 weeks", length.out = 6)
> new.current.date
[1] "2015-08-05" "2015-08-19" "2015-09-02" "2015-09-16" "2015-09-30"
[6] "2015-10-14"
>
```

实例ch10_12：以2016年8月1日，也就是x.date日期为基础，每加3天产生1个元素，共产生10个元素。

```
> new.date2 <- seq(x.date, by = "3 days", length.out = 10)
> new.date2
 [1] "2016-08-01" "2016-08-04" "2016-08-07" "2016-08-10" "2016-08-13"
 [6] "2016-08-16" "2016-08-19" "2016-08-22" "2016-08-25" "2016-08-28"
>
```

10-1-8　使用不同格式表示日期

使用了这么多次as.Date( )函数，相信各位已经了解这个函数的默认格式了，其实R语言支持将各式的日期格式转成as.Date( )函数的日期格式的功能。

实例ch10_13：将2016年8月1日"1 8 2016"，转成as.Date( )函数的日期格式。

```
> as.Date("1 8 2016", format = "%d %m %Y")
[1] "2016-08-01"
>
```

在上述实例中，我们可以发现as.Date( )函数的第1个参数，数字彼此是用空格隔开，所以参数format双引号内的格式代码彼此也是用空格隔开。在介绍"%d""%m"和"%Y"格式代码前，请再看一个实例。

实例ch10_14：将2016年8月1日"1/ 8 /2016"转成as.Date( )函数的日期格式。

```
> as.Date("1/8/2016", format = "%d/%m/%Y")
[1] "2016-08-01"
>
```

实例ch10_14与实例10_13相比，最大的差别在于as.Date( )函数的第1个参数的日期数据间是用"/"隔开的，所以第2个参数format的双引号内的格式代码也需用"/"隔开。有关日期的常见格式代码可参考下列说明：

%B：本地化的月份名称。

%b：本地化月份名称的缩写。

%d：2位数的日期，前面为0时可省略。

%m：2位数的月份，前面为0时可省略。

%Y：4位数的公元年。

%y：2位数的公元年，若是69~99代表开头是19，00~68代表开头是20。

若想要了解更详细的说明，可使用"help(strptime)"。

实例ch10_15：将本地化的日期，格式化成as.Date( )格式。

```
> as.Date("1 8月 2016", format = "%d %B %Y")
[1] "2016-08-01"
>
```

对上述实例而言，特别要注意的是参数内的月份是"8月"，所以日期的格式代码笔者用
"%B"。

10-2 时间的设定与使用

使用数据时，仅有日期是不够的，我们常常需要更精确的时间，这也是本节的重点。

10-2-1　Sys.time( )函数

Sys.time( )函数可以传回目前的系统时间。

实例ch10_16：返回目前的系统时间。

```
> Sys.time()
[1] "2015-08-05 16:59:13 CST"
>
```

上述执行结果中的"CST"代表笔者目前所在位置，即中国台湾目前所在时区代码。
其他常见的时区有"GMT"，即格林尼治时区，"UTC"是协调世界时，即Universal Time
Coordinated的缩写。

10-2-2　as.POSIXct( )函数

POSIX是UNIX系统上所使用的名称，R语言予以沿用。as.POSIXct( )函数主要是用于设定时
间向量，这个时间向量默认由1970年1月1日开始计数，以秒为单位。

```
> x.time <- "1 1 1970, 02:00:00"
> x.time.fmt <- "%d %m %Y, %H:%M:%S"
> x.Times <- as.POSIXct(x.time, format = x.time.fmt)
> x.Times
[1] "1970-01-01 02:00:00 CST"
>
```

在上述实例中，笔者使用了一些时间格式代码，有关时间的常见格式代码可参考下列说明：

%H：小时数(00-23)。

%I：小时数(00-12)。

%M：分钟数(00-59)。

%S：秒钟数(00-59)。

%p：AM/FM。

与日期格式代码一样，若想要了解更详细的说明，可使用"help(strptime)"。

由于as.POSIXct( )函数所返回的是秒数，所以可以用加减秒数，更新此时间的向量对象。

实例 ch10_18：为时间1970年1月1日02:00:00增加330秒，相当于5分30秒，以实例ch10_17所建的x.Times为基础。

```
> x.Times + 330
[1] "1970-01-01 02:05:30 CST"
>
```

所有时间要从1970年1月1日算起是有一点麻烦，其实as.POSIXct( )函数有一些参数可让此函数在使用上变得更灵活，如下所示：

as.POSIXct(x, tz = , origin =)

x：一个对象，可以被转换。

tz：代表时区。

origin：可指定时间的起算点。

实例 ch10_19：从2000年1月1日起算，时区是格林尼治时区"GMT"，获得经过3600秒后的时间结果。

```
> as.POSIXct(3600, tz = "GMT", origin = "2000-01-01")
[1] "2000-01-01 01:00:00 GMT"
>
```

10-2-3　时间也是可以做比较的

第4章4-7节所介绍的逻辑向量也可以用在时间的比较上，可参考下列实例。

实例 ch10_20：将实例ch10_17所建的1970年1月1日02:00:00时间对象和Sys.time( )函数所传回的时间做比较。

```
> x.Times > Sys.time()
[1] FALSE
> x.Times < Sys.time()
[1] TRUE
>
```

10-2-4 seq( )函数与时间

seq( )函数也可以应用于时间的处理，可参考下列实例。

实例ch10_21：使用x.Times对象，每一年增加一个对象，让时间向量长度为6。

```
> xNew.Times <- seq(x.Times, by = "1 years", length.out = 6)
> xNew.Times
[1] "1970-01-01 02:00:00 CST" "1971-01-01 02:00:00 CST"
[3] "1972-01-01 02:00:00 CST" "1973-01-01 02:00:00 CST"
[5] "1974-01-01 02:00:00 CST" "1975-01-01 02:00:00 CST"
>
```

10-2-5 as.POSIXlt( )函数

这个函数也可用于设定时间和日期，设定方式和as.POSIXct( )函数相同。但不同的是，as.POSIXct( )函数所产生的对象是向量对象，as.POSIXlt( )函数则是产生列表对象，所以如果要取得此列表对象的元素，方法和取向量对象元素的方法不同。

实例ch10_22：使用 as.POSIXlt( ) 函数，重新设计实例ch10_17。

```
> xlt.time <- "1 1 1970, 02:00:00"
> xlt.time.fmt <- "%d %m %Y, %H:%M:%S"
> xlt.Times <- as.POSIXlt(xlt.time, format = xlt.time.fmt)
> xlt.Times
[1] "1970-01-01 02:00:00 CST"
>
```

既然知道as.POSIXlt( )函数所产生的是列表对象，因此可以使用列表元素的方法取得元素内容。

实例ch10_23：列出前一实例所建xlt.Times对象的年份。

```
> xlt.Times$year
[1] 70
>
```

实例ch10_24：列出前一实例所建xlt.Times对象的日期。

```
> xlt.Times$mday
[1] 1
>
```

如果想要更了解as.POSIXlt( )函数所产生列表对象的结构，可使用unclass( )函数，下列是执行结果。

注：上述$mon月份值应该是"1"，结果列出却是"0"，这应该是R语言系统的列表的内部规划。

```
> unclass(xlt.Times)
$sec
[1] 0

$min
[1] 0

$hour
[1] 2

$mday
[1] 1

$mon
[1] 0

$year
[1] 70

$wday
[1] 4

$yday
[1] 0

$isdst
[1] 0

$zone
[1] "CST"

$gmtoff
[1] NA

>
```

10-3 时间序列

R软件内与时间有关的变量称为时间序列(time series)，将数据设为时间序列格式的方法和该方法中各参数的意义如下所示。

```
ts(x, start, end, frequency)
```

◀ x：可以是向量、矩阵或三维数组。
◀ start：时间起点，可以是单一数值，也可以是含两个数字的向量，后面会以实例说明。
◀ end：时间终点，它的数据格式应与start相同，通常可以省略。
◀ frequency：从start时间起点往后的统计频率。

实例 ch10_25：台湾1998年至2007年的出生人口统计如下表所示。

年份	人口出生数
1998	271450
1999	283661
2000	305312
2001	260354
2002	247530
2003	227070
2004	216419
2005	205854
2006	204459
2007	204414

为上述数据建立一个年份的时间序列，代码如下所示。

```
> num <- c(271450, 283661, 305312, 260354, 247530, 227070, 216419, 205854,
204459, 204414)
> num.birth <- ts(num, start = 1998, frequency = 1)
```

下列是验证执行结果。

```
> num.birth
Time Series:
Start = 1998
End = 2007
Frequency = 1
 [1] 271450 283661 305312 260354 247530 227070 216419 205854 204459
[10] 204414
>
```

由"start = 1998"和"frequency = 1"可以判断时间序列是从1998年开始，每年统计一次。

实例 ch10_26：石门水库2016年1月至12月水位高度的统计如下表所示。

月份	水位高度
Jan.	240
Feb.	236
March	232
April	231
May	238
June	241
July	243
Aug.	243
Sep.	241
Oct.	242
Nov.	240
Dec.	239

为上述数据建立一个月份的时间序列，代码如下所示。

```
> water <- c(240, 236, 232, 231, 238, 241, 243, 243, 241, 242, 240, 239)
> water.levels <- ts(water, start = c(2016, 1), frequency = 12)
>
```

下列是验证执行结果。

```
> water.levels
     Jan Feb Mar Apr May Jun Jul Aug Sep Oct Nov Dec
2016 240 236 232 231 238 241 243 243 241 242 240 239
>
```

由上述代码中的"start = c(2016, 1)"和"frequency = 12"可以判断时间序列是从2016年1月开始，每月统计一次。

实例ch10_27：天魁数字公司2016年每季度底现金账户的统计数据如下表所示。

季度	现金账户
Q1	89778
Q2	92346
Q3	102311
Q4	157800

为上述数据建立一个季度的时间序列，代码如下所示。

```
> cash <- c(89978, 92346, 102311, 157800)
> cash.info <- ts(cash, start = c(2016, 1), frequency = 4)
>
```

下列是验证执行结果。

```
> cash.info
        Qtr1   Qtr2   Qtr3   Qtr4
2016   89978  92346 102311 157800
>
```

由"start = c(2016, 1)"和"frequency = 4"可以判断时间序列是从2016年1月开始的，每季度统计一次。

实例ch10_28：从2016年2月11日起，每天记录开销花费，记录了10天，数据如下表所示。

花费	500	345	220	218	670	1280	760	2000	280	320

为上述数据建立一个日期的时间序列，代码如下所示。

```
> cost <- c(500, 345, 220, 218, 670, 1280, 760, 2000, 280, 320)
> cost.info <- ts(cost, start = c(2016, 42), frequency = 365)
>
```

下列是验证执行的结果。

```
> cost.info
Time Series:
Start = c(2016, 42)
End = c(2016, 51)
Frequency = 365
 [1]  500  345  220  218  670 1280  760 2000  280  320
>
```

由上述执行结果中的"start = c(2016, 42)"和"frequency = 365"可以判断时间序列是从2016年第42天开始(相当于2月11日开始)，每天统计一次。

一、判断题

（　　）1. 有如下命令。

```
> x.date <- as.Date("2016-01-01")
```

以下指令可返回x.date和过去3天的星期数据。

```
> weekdays(x.date - 0:3)
```

（　　）2. 有如下两个命令。

```
> x.date <- as.Date("2016-01-01")
> months((x.date))
```

执行后可以得到下列结果。

```
[1] "7月"
```

（　　）3. Sys.time( )可以取得格林尼治(GMT)时间。

（　　）4. as.POSITct( )函数所返回的是秒数，所以可以用加减秒数，更新此时间的向量对象。

（　　）5. 有如下命令。

```
> x.time <- "1 1 1970, 02:00:00"
> x.time.fmt <- "%d %m %Y, %H:%M:%S"
> x.Times <- as.POSIXct(x.time, format = x.time.fmt)
> x.Times > Sys.time()
```

上述命令执行后会返回TRUE。

二. 单选题

（　　）1. 下列哪一个函数，可以返回日期对象是第几季度?

    A. days( )　　　　　　B. months( )　　　　　C. weekdays( )　　　　D. quarters( )

（　　）2. 下列哪一个函数，可以仅返回目前系统日期?

    A. as.Date( )　　　　　　　　　　　　　　B. Sys.localeconv( )

    C. Sys.Date( )　　　　　　　　　　　　　　D. Sys.time( )

（　　）3. 下列哪一个函数，可以返回目前的系统时间?

    A. as.Date( )　　　　　　　　　　　　　　B. Sys.localeconv( )

    C. Sys.date( )　　　　　　　　　　　　　　D. Sys.time( )

（　　）4. 有如下两个命令。

```
> num <- c(222222, 333333, 444444, 555555)
> num.info <- ts(num, start = 2015, frequency = 1)
```

下列哪一项的说法是错的?

    A. 时间序列对象的最后一个数据是2018年的。

    B. 时间序列频率是1天。

    C. 时间序列对象的第一个数据是2015年的。

    D. 上述num向量代表4年的数据。

（　　）5. 有如下两个命令。

```
> num <- c(240, 250, 272, 263, 255, 261)
> num.info <- ts(num, start = c(2016, 1), frequency = 12)
```

下列哪一项的说法是错的?

    A. 时间序列对象的第一个数据是2016年1月的。

B. 时间序列对象的最后一个数据是2016年6月的。

C. 时间序列的频率是12天。

D. 上述向量有6个月的数据。

(   ) 6. 有如下两个命令。

```
> x.date <- as.Date("2016-01-01")
> x.Ndate <- seq(x.date, by = "1 months", length.out = 6)
```

请问执行下列命令可以得到什么结果?

```
> x.Ndate[2]
```

A. [1] "2016-01-01"   B. [1] "2016-02-01"

C. [1] "2016-05-01"   D. [1] "2016-04-01"

三. 多选题

(   ) 1. 在使用as.POSIXct( )和as.POSIXlt( )函数时，下列哪些格式代码与小时数有关？(选择两项)

A. %H   B. %I   C. %M

D. %S   E. %p

四. 实际操作题(如果题目有描述不详细时，请自行假设条件)

1. 请建立每年人口出生数量的时间序列，共30年数据。

20605831,20802622,20995416,21177874,21357431,21525433,
21742815,21928591,22092387,22276672,22405568,22520776,
22604550,22689122,22770383,22876527,22958360,23037031,
23119772,23162123,23224912,23315822,23373517,23433753,
23492074,23483793,23519518,23503349,23516841,23519518

下列是结果。

```
Time Series:
Start = 1987
End = 2016
Frequency = 1
 [1] 20605831 20802622 20995416 21177874 21357431 21525433 21742815
 [8] 21928591 22092387 22276672 22405568 22520776 22604550 22689122
[15] 22770383 22876527 22958360 23037031 23119772 23162123 23224912
[22] 23315822 23373517 23433753 23492074 23483793 23519518 23503349
[29] 23516841 23519518
```

2. 请挑选3只股票，记录5年内每季季初的股票价格，然后建立时间序列。

```
         深智      台积电    传名
2011 Q1  8.712294 37.33646 141.7469
2011 Q2  9.413820 40.93334 122.7853
2011 Q3  9.658302 38.44409 107.1736
2011 Q4  9.125479 35.04664 131.5941
2012 Q1 10.108057 27.98063 138.2765
2012 Q2  9.508681 37.00542 136.2151
2012 Q3  9.935963 36.15199 111.4517
2012 Q4  9.407253 29.15643 122.7696
2013 Q1 11.742855 24.13530 115.4697
2013 Q2  8.751753 43.73336 132.1377
2013 Q3 10.725381 41.44755 109.7353
2013 Q4 10.092358 31.92963 128.4252
2014 Q1 10.426131 42.68713 110.2351
2014 Q2 10.574896 30.59671 134.8272
2014 Q3 10.047085 27.97385 122.7291
2014 Q4 10.081763 39.70238 120.2184
2015 Q1  8.998012 40.72737 110.5466
2015 Q2  9.419543 35.65881 130.8207
2015 Q3 10.076597 32.63230 122.5525
2015 Q4  7.623888 36.25014 129.3502
```

3. 请挑选3个水库，记录2年内每月月初的水位，然后建立时间序列。

```
               牡丹        阿公店         曾文
Jan 2015 114.00023 42.794868 174.9307
Feb 2015  90.72879 40.178608 212.0828
Mar 2015 152.01453 28.109599 178.3036
Apr 2015 148.25631 31.592611 211.6626
May 2015 156.15277 35.014544 244.9203
Jun 2015 140.97793 31.956398 270.3856
Jul 2015 106.21679 29.467814 219.8526
Aug 2015 138.40830 43.164456 212.6074
Sep 2015 163.90470 27.760823 213.4725
Oct 2015 120.25199 57.861170 213.7428
Nov 2015 102.45342 32.874433 216.3624
Dec 2015 141.32113 26.447117 204.2264
Jan 2016 117.31124 38.763775 185.5876
Feb 2016 148.45691 33.901223 182.6523
Mar 2016 143.90689 35.025006 207.9571
Apr 2016 146.69711 45.212672 169.4319
May 2016 108.12817 32.328113 160.7368
Jun 2016 158.21012 38.892945 198.7352
Jul 2016  98.96198 33.794765 207.5304
Aug 2016 145.69516  5.236085 179.8724
Sep 2016 130.15155 34.808901 207.8791
Oct 2016 132.19259 38.573084 227.3392
Nov 2016 120.86043 43.889769 232.6417
Dec 2016 124.90326 47.728040 210.8454
```

4. 请记录一个月内自己每天的花费，然后建立时间序列。

```
Time Series:
Start = c(17112, 1)
End = c(17112, 30)
Frequency = 365
 [1]  150  178  163  250 1030  450  170  150  350  420  490  610  170
[14]  150  200  210  710  990 1100  710  630  403  650  900  750 3500
[27] 4200  100    0  440
```

第 11 章　编写自己的函数

　　学习了前面10章内容，读者可以发现R语言一个很大的特色是拥有丰富的内建函数，或一些R语言专家提供的额外的数据集(在这些数据集中，也包含一系列有用的函数)。但在真实的程序设计环境中，那些内建或额外数据集的函数依旧无法满足程序设计师的需求。因此，若想成为一个合格的R语言数据分析师或大数据工程师，学习撰写自己的函数是必要的。

11-1　正式编写程序

　　在前面章节中，我们使用了R语言的直译器，在RStudio窗口左下方的Console窗口的代码区输入代码，立即可在此窗口获得执行结果。从现在起，我们将在RStudio窗口左上方的Source窗口编辑所有程序代码，然后存储，最后再编译和执行。

11-2 函数的基本概念

所谓的函数，其实就是一系列指令语句，它的目的有以下两个：

● 当我们在设计一个大型程序时，若是能将这些程序依照要求，分割成较小的功能，然后依照这些小功能的要求，编写函数，如此不仅使程序简单化，同时也使得最后程序检错变得容易。

● 在一个程序中，也许会发生某些功能(由相同的一系列代码组成)，被重复地书写在程序各个不同的地方，若是我们能将这些重复的指令撰写成一个函数，需要时再加以调用，如此，不仅减少编辑程序的时间，同时更可使程序精简、清晰和易懂。

当一个程序调用一个函数时，R语言会自动跳到被调用的函数上运行程序，调用完后，R语言会再回到原程序的执行位置，然后继续往下运行程序。如右图所示。

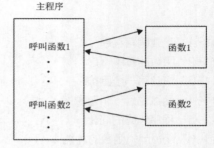

主程序调用函数图

11-3 设计第一个函数

在正式讨论设计函数前，笔者先介绍一个实例。

实例ch11_1：设计一个可以计算百分比的程序，同时使用四舍五入，保留到小数点后第2位。

```
1  #
2  # 实例ch11_1
3  #
4  x <- c(0.8932, 0.2345, 0.07641, 0.77351)    #设定数值向量
5  x.percent <- round(x * 100, digits = 2)      #执行转换
6  x.final <- paste(x.percent, sep = "", "%")   #加上百分比
7  print(x.final)                               #打印结果
```

执行结果

```
> source('~/Rbook/ch11/ch11_1.R')
[1] "89.32%" "23.45%" "7.64%" "77.35%"
>
```

在执行结果的第1行，你可以单击在RStudio窗口左上角Source窗口的 ⮡ Source ▾ 按钮，即可产生 "source('~/Rbook/ch11/ch11_1.R')"，相当于运行此程序。上述实例第5行笔者使用了round( )函数，由于要计算百分比，所以先将数值向量乘以100。笔者将这个函数的第2个参数设

为2，表示可将数值计算到小数第2位。对于第2个参数笔者省略了digits参数，这个地方也可写成"digits = 2"，更多round( )函数的用法可参考3-2-8节。程序第6行，主要是将计算结果加上"%"，即百分比符号，同时，计算结果和百分比符号间没有空格。在前10章中，直接在R的Console窗口输入向量，例如，"x.final"，可以在Console窗口直接获得执行结果，但使用R语言的编译程序，必须将想要输出的结果放在print( )函数内，利用print( )函数输出执行结果。由上述执行结果可以发现，这个程序的确获得了我们想要的结果。

上述程序最大的不便之处在于，如果我们有其他一系列数据要处理，则要修改程序第4行的数值向量。接下来笔者将介绍撰写自己的函数，来改良此缺点，函数格式如下。

```
函数名称 <- function(参数1, 参数2, … ) {
    程序代码
    程序代码
    …
}
```

有的R语言程序设计师喜欢让程序看起来清爽，同时容易阅读，会将function右边的左大括号独立放在1行，如下所示。

```
函数名称 <- function(参数1, 参数2, … )
{
    程序代码
    程序代码
    …
}
```

实例ch11_2：设计一个可将数值向量转换成百分比的函数，同时以四舍五入计算到小数点后第2位，函数名称是ch11_2( )。

```
1   #
2   # 实例ch11_2
3   #
4   ch11_2 <- function( x )
5   {
6       x.percent <- round(x * 100, digits = 2)      #执行转换
7       x.final <- paste(x.percent, sep = "", "%")   #加上百分比
8       return(x.final)                              #传回
9   }
```

执行结果

```
> source('~/Rbook/ch11/ch11_2.R')
> new.x <- c(0.8932, 0.2345, 0.07641, 0.77351)
> ch11_2(new.x)
[1] "89.32%" "23.45%" "7.64%"  "77.35%"
>
```

在上述执行结果中，执行source( )函数后，所设计的函数ch11_2( )已被加载，所以以后我们可以自由使用这个函数。

11-4 函数也是一个对象

其实函数也是一个对象，例如，在Console窗口直接输入对象名称，可以看到此对象的内容，在此例中可以看到函数的程序代码，如下所示。

```
> ch11_2
function( x )
{
  x.percent <- round(x * 100, digits = 2)      #执行转换
  x.final <- paste(x.percent, sep = "", "%")    #加上百分比
  return(x.final)                               #传回
}
>
```

特别需要注意的是，不可加"()"，若加上"()"，则表示引用此函数，此时必须有参数在"()"，即括号内，否则会有错误产生。

我们也可以设定一个新的对象等于这个函数对象，可参考下列实例。

```
> convert.percent <- ch11_2
>
```

上述代码执行后，convert.percent将是一个与ch11_2有相同内容的函数对象，如下所示。

```
> convert.percent
function( x )
{
  x.percent <- round(x * 100, digits = 2)      #执行转换
  x.final <- paste(x.percent, sep = "", "%")    #加上百分比
  return(x.final)                               #传回
}
>
```

R语言这个功能虽然好用，但风险是，若是不小心使用一个与这个函数相同的变量名称，此时，这个函数就会被系统删除。例如，笔者不小心将一个数值向量赋值给此函数对象convert.percent，如下所示。

```
> convert.percent <- c(12, 18)
>
```

此时再输入一次此对象convert.percent，可以发现对象内容已被改成数值向量了，如下所示。

```
> convert.percent
[1] 12 18
>
```

所以为对象取名字时要小心，尽量避免出现相同的名字。

11-5 程序代码的简化

其实对于程序实例ch11_2而言，第8行的"return(x.final)"是可以省略的，R语言默认是会传回最后一行程序代码的值，可参考实例ch11_3。

```
1  #
2  # 实例ch11_3
3  #
4  ch11_3 <- function( x )
5  {
6    x.percent <- round(x * 100, digits = 2)      #执行转换
7    x.final <- paste(x.percent, sep = "", "%")    #加上百分比
8  }
```

执行结果

```
> source('~/Rbook/ch11/ch11_3.R')
> ch11_3(new.x)
>
```

上述执行结果什么也没显示，原因是ch11_3( )函数的最后一行，只是将转换结果的百分比设定给"x.final"，所以没显示任何结果。但是执行上述程序后，事实上，所设计的整个ch11_3( )函数已经被加载到RStudio窗口的Workspace工作区，如果想看到执行结果，在RStudio窗口的Console窗口可使用print( )函数，可参考下列执行结果。

```
> print(ch11_3(new.x))
[1] "89.32%" "23.45%" "7.64%"  "77.35%"
>
```

由上述执行结果可知，该程序的确获得我们想要的结果了。

```
1  #
2  # 实例ch11_4
3  #
4  ch11_4 <- function( x )
5  {
6    x.percent <- round(x * 100, digits = 2)      #执行转换
7    paste(x.percent, sep = "", "%")               #加上百分比和输出
8  }
```

执行结果

```
> source('~/Rbook/ch11/ch11_4.R')
> ch11_4(new.x)
[1] "89.32%" "23.45%" "7.64%"  "77.35%"
>
```

11-6 return( )函数的功能

看了前几节的叙述，好像return( )是多余的，非也。函数在运行时，有时会面临某些状况的发生，需要提早结束，不再往下执行。

```
1    #
2    # 实例ch11_5
3    #
4    ch11_5 <- function( x )
5    {
6      if ( !is.numeric(x))
7      {
8        print("需传入数值向量")
9        return(NULL)
10     }
11     x.percent <- round(x * 100, digits = 2)      #执行转换
12     paste(x.percent, sep = "", "%")              #加上百分比和输出
13   }
```

执行结果

```
> source('~/Rbook/ch11/ch11_5.R')
> ch11_5(new.x)
[1] "89.32%" "23.45%" "7.64%"  "77.35%"
> ch11_5(c("A", "B", "C"))
[1] "需传入数值向量"
NULL
>
```

在这个实例中，笔者使用了两组数据做测试。一组是原先所用的数值向量"new.x"，我们获得了想要的结果；另一组是字符向量，我们被通知"需传入数值向量"。

这个程序多了一个if 语句，第3行到第7行，主要是检查所传入的向量是否是数值向量，如果不是则输出"需传入数值向量"，然后函数执行return( )，结束执行。更多的有关逻辑判断的内容，笔者将在第12章做完整的说明。

11-7 省略函数的大括号

在本章的11-3节设计第一个函数时，曾介绍函数主体是用大括号（"{" 和 "}"）括起来的。其实，如果函数主体只有1行，那么也可以省略大括号，可参考下列实例。

```
1    #
2    # 实例ch11_6
3    #
4    ch11_6 <- function( x ) x * x
```

执行结果

```
> source('~/Rbook/ch11/ch11_6.R')
> number.x <- c(9, 11, 5)
> ch11_6(number.x)
[1]  81 121  25
>
```

上述程序其实只有1行，很明显没有大括号，也没有return( )函数，但是它仍是一个完整的函数。所以在设计程序时，如果函数只有1行，是可以省略大括号的。碰上这类状况，R语言编译程序会将function( )右边的程序代码当作函数主体。了解这个设计原则后，我们也可以重新设计ch11_4。

实例ch11_7：按函数主体只有1行的方式，重新设计 ch11_4。

```
1  #
2  # 实例ch11_7
3  #
4  ch11_7 <- function( x ) paste(round(x * 100, digits = 2), sep = "", "%")
```

执行结果

```
> source('~/Rbook/ch11/ch11_7.R')
> ch11_7(new.x)
[1] "89.32%" "23.45%" "7.64%"  "77.35%"
>
```

在这个程序中，函数主体也是只有1行，我们获得了和ch11_4相同的结果。不过坦白讲，实例ch11_4是容易阅读的，即使过了一段时间后重新看，读者也是可以很快速地了解每行程序代码的意义。实例ch11_7尽管程序代码精简了，但是过一段时间，这个程序代码是需读者花较多的时间去了解的。

笔者建议，写程序不仅考虑现在容易阅读，也期待将来容易阅读。并且，如果设计大型项目，一个大程序可能需要由许多人完成，这时更要考虑方便他人阅读，所以不需要为了缩短程序代码的长度，将需要多行完成的程序代码缩减，造成阅读困难。读者应该留意到，从11章开始，笔者在程序代码前3行，注明了程序编号，这也是为了读者阅读方便，在未来，有需要的地方，笔者也会增加注释数量，甚至是增加程序代码，一切一切均是为了方便读者阅读。

11-8 传递多个参数函数的应用

如果想要传递多个参数，那么只要将新的参数放在function( )的括号内，各参数间彼此用逗号隔开即可。

11-8-1　设计可传递2个参数的函数

实例ch11_8：同样是将数值向量转换成百分比，但此函数要求有两个参数，第1个参数是将要转换的数值向量，第2个参数是设定百分比有几位小数。

```
1  #
2  # 实例ch11_8
3  #
4  ch11_8 <- function( x, x.digits)
5  {
6    x.percent <- round(x * 100, digits = x.digits) #执行转换
7    paste(x.percent, sep = "", "%")                #加上百分比和输出
8  }
```

执行结果

```
> source('~/Rbook/ch11/ch11_8.R')
> ch11_8(new.x, 0)
[1] "89%" "23%" "8%"   "77%"
> ch11_8(new.x, x.digits = 0)
[1] "89%" "23%" "8%"   "77%"
> ch11_8(new.x, 2)
[1] "89.32%" "23.45%" "7.64%"   "77.35%"
> ch11_8(new.x, x.digits = 2)
[1] "89.32%" "23.45%" "7.64%"   "77.35%"
>
```

在第3章的实例ch3_13中，笔者曾讲解调用round( )函数时，第2个参数可放"digits ="，也可以不放。在笔者设计的实例中，在调用ch11_8( )函数时，一样可放"x.digits = "，也可不放。其实R语言对于在调用函数时，依照参数顺序传递参数的情况，是不要求指定参数名称的。

一个有趣的探究，在传递参数时，以上述实例ch11_8为例，如果发生参数位置错乱，会如何呢？可参考下列运行结果。

```
> ch11_8(x.digits = 2, new.x)
[1] "89.32%" "23.45%" "7.64%"   "77.35%"
>
```

在上述代码中，由于有特别标明第1个参数是"x.digits"，所以程序可正常运行。如果参数位置错乱，同时又不标明参数所代表的意义，则结果会产生错乱，如下所示。

```
> ch11_8(2, new.x)
[1] "200%" "200%" "200%" "200%"
>
```

11-8-2 函数参数的默认值

对于实例ch11_8而言，如果在调用ch11_8( )函数时，只输入数值向量，没有输入第2个参数，结果会如何呢？我们先看round( )函数，假设输入数字，不注明计算到小数点后第几位，结果会如何？

```
> round(21.45)
[1] 21
>
```

由上述执行结果可知，round( )函数碰上这类状况，会将此参数默认为0，相当于产生整数。同样状况下，对于实例ch11_8，由于程序第6行是调用round( )函数，所以对于实例ch11_8.R，如果调用ch11_8( )函数时省略第2个参数，将产生不含小数的百分比结果，可参考下列执行结果。

```
> ch11_8(new.x)
[1] "89%" "23%" "8%"   "77%"
> .
```

实例ch11_9：重新设计实例ch11_8，使这个实例执行时，如果不传递第2个参数来设定产生保留到小数第几位的百分比，则自动产生保留1位小数的百分比。

```
1   #
2   # 实例ch11_9
3   #
4   ch11_9 <- function( x, x.digits = 1)      #预设转换到小数第1位
5 ▾ {
6      x.percent <- round(x * 100, digits = x.digits) #执行转换
7      paste(x.percent, sep = "", "%")              #加上百分比和输出
8   }
```

执行结果

```
> source('~/Rbook/ch11/ch11_9.R')
> ch11_9(new.x)
[1] "89.3%" "23.4%" "7.6%"  "77.4%"
> ch11_9(new.x, 1)
[1] "89.3%" "23.4%" "7.6%"  "77.4%"
>
```

11-8-3　3点参数 "..." 的使用

在本章的11-8-1节，我们学会了如何设计传递2个参数的函数。实际上在设计函数时会碰上需传递更多参数的情况，如果参数一多，会使设计function( )的参数列表变得很长，以后调用时的参数列表也会很长，碰上这类情况，R语言提供了3点参数 "..." 的概念，这种3点参数通常会放在参数列表的最后面。

在正式讲解3点参数实例前，我们先改写实例ch11_9，将实例改写成，如果不输入第2个参数，将产生不带小数的百分比。

实例ch11_10：将实例ch11_9更改成，如果不输入第2个参数，将产生不带小数的百分比。

```
1  #
2  # 实例ch11_10
3  #
4  ch11_10 <- function( x, x.digits = 0)     #预设转换到小数第0位
5▾ {
6    x.percent <- round(x * 100, digits = x.digits) #执行转换
7    paste(x.percent, sep = "", "%")                #加上百分比和输出
8  }
```

执行结果

```
> source('~/Rbook/ch11/ch11_10.R')
> ch11_10(new.x)
[1] "89%" "23%" "8%"  "77%"
> ch11_10(new.x, 2)
[1] "89.32%" "23.45%" "7.64%"  "77.35%"
> ch11_10(new.x, x.digits = 2)
[1] "89.32%" "23.45%" "7.64%"  "77.35%"
>
```

接下来我们可用3点参数改写实例ch11_10，可参考下列实例。

实例ch11_11：使用3点参数改写上述实例ch11_10，如果不输入第2个参数，将产生不带小数的百分比。

```
1  #
2  # 实例ch11_11
3  #
4  ch11_11 <- function( x, ...)              #预设转换不带小数之整数
5▾ {
6    x.percent <- round(x * 100, ...)        #执行转换
7    paste(x.percent, sep = "", "%")         #加上百分比和输出
8  }
```

执行结果

```
> source('~/Rbook/ch11/ch11_11.R')
> ch11_11(new.x)
[1] "89%"  "23%"  "8%"   "77%"
>
```

由上述执行结果，可以看到我们成功地设计了带有3点参数"..."的函数，但应该如何指定第2个参数呢？第2个参数直接放数字是可以的，如下所示。

```
> ch11_11(new.x, 2)
[1] "89.32%" "23.45%" "7.64%"  "77.35%"
>
```

如果想要给第2个参数指定参数名称就要小心了，对于实例ch11_10而言，我们在设计时，程序的第4行在function( )的参数行内，指定参数名称是"x.digits ="，在程序第6行的round( )函数内，我们是将"x.digits"指定给round( )函数内的参数"digits"，所以调用实例ch11_10的函数时，使用下列方式，即"x.digits = 2"给第2个参数赋值是可以的。

```
> ch11_10(new.x, x.digits = 2)
[1] "89.32%" "23.45%" "7.64%"  "77.35%"
>
```

在实例ch11_10中，如果使用"digits = 2"给第2个参数赋值会有错误产生。

```
> ch11_10(new.x, digits = 2)
Error in ch11_10(new.x, digits = 2) : unused argument (digits = 2)
>
```

但是在实例ch11_11中，我们使用3点参数，取代程序第4行的function( )函数的第2个参数，以及程序第6行的round( )函数的参数，这时没有看到"x.digits"参数，所以在执行ch11_11后，如果想调用函数，使用参数名"x.digit"，将产生错误，如下所示。

```
> ch11_11(new.x, x.digits = 2)
Error in round(x * 100, ...) : unused argument (x.digits = 2)
>
```

如果在调用时要使用参数名的话，需使用"digits"，这是因为round( )函数默认所使用的参数就是"digits"，如下所示。

```
> ch11_11(new.x, digits = 2)
[1] "89.32%" "23.45%" "7.64%"  "77.35%"
>
```

11-9 函数也可以作为参数

在本章的11-4节中笔者曾经介绍函数也可以是一个对象，我们可以将一个函数的整个程序代码，赋予另一个对象，当了解这个概念后，就可很容易理解函数是可以作为参数的。

11-9-1 正式实例应用

在第3章的3-2-8节笔者曾介绍signif( )函数，这个函数的第2个参数"digits"主要是指定数值从左到右有效数字的个数，剩余数字则四舍五入，笔者将用这个函数当作传递的参数进行解说。

```
1  #
2  # 实例ch11_12
3  # 调用时，若省略第2个参数，则预设是执行round( )函数
4  #
5  ch11_12 <- function( x, Xfun = round, ...)
6 ▾ {
7      x.percent <- Xfun(x * 100, ...)        #执行转换
8      paste(x.percent, sep = "", "%")        #加上百分比和输出
9  }
```

执行结果

```
> source('~/Rbook/ch11/ch11_12.R')
> ch11_12(new.x)
[1] "89%" "23%" "8%"  "77%"
>
```

在上述程序设计中，第5行function( )内的第2个参数是"Xfun"，这个参数默认的是round( )函数的程序代码，如果调用时省略第2个参数，则第7行的"Xfun"用round取代。以上述程序为例，在执行时，由于ch11_12()内没有放函数参数，所以"Xfun"使用默认的round( )函数参数，而得到上述执行结果。如果调用函数时第2个参数为函数，则此参数函数将取代第7行的Xfun()，下列是使用signif()当作参数的实例。

```
> ch11_12(new.x, signif, digits = 3)
[1] "89.3%" "23.4%" "7.64%" "77.4%"
> ch11_12(new.x, signif, digits = 4)
[1] "89.32%" "23.45%" "7.641%" "77.35%"
>
```

11-9-2　以函数的程序代码作为参数传递

R语言既可支持将函数当作参数传递，也可支持将函数的程序代码当作参数传递，这类传递程序代码而不传递函数名的方式，被称为匿名函数(anonymous function)。

```
1  #
2  # 实例ch11_13
3  #
4  ch11_13 <- function( x, Xfun = round, ...)
5 ▾ {
6      x.percent <- Xfun(x * 100, ...)        #执行转换
7      paste(x.percent, sep = "", "%")        #加上百分比和输出
8  }
```

执行结果

```
> source('~/Rbook/ch11/ch11_13.R')
> y <- c(8500, 6700, 9200)                    #建立各部门业绩的数值向量
> ch11_13(y, Xfun = function(x) round(x * 100 / sum(x)))  #执行
[1] "35%" "27%" "38%"
>
```

在上述实例中，以下函数的程序代码已被当作参数传递了。

```
function(x) round(x * 100 / sum(x))
```

以上实例其实主要是用于讲解如何将函数代码当作参数传递，对上述实例，我们可以用很简洁的方式完成工作。

```
> ch11_13(y / sum(y))
[1] "35%" "27%" "38%"
>
```

11-10 局部变量和全局变量

设计一个大型项目时，难免会有多人参与此计划，许多人在分别设计程序时可能会用到相同的变量名称，这时难免会碰上问题，A所用的变量数据会不会被B误用？这也是本节讨论的重点。

其实对于一个函数而言，这个函数内部所使用的变量称局部变量(local variable)，程序整体所使用的变量会在Workspace窗口内看到，称全局变量(global variable)。对于函数所属的局部变量而言，函数调用结束变量就消失了。对于全局变量而言，只要在Workspace窗口内保存，就随时可调用。

实例ch11_14：对局部变量和全局变量的探究。

```
1   #
2   # 实例ch11_14
3   #
4   x <- 1:8                      #设定全局变量
5   print("执行函数前")
6   print(x)                      #打印全局变量x
7   test <- function(y)
8 ▾ {
9     print("进入函数")
10    x <- y
11    print(x)                    #打印局部变量x
12    print("离开函数")
13  }
14  test(1:5)                     #调用函数
15  print("执行函数后")
16  print(x)                      #打印全局变量
```

执行结果

```
> source('~/Rbook/ch11/ch11_14.R')
[1] "执行函数前"
[1] 1 2 3 4 5 6 7 8
[1] "进入函数"
[1] 1 2 3 4 5
[1] "离开函数"
[1] "执行函数后"
[1] 1 2 3 4 5 6 7 8
>
```

在这个实例中，笔者特别将变量取名为"x"，对于程序第6行，毫无疑问是打印全局变量的"x"，第7行至13行是函数test( )，第10行是将传递给函数的变量"y"赋给局部变量"x"，第11行是打印局部变量"x"。第14行是调用函数，所以会执行打印第11行的局部变量。第15行笔者再打印一次变量"x"，读者可以比较它们之间的差别。其实如果我们观察Workspace窗口，可以看到执行上述实例ch11_14后，全局变量"x"，就一直是1:8，如下图所示。

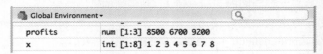

11-11 通用函数

何为通用函数(generic function)？如果一个函数接收到参数后，什么事都不做，只是将工作分配给其他函数执行，这类函数被称为通用函数。

11-11-1 认识通用函数 print( )

对于R语言而言，其实最常用的通用函数是print( )，下列是print( )函数的程序代码。

```
> print
function (x, ...)
UseMethod("print")
<bytecode: 0x10524c350>
<environment: namespace:base>
>
```

各位可以忽略上述程序代码的第3行和第4行，这是R语言的开发人员需使用的信息。由以上程序代码可知，print( )函数实际只有1行，也就是第2行UseMethod( )，这个函数的主要功能就是让R语言依print( )函数的参数找寻适当的函数执行打印任务。我们可以用下列方法了解有多少函数可协助print( )函数执行打印任务。

```
> apropos('print\\.')
 [1] "print.AsIs"               "print.by"
 [3] "print.condition"          "print.connection"
 [5] "print.data.frame"         "print.Date"
 [7] "print.default"            "print.difftime"
 [9] "print.Dlist"              "print.DLLInfo"
[11] "print.DLLInfoList"        "print.DLLRegisteredRoutines"
[13] "print.factor"             "print.function"
[15] "print.hexmode"            "print.libraryIQR"
[17] "print.listof"             "print.NativeRoutineList"
[19] "print.noquote"            "print.numeric_version"
[21] "print.octmode"            "print.packageInfo"
[23] "print.POSIXct"            "print.POSIXlt"
[25] "print.proc_time"          "print.restart"
[27] "print.rle"                "print.simple.list"
[29] "print.srcfile"            "print.srcref"
[31] "print.summary.table"      "print.summaryDefault"
[33] "print.table"              "print.warnings"
>
```

从上述输出结果可以了解到共有34个函数可供print( )函数分配使用。笔者在第7章的7-1-1节建立mit.info数据框。下列是使用print( )函数打印mit.info数据框的输出结果。

```
> print(mit.info)
  mit.Name mit.Gender mit.Height
1   Kevin      M          170
2   Peter      M          175
3   Frank      M          165
4   Maggie     F          168
>
```

由"apropos('print\\.')"的执行结果可知第5个print函数是用于打印数据框的函数print.data.frame( )。其实上述print( )函数是调用print.data.frame( )执行此打印mit.info数据框的任务。所以，你也可以使用下列方式打印mit.info数据框。

```
> print.data.frame(mit.info)
  mit.Name mit.Gender mit.Height
1   Kevin      M          170
2   Peter      M          175
3   Frank      M          165
4   Maggie     F          168
>
```

11-11-2 通用函数的默认函数

假设想打印列表对象，由上一节理论可知，可以使用print.list( )执行打印列表的任务，结果在"apropos('print\\.')"的执行中，找不到print.list( )函数怎么办？事实上许多通用函数在设计时，大都会同时设计一个默认函数，如果没有特定的函数可使用，则调用默认函数，此例是print.default( )。例如，下列是用print( )打印第8章的实例ch8_1的列表baskets.Cal的输出结果。

```
> print(baskets.Cal)
[[1]]
[1] "California"

[[2]]
[1] "2016-2017"

[[3]]
      1st 2nd 3rd 4th 5th 6th
Lin     7   8   6  11   9  12
Jordon 12   8   9  15   7  12

>
```

如果是用print.default( )函数，那么可以得到相同的输出结果。

```
> print.default(baskets.Cal)
[[1]]
[1] "California"

[[2]]
[1] "2016-2017"

[[3]]
      1st 2nd 3rd 4th 5th 6th
Lin     7   8   6  11   9  12
Jordon 12   8   9  15   7  12

>
```

11-12 设计第一个通用函数

了解了11-11节的内容后，本小节笔者将以实例介绍如何设计一个通用函数。

11-12-1 优化转换百分比函数

为了方便接下来的解说，笔者将之前ch11_13的ch11_13( )函数改写成percent.numeric( )，如下所示，这个函数的功能主要是将数值向量改写成百分比。读者需特别留意的是函数名称"percent"，须加上"．"，再加上"numeric"。UseMethod( )是用"numeric"来判别何时调用此函数的，未来调用"percent"时，若所传递的参数是数值，则调用这个函数。

```
#将数值向量转成百分比
percent.numeric <- function( x, Xfun = round, ...)
{
  x.percent <- Xfun(x * 100, ...)         #执行转换
  paste(x.percent, sep = "", "%")         #加上百分比和输出
}
```

如果输入的是字符向量，笔者希望用percent.character()函数处理，相当于在字符右边加上百分比符号。读者需特别留意的是函数名称"percent"，须加上"．"，再加上函数"character"，UseMethod( )是用"character"来判别何时调用此函数的，未来调用"percent"时，若所传递的参数是字符，则调用这个函数。

```
#将字符向量增加百分比符号
percent.character <- function( x )
{
  paste(x, sep = "", "%")                 #直接加百分比符号
}
```

现在可以将上述2个函数结合在实例ch11_15中。

实例 ch11_15：设计一个程序，此程序包含2个函数，可将数值向量转换成百分比，以及给字符向量增加百分比符号。

```
1   #
2   # 实例ch11_15
3   #
4   #将数值向量转成百分比
5   percent.numeric <- function( x, Xfun = round, ...)
6 ▾ {
7       x.percent <- Xfun( x * 100, ...)          #执行转换
8       paste(x.percent, sep = "", "%")           #加上百分比和输出
9   }
10  #将字符向量增加百分比符号
11  percent.character <- function( x )
12 ▾ {
13      paste(x, sep = "", "%")                    #直接加百分比符号
14  }
```

执行结果

```
> source('~/Rbook/ch11/ch11_15.R')
> percent.numeric(new.x)
[1] "89%" "23%" "8%"  "77%"
> percent.numeric(new.x, round, digits = 2)
[1] "89.32%" "23.45%" "7.64%"  "77.35%"
> percent.character(c("A", "B", "C"))
[1] "A%" "B%" "C%"
>
```

最后需使用UseMethod( )设计通用函数，程序代码如下所示。

```
percent <- function(x, ...)
{
    UseMethod("percent")
}
```

实例 ch11_16：设计通用函数percent()，未来可以直接使用percent()执行想要完成的任务。

```
1   #
2   # 实例ch11_16
3   #
4   percent <- function(x, ...)
5 ▾ {
6       UseMethod("percent")
7   }
8   #将数值向量转成百分比
9   percent.numeric <- function( x, Xfun = round, ...)
10 ▾ {
11      x.percent <- Xfun( x * 100, ...)          #执行转换
12      paste(x.percent, sep = "", "%")           #加上百分比和输出
13  }
14  #将字符向量增加百分比符号
15  percent.character <- function( x )
16 ▾ {
17      paste(x, sep = "", "%")                    #直接加百分比符号
18  }
```

执行结果

```
> source('~/Rbook/ch11/ch11_16.R')
> percent(new.x)
[1] "89%" "23%" "8%"  "77%"
> percent(new.x, round, digits = 2)
[1] "89.32%" "23.45%" "7.64%"  "77.35%"
> percent(c("A", "B", "C"))
[1] "A%" "B%" "C%"
>
```

读者应该仔细比较ch11_15.R和ch11_16.R的执行结果，特别是ch11_16.R用调用通用函数的方式完成工作。

11-12-2 设计通用函数的默认函数

对于实例ch11_16而言，如果输入的不是数值或字符，执行结果会有错误，下列是输入数据框对象mit.info产生错误的结果。

```
> percent(mit.info)
Error in UseMethod("percent") :
没有适用的方法可将 'percent' 套用到 "data.frame"类的物件
>
```

建议在设计通用函数时同时设计一个默认函数，当传入的参数不是目前可以处理的情况，可以直接显示错误信息，如下所示。

```
#统计默认函数
percent.default <- function( x )
{
    print("你所传递的参数无法处理")
}
```

读者需特别留意的是，函数名称"percent"，须加上"."，再加上"default"，UseMethod( )是用"default"来判别何时调用此函数的，以后调用"percent"时，若所传递的参数不是数值或字符则调用这个函数。

实例 ch11_17：将默认函数加入原先设计的 ch11_16程序内。

```
1   #
2   # 实例ch11_17
3   #
4   percent <- function(x, ...)
5 ▾ {
6       UseMethod("percent")
7   }
8   #将数值向量转成百分比
9   percent.numeric <- function( x, Xfun = round, ...)
10 ▾ {
11      x.percent <- Xfun(x * 100, ...)          #执行转换
12      paste(x.percent, sep = "", "%")          #加上百分比和输出
13  }
14  #将字符向量增加百分比符号
15  percent.character <- function( x )
16 ▾ {
17      paste(x, sep = "", "%")                  #直接加百分比符号
18  }
19  #设计默认函数
20  percent.default <- function( x )
21 ▾ {
22      print("本程序目前只能处理数值和字符向量")
23  }
```

执行结果

```
> source('~/Rbook/ch11/ch11_17.R')
> percent(mit.info)
[1] "本程序目前只能处理数值和字符向量"
>
```

上述错误信息，比之前系统的错误信息容易懂，这也可节省未来程序错误检测时间。

一. 判断题

(　　) 1. 在R语言中，也可以将函数想成是一个对象，在RStudio窗口中的Console窗口中直接输入函数名称，可以看到函数的程序代码。

(　　) 2. 在R语言中，也可以将函数想成是一个对象，在RStudio窗口的Console窗口直接输入函数名称，可以调用此函数，例如，设计了一个函数"convert( )"，可以使用下列方式调用此函数。

```
> convert
```

(　　) 3. 函数主体是由大括号("{"和"}")括起来的。其实，如果函数主体只有1行，也可以省略大括号。

(　　) 4. 在函数调用的设计中，R语言提供了3点参数"..."的概念，这种3点参数通常会放在函数参数列表的最后面。

(　　) 5. 函数无法作为另一个函数的参数。

(　　) 6. 有一个函数的程序代码如下所示。

```
1  exer1 <- function( x, Xfun = round, ...)
2 ▾ {
3      x.percent <- Xfun(x * 100, ...)
4      paste(x.percent, sep = "", "%")
5  }
```

调用上述函数时，如果没有传递第2个参数，此函数将自动调用round( )函数。

(　　) 7. 对于一个函数而言，这个函数内部所使用的变量称局部变量(local variable)。

(　　) 8. 如果一个函数接收到参数后，什么事都不做，只是将工作分配给其他函数执行，这类函数被称为通用函数。

二. 单选题

(　　) 1. 下列函数，如果不传递第2个参数设定产生保留到小数点后第几位的百分比，将自动产生第几位小数的百分比？

```
1  e.percent <- function( x, x.digits = 1 )
2 ▾ {
3      x.percent <- round(x * 100, digits = x.digits)
4      paste(x.percent, sep = "", "%")
5  }
```

A. 0 　　　　　　B. 1 　　　　　　C. 2 　　　　　　D. 3

(　　) 2. 下列函数，如果不传递第2个参数设定产生保留到小数点后第几位的百分比，将自动产生第几位小数的百分比？

```
1  e2.percent <- function( x, ...)
2 ▾ {
3      x.percent <- round(x * 100, ...)
4      paste(x.percent, sep = "", "%")
5  }
```

A. 0 　　　　　　B. 1 　　　　　　C. 2 　　　　　　D. 3

(　　) 3. 有如下函数。

```
1  e2.percent <- function( x, ...)
2 ▾ {
3      x.percent <- round(x * 100, ...)
4      paste(x.percent, sep = "", "%")
5  }
```

下列哪一个函数在调用时会有错误信息?

A. > e2.percent(0.03456)

B. > e2.percent(0.03456, 2)

C. > e2.percent(0.03456, digits = 2)

D. > e2.percent(0.03456, xdigit = 2)

( ) 4. 下列哪一个函数是print( )函数的默认函数?

A. print.list( )　　　　　　　　　　B. print.default( )

C. print.condition( )　　　　　　　D. print.restart( )

( ) 5. 有如下函数。

```
1   percent <- function(x, ...)
2 ▾ {
3      UseMethod("percent")
4   }
5   percent.numeric <- function( x, Xfun = round, ...)
6 ▾ {
7      x.percent <- Xfun(x * 100, ...)
8      paste(x.percent, sep = "", "%")
9   }
10  percent.character <- function( x )
11 ▾ {
12     paste(x, sep = "", "%")
13  }
14  percent.default <- function( x )
15 ▾ {
16     print("本程序目前只能处理数值和字符向量")
17  }
```

上述函数中哪一个是通用函数?

A. percent( )　　　　　　　　　　B. percent.numeric( )

C. percent.character( )　　　　　　D. percent.default( )

( ) 6. 有如下函数。

```
1   percent <- function(x, ...)
2 ▾ {
3      UseMethod("percent")
4   }
5   percent.numeric <- function( x, Xfun = round, ...)
6 ▾ {
7      x.percent <- Xfun(x * 100, ...)
8      paste(x.percent, sep = "", "%")
9   }
10  percent.character <- function( x )
11 ▾ {
12     paste(x, sep = "", "%")
13  }
14  percent.default <- function( x )
15 ▾ {
16     print("本程序目前只能处理数值和字符向量")
17  }
```

如果调用上述的通用函数时，所传递的数据是数据框，实际上将调用哪一个函数
执行任务?

A. percent( )　　　　　　　　　　B. percent.numeric( )

C. percent.character( )　　　　　　D. percent.default( )

（　　）7. 有如下函数。

```
 1  percent <- function(x, ...)
 2  {
 3      UseMethod("percent")
 4  }
 5  percent.numeric <- function( x, Xfun = round, ...)
 6  {
 7      x.percent <- Xfun(x * 100, ...)
 8      paste(x.percent, sep = "", "%")
 9  }
10  percent.character <- function( x )
11  {
12      paste(x, sep = "", "%")
13  }
14  percent.default <- function( x )
15  {
16      print("本程序目前只能处理数值和字符向量")
17  }
```

如果调用上述的通用函数时，所传递的是数值数据，实际上将调用哪一个函数执行任务？

A. percent( )   B. percent.numeric( )

C. percent.character( )   D. percent.default( )

三. 多选题

（　　）1. 下列哪些函数是通用函数？(选择两项)

A. sum( )   B. as.Date( )   C. plot( )

D. print( )   E. grep( )

四. 实际操作题(如果题目有描述不详细时，请自行假设条件)

1. 重新设计实例ch11_11，使用3点参数，如果不输入第2个参数，将产生带1位小数的百分比。

```
> source('~/Documents/Rbook/ex/ex11_1.R')
> x <- c(0.8932, 0.2345, 0.07641, 0.77351)
> ex11_1(x)
[1] "89.3%" "23.4%" "7.6%"  "77.4%"
```

2. 重新设计实例ch11_17，设计通用函数，使用3点参数，如果输入的是数值，默认是求平均值；如果输入的是字符，则将字符改成大写，默认函数则不变。

```
> source('~/Documents/Rbook/ex/ex11_2.R')
> ex11_2(c(1:5))
[1] 3
> ex11_2(c("abc","B1c","ccA"))
[1] "ABC" "B1C" "CCA"
> ex11_2(c(TRUE,FALSE,TRUE))
[1] "Nothing is changed"
```

3. 设计一个计算电费的通用函数，每度电费100元，如果输入的不是数值向量，则输出"输入错误，请输入数值向量"。

```
> source('~/Documents/Rbook/ex/ex11_3.R')
> ex11_3(c(1:5))
[1] "The utility fee:"
[1] 100 200 300 400 500
> ex11_3(c("abc","B1c","ccA"))
[1] "Input error! Please provide the numeric values"
NULL
```

第12章 程序的流程控制

12-1 if 语句

if语句的运行非常容易,如果某个逻辑表达式为真,则执行特定工作。

12-1-1 if语句的基本操作

if语句的基本格式如下所示。

```
if  ( 逻辑表达式 )
{
    系列运算命令
      …
}
```

流程图如下图所示。

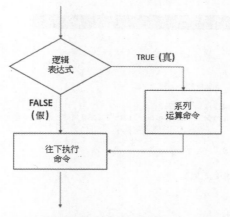

上述的逻辑表达式，读者也可以将它想成是条件表达式，如果是TRUE，则执行大括号内的命令。如果运算命令只有1行，也可省略大括号，此时if的格式如下所示。

```
if   ( 逻辑表达式 )   运算命令
```
或
```
if   ( 逻辑表达式 )
     运算命令
```

实例ch12_1：假设1度电费是50元，为了鼓励节约能源，如果一个月使用超过200度，电费将再加收总价的15％。如果电费小于1元，以四舍五入处理。

```
1    #
2    # 实例ch12_1
3    #
4    ch12_1 <- function( deg, unitPrice = 50 )
5    {
6      net.price <- deg * unitPrice          #计算电费
7      if ( deg > 200 ) {                    #如果使用超过200度
8        net.price <- net.price * 1.15       #电费加收15%
9      }
10     round(net.price)                      #电费取整数
11   }
```

执行结果

```
> source('~/Rbook/ch12/ch12_1.R')
> ch12_1(150)
[1] 7500
> ch12_1(deg = 150)
[1] 7500
> ch12_1(deg =250)
[1] 14375
>
```

对上述实例而言，在第7行做判断，如果用电度数超过200度，执行大括号内的命令，所以"deg > 200"就是一个逻辑表达式。在调用函数ch12_1( )时，对第1个参数，可以直接输入数字，在此例中是"150"，也可以输入"deg = 150"，后者输入方式可让返回的结果更容易理解。笔者曾说过，如果if语句所执行的命令只有1行。可以省略大括号，可参考下列实例。

```
1  #
2  # 实例ch12_2
3  #
4  ch12_2 <- function( deg, unitPrice = 50 )
5▾ {
6      net.price <- deg * unitPrice          #计算电费
7      if ( deg > 200 ) net.price <- net.price * 1.15 #如果使用超过200度电费加收15%
8      round(net.price)                      #电费取整数
9  }
```

执行结果

```
> source('~/Rbook/ch12/ch12_2.R')
> ch12_2(150)
[1] 7500
> ch12_2(deg = 250)
[1] 14375
>
```

有的程序设计师感觉上述程序的第7行写法使命令显得太长，也可以将它分成2行，如下列实例所示。

```
1   #
2   # 实例ch12_3
3   #
4   ch12_3 <- function( deg, unitPrice = 50 )
5▾  {
6       net.price <- deg * unitPrice         #计算电费
7       if ( deg > 200 )                     #如果使用超过200度
8           net.price <- net.price * 1.15    #电费加收15%
9       round(net.price)                     #电费取整数
10  }
```

执行结果

```
> source('~/Rbook/ch12/ch12_3.R')
> ch12_3(150)
[1] 7500
> ch12_3(deg = 250)
[1] 14375
>
```

12-1-2　if…else语句

if…else语句的基本格式如下所示。

```
if    ( 逻辑表达式 )
{
    系列运算命令A
      …
}
else
{
    系列运算命令B
      …
```

}

流程图如下图所示。

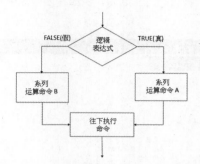

有时为了增加程序的可读性，而且笔者是使用Source编译整个文件，所以笔者会用下列格式，编写上述if语句。

```
if   ( 逻辑表达式 )
{
    系列运算命令 A
    …
}
else
{
    系列运算命令 B
    …
}
```

值得注意的是，如果是像前10章，使用直译器方式在Console窗口输入if语句，else不应该放在下一行的开始处，应该放在行的末端。因为当一个命令尚未结束时，若不将else放在前一行的末端，R语言直译器会认为前一行已经执行结束了。但是，在本书11章后的程序，由于是在Source窗口编辑程序代码的，整个if … else语句是在函数"{"和"}"之间编写的，之后再编译和执行，else就没有这个限制，可以放在新的一行，其实这样所编写的程序是比较容易阅读的。

对于上述的逻辑表达式，读者也可以将它想成是条件表达式，如果是TRUE，则执行大括号内的运算命令A，否则执行else后大括号内的运算命令B。如果运算命令只有1行，则也可省略大括号，此时if语句的格式如下所示。

```
if   ( 逻辑表达式 )   运算命令 A   else
    运算命令 B
或
if   ( 逻辑表达式 )
    运算命令 A   else
    运算命令 B
```

有时为了增加程序可读性，笔者会用下列格式，撰写上述if语句，这样的程序比较容易阅读。

```
if   ( 逻辑表达式 )
    运算命令 A
else
```

运算命令B

再强调一次，else只有在"{"和"}"之间，例如在函数内的程序片段时，才可位于程序行的起始位置。

实例ch12_4：延续实例ch12_1.R，但条件改为，如果用电度数在100度（含）以下，则电费享受八五折，在100度以上，电费增加15%。

```
1   #
2   # 实例ch12_4
3   #
4   ch12_4 <- function( deg, unitPrice = 50 )
5 - {
6       net.price <- deg * unitPrice        #计算电费
7       if ( deg > 100 )                    #如果使用超过100度
8         net.price <- net.price * 1.15     #电费加收15%
9       else
10        net.price <- net.price * 0.85     #电费减免15%
11      round(net.price)                    #电费取整数
12  }
```

执行结果

```
> source('~/Rbook/ch12/ch12_4.R')
> ch12_4(deg = 80)
[1] 3400
> ch12_4(deg = 200)
[1] 11500
>
```

在上述实例中，如果电费在100度以上，则执行第8行命令加收15%的电费，否则执行第10行命令减少15%的电费。

12-1-3　if语句也可有返回值

R语言与其他高级语言不同，它的if语句类似函数也可以有返回值，然后我们可以将这个返回值赋给一个变量使用，可参考实例ch12_5。也可以将这个if语句直接应用在表达式中，可参考实例ch12_6。

实例ch12_5：这个程序主要是重新设计实例ch12_4，但本程序会使电费的调整比例利用if语句产生，最后再重新计算电费。

```
1   #
2   # 实例ch12_5
3   #
4   ch12_5 <- function( deg, unitPrice = 50 )
5 - {
6       net.price <- deg * unitPrice                      #计算基本电费
7       adjustment <- if ( deg > 100 ) 1.15 else 0.85     #计算调整比例
8       total.price <- net.price * adjustment             #重新计算电费
9       round(total.price)                                #电费取整数
10  }
```

执行结果

```
> source('~/Rbook/ch12/ch12_5.R')
> ch12_5(deg = 80)
[1] 3400
> ch12_5(deg = 200)
[1] 11500
>
```

R语言也支持将if语句直接应用在表达式中，有的R语言程序设计师在设计程序时为追求精简的程序代码，会将第7至8行缩成1行，可参考下列实例。

```
1  #
2  # 实例ch12_6
3  #
4  ch12_6 <- function( deg, unitPrice = 50 )
5▾ {
6      net.price <- deg * unitPrice              #计算电费
7      total.price <- net.price * if ( deg > 100 ) 1.15 else 0.85
8      round(total.price)                        #电费取整数
9  }
```

执行结果

```
> source('~/Rbook/ch12/ch12_6.R')
> ch12_6(deg = 80)
[1] 3400
> ch12_6(deg = 200)
[1] 11500
>
```

12-1-4 if … else if … else if …else

使用if语句时，可能会碰上需要多重判断的情况，此时可以使用这个语句。它的使用格式如下所示。

```
if （ 逻辑表达式A ） {
    系列运算命令A
    …
} else if （ 逻辑表达式B ） {
    系列运算命令B
    …
} else if （ 逻辑表达式n ） {
    系列运算命令n
    …
} else {
    系列其他运算命令
    …

}
```

实例ch12_7：假设1度电费是50元，为了鼓励节约能源，如果一个月用电超过120度，电费将加收总价的15％。如果一个月用电小于80度，则电费可以减免15％。

```
1  #
2  # 实例ch12_7
3  #
4  ch12_7 <- function( n )
5▾ {
6      p_sum <- 0
7      for ( i in state.x77[, "Population"])
8          p_sum <- p_sum + i
9      print(p_sum)
10 }
```

执行结果

```
> source('~/Rbook/ch12/ch12_7.R')
> ch12_7(deg = 70)
[1] 2975
> ch12_7(deg = 100)
[1] 5000
> ch12_7(deg = 150)
[1] 8625
>
```

12-1-5　嵌套式if语句

所谓的嵌套式if语句是指，if语句内也可以有其他的if语句，本小节将直接以实例作说明。

实例ch12_8：假设1度电费是50元，为了鼓励节约能源，如果一个月用电超过100度，电费将加收总价的15%。如果一个月用电小于（含）100度，则电费可以减免15%。同时如果一个家庭有贫困证明，同时用电度数小于100度，电费可以再减免3成。如果电费有小于1元的部分，则以四舍五入处理。

```
1   #
2   # 实例ch12_8
3   #
4   ch12_8 <- function( deg, poor = FALSE, unitPrice = 50 )
5   {
6      net.price <- deg * unitPrice          #计算电费
7      if ( deg > 100 )                       #如果使用超过100度
8        net.price <- net.price * 1.15        #电费加收15%
9      else {
10       net.price <- net.price * 0.85        #电费减免15%
11       if ( poor == TRUE)                    #检查是否有贫困证明
12         net.price = net.price * 0.7         #再减三成
13     }
14     round(net.price)                       #电费取整数
15  }
```

执行结果

```
> source('~/Rbook/ch12/ch12_8.R')
> ch12_8(deg = 80)
[1] 3400
> ch12_8(deg = 80, poor = TRUE)
[1] 2380
> ch12_8(deg = 200)
[1] 11500
> ch12_8(deg = 200, poor = TRUE)
[1] 11500
>
```

对上述实例而言，第7行至13行是外部if语句，第11行至12行是内部的if语句。另外需特别注意的是程序第11行，在逻辑表达式中，判断是否相等所用的符号是"=="。其实对实例ch11_8的第11行而言，我们也可以将逻辑表达式简化为如下形式。

```
if  ( poor )
```

因为poor的值是TRUE或FALSE，if可由poor判断是否执行第12行的内容。

实例ch12_9：优化实例ch12_8的设计。

```
1    #
2    # 实例ch12_9
3    #
4    ch12_9 <- function( deg, poor = FALSE, unitPrice = 50 )
5 ▾  {
6        net.price <- deg * unitPrice          #计算电费
7        if ( deg > 100 )                      #如果使用超过100度
8            net.price <- net.price * 1.15     #电费加收15%
9 ▾      else {
10           net.price <- net.price * 0.85     #电费减免15%
11           if ( poor )                       #检查是否有贫困证明
12               net.price = net.price * 0.7   #再减三成
13       }
14       round(net.price)                      #电费取整数
15   }
```

执行结果

```
> source('~/Rbook/ch12/ch12_9.R')
> ch12_9(deg = 80)
[1] 3400
> ch12_9(deg = 80, poor = TRUE)
[1] 2380
>
```

12-2 递归式函数的设计

如果一个函数可以调用自己，这个函数被称为递归式函数。R语言也可支持函数自己调用自己。递归式函数的调用具有下列特性：

● 递归式函数每次调用自己时，都会使问题越来越小。
● 必须有一个终止条件来结束递归函数的运行。

递归函数可以使程序变得很简洁，但是很容易掉入无限循环的陷阱，所以设计这类函数时，一定要特别小心。

实例ch12_10：使用递归式函数设计阶乘函数的设计实例。

```
1    #
2    # 实例ch12_10
3    #
4    ch12_10 <- function(x)
5 ▾  {
6        if (x == 0)                    #终止条件
7            x_sum = 1
8        else
9            x_sum = x * ch12_10(x - 1)  #递归调用
10       return (x_sum)
11   }
```

执行结果

```
> source('~/Rbook/ch12/ch12_10.R')
> ch12_10(1)
[1] 1
> ch12_10(2)
[1] 2
> ch12_10(3)
[1] 6
> ch12_10(4)
[1] 24
>
```

注：其实R语言可用factorial( )函数完成上述工作。

上述ch12_10( )阶乘函数的终止条件为参数值为0，可由程序的第6行判断，然后使x_sum的值为1，再返回x_sum值。下列笔者以参数为3的情况为例解说该程序，此时程序第9行的内容如右图所示。

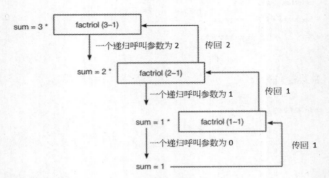

所以当参数为3时，结果值是6。

12-3 向量化的逻辑表达式

本书从第4章起，笔者就一直强调变量具有向量的特质，所以本章的12-1节所介绍的if … else语句如果无法表达向量化的特质，那么R语言的精神将逊色很多。

12-3-1　处理向量数据if … else的错误

假设我们用一个向量数据去执行ch12_8的程序，将会如何呢？执行结果如下所示。

```
> ch12_8(c(80, 200))
[1] 3400 8500
Warning message:
In if (deg > 100) net.price <- net.price * 1.15 else { :
    条件的长度 > 1, 因此只能用其第一元素
>
```

执行结果已经告诉我们结果的问题了，对于第1个数据，结果是对的，但对于第2个数据，正确结果应是11500，而不是8500。因为if语句只能处理1个数据，所以第2个数据并没有经过"if（deg > 100）"的比对，所以第2个数据获得了8500的错误结果。

12-3-2　ifelse( )函数

这是一个可以处理向量数据的函数，其基本使用格式如下所示。

```
ifelse ( 逻辑判断,   TRUE 表达式,   FALSE 表达式 )
```

如果逻辑判断是TRUE，则执行TRUE表达式。

如果逻辑判断是FALSE，则执行FALSE表达式。

下列是用Console窗口测试的实例。

```
> ifelse ( c(1, 5) > 3, 10, 1)
[1]  1 10
>
```

上述实例主要是判断向量的元素值是否大于3，如果是则返回10，否则返回1。

实例ch12_11：使用ifelse () 函数重新设计实例ch12_4，如果用电度数在100度（含）以下，则电费享受八五折，如果用电度数在100度以上，电费增加15%。

```
1   #
2   # 实例ch12_11
3   #
4   ch12_11 <- function( deg, unitPrice = 50 )
5 ▾ {
6       net.price <- deg * unitPrice          #计算电费
7       net.price = net.price * ifelse(( deg > 100 ), 1.15, 0.85 )
8       round(net.price)                      #电费取整数
9   }
```

执行结果

```
> source('~/Rbook/ch12/ch12_11.R')
> ch12_11(c(80, 200))
[1]  3400 11500
>
```

实例ch12_12：用ifelse()函数 ，重新设计ch12_8。

```
1   #
2   # 实例ch12_12
3   #
4   ch12_12 <- function( deg, poor = FALSE, unitPrice = 50 )
5 ▾ {
6       net.price <- deg * unitPrice          #计算电费
7       net.price <- net.price * ifelse (deg > 100, 1.15, 0.85)
8       net.price <- net.price * ifelse (deg <= 100 & poor, 0.7, 1)
9       round(net.price)                      #电费取整数
10  }
```

执行结果

```
> source('~/Rbook/ch12/ch12_12.R')
> deginfo <- c(80, 80, 200, 200)
> poorinfo <- c(TRUE, FALSE, TRUE, FALSE)
> ch12_12(deginfo, poorinfo)
[1]  2380  3400 11500 11500
>
```

在上述执行结果中，我们传递了两个向量，分别是用电度数和是否贫困。其实也可以将用电度数和是否贫困处理成数据框，然后在调用ch12_12( )函数时，传递数据框。可参考右侧执行结果。

```
> testinfo <- data.frame(deginfo, poorinfo)
> with(testinfo, ch12_12(deginfo, poorinfo))
[1]  2380  3400 11500 11500
>
```

12-4 switch语句

在介绍本节前，笔者先强调，switch语句无法处理向量数据。

在12-1-4节的if … elseif语句是用于多重判断条件的，对于这类问题，有时也可以使用switch语句取代。它的使用格式如下所示。

```
switch(判断运算， 表达式1， 表达式2， … )
```

判断运算的最终值可能是数字或文字，如果最终值是1则执行表达式1，如果最终值是2则执行表达式2，其他以此类推。如果最终值是文字，则执行相对应的表达式。

实例ch12_13：以switch语句重新设计ch12_7。

```
1   #
2   # 实例ch12_13
3   #
4   ch12_13 <- function( deg, unitPrice = 50 )
5 ▾ {
6     if (deg > 120) index <- 1
7     if (deg <= 120 & deg >= 80) index <- 2
8     if (deg < 80)  index <- 3
9     switch (index,
10      net.price <- deg * unitPrice * 1.15,     #电费加收15%
11      net.price <- deg * unitPrice,            #正常收费
12      net.price <- deg * unitPrice * 0.85)     #电费减免15%
13    round(net.price)                           #电费取整数
14  }
```

执行结果

```
> source('~/Rbook/ch12/ch12_13.R')
> ch12_13(deg = 70)
[1] 2975
> ch12_13(deg = 100)
[1] 5000
> ch12_13(deg = 150)
[1] 8625
>
```

实例ch12_14：依据输入的字符串做适当响应，输入"iphone"则返回"Apple"，输入"TV"则返回"Sony"，输入"PC"则返回"Dell"。

```
1   #
2   # 实例ch12_14
3   #
4   ch12_14 <- function( type )
5 ▾ {
6     switch (type, iphone = "Apple",
7             TV = "Sony",
8             PC = "Dell")
9   }
```

执行结果

```
> source('~/Rbook/ch12/ch12_14.R')
> ch12_14("TV")
[1] "Sony"
> ch12_14("iphone")
[1] "Apple"
> ch12_14("PC")
[1] "Dell"
>
```

对上述实例而言，如果输入非switch( )内的字符串，将看不到任何返回结果，如下所示。

```
> ch12_14("Radio")
>
```

switch( )可以接受默认值，只要将其放在参数末端，然后拿掉判断值即可。

实例ch12_15：修改ch12_14，如果非Switch()内的其他字符串，则输出"Input Error!"。

```
 1  #
 2  # 实例ch12_15
 3  #
 4  ch12_15 <- function( type )
 5 ┐{
 6    switch (type, iphone = "Apple",
 7           TV = "Sony",
 8           PC = "Dell",
 9           "Input Error!")
10  }
```

执行结果

```
> source('~/Rbook/ch12/ch12_15.R')
> ch12_15("TV")
[1] "Sony"
> ch12_15("Radio")
[1] "Input Error!"
>
```

12-5 for循环

for循环可用于向量的对象操作，它的使用格式如下所示。

```
for ( 循环索引 in 区间 ) 单一运算命令
```

如果是有多个运算命令，则使用格式如下。

```
for ( 循环索引 in 区间 )  {
   系列运算命令
   ......
}
```

```
1   #
2   # 实例ch12_16
3   #
4   ch12_16 <- function( n )
5 ▾ {
6     sumx <- 0
7     for ( i in n) sumx <- sumx + i
8     print(sumx)
9   }
```

执行结果

```
> source('~/Rbook/ch12/ch12_16.R')
> ch12_16(1:10)
[1] 55
> ch12_16(1:100)
[1] 5050
>
```

注：其实R语言可用sum(1:10)或sum(1:100)完成上述工作。

```
1    #
2    # 实例ch12_17
3    #
4    ch12_17 <- function( n )
5 ▾  {
6      counter <- 0
7      for ( i in n)
8 ▾    {
9        if ( i == "North Central")
10           counter <- counter + 1
11     }
12     print(counter)
13   }
```

执行结果

```
> source('~/Rbook/ch12/ch12_17.R')
> ch12_17(state.region)
[1] 12
>
```

对于实例12_17而言，它会对state.region内美国50个州是否属于"North Central"进行判断，如果属于"North Central"则加1。接着笔者要介绍另一个数据集state.x77，这个数据集是一个矩阵，数据如下所示。

```
> state.x77
            Population Income Illiteracy Life Exp Murder HS Grad Frost   Area
Alabama           3615   3624        2.1    69.05   15.1    41.3    20  50708
Alaska             365   6315        1.5    69.31   11.3    66.7   152 566432
Arizona           2212   4530        1.8    70.55    7.8    58.1    15 113417
Arkansas          2110   3378        1.9    70.66   10.1    39.9    65  51945
California       21198   5114        1.1    71.71   10.3    62.6    20 156361
Colorado          2541   4884        0.7    72.06    6.8    63.9   166 103766
```

如果继续滚动异常，可以看到更多数据，其中第1列是Population(人口数)，单位是千人。下列代码是试着了解更多数据结构的信息。

```
> str(state.x77)
 num [1:50, 1:8] 3615 365 2212 2110 21198 ...
 - attr(*, "dimnames")=List of 2
  ..$ : chr [1:50] "Alabama" "Alaska" "Arizona" "Arkansas" ...
  ..$ : chr [1:8] "Population" "Income" "Illiteracy" "Life Exp" ...
>
```

实例ch12_18：计算系统内建数据集state.x77中的美国总人口数。

```
1  #
2  # 实例ch12_18
3  #
4  ch12_18 <- function( n )
5▾ {
6    p_sum <- 0
7    for ( i in state.x77[, "Population"])
8      p_sum <- p_sum + i
9    print(p_sum)
10 }
```

执行结果

```
> source('~/Rbook/ch12/ch12_18.R')
> ch12_18(state.x77[, "Population"])
[1] 212321
>
```

接下来我们将介绍一个使用for循环的程序实例，可用于计算向量数据的电费计算。

实例ch12_19：假设某电力公司收费标准是每度50元，当用电使用数超过150度时，可打八折。此外，电费也会因使用单位不同而做调整：如果使用单位是政府机关收费可打八折，如果是公司账号电费需加收二成，如果是一般家庭则收费标准不变。

```
1  #
2  # 实例ch12_19
3  #
4  ch12_19 <- function( deg, customer, unitPrice = 50 )
5▾ {
6    listprice <- deg * unitPrice *
7      ifelse (deg > 150, 0.8, 1)          #原始电费
8    adj <- numeric(0)
9▾   for ( i in customer) {
10     adj <- c(adj, switch(i, goverment = 0.8, company = 1.2, 1))
11   }
12   finalprice <- listprice * adj          #最终电费
13   round(finalprice)                      #电费取整数
14 }
```

执行结果

```
> source('~/Rbook/ch12/ch12_19.R')
> deginfo
[1]  80  80 200 200
> custinfo
[1] "goverment" "company"   "company"   "family"
> ch12_19(deginfo, custinfo)
[1] 3200 4800 9600 8000
>
```

上述程序的第6行和第7行主要是计算原始电费，ifelse可判断原始电费是否需要打折。程序第8行是建立长度为0的数值向量adj，这个adj数值向量将用来放置电费最后的调整数。程序第9行至11行是将customer内的值，经switch判断确定电费最后的调整数，同时每一个循环都会将执行结果放在adj数值向量的末端。上述程序执行前，笔者先建立了deginfo向量和custinfo向量，最后可以得到上述执行结果。

相同的程序也可以用不一样的思维方式处理，可参考下列实例。

实例ch12_20：使用不一样的方式重新设计ch12_19。

```
1   #
2   # 实例ch12_20
3   #
4   ch12_20 <- function( deg, customer, unitPrice = 50 )
5 ▾ {
6      listprice <- deg * unitPrice *
7        ifelse (deg > 150, 0.8, 1)          #原始电费
8      num.customer <- length(customer)
9      adj <- numeric(num.customer)
10 ▾   for ( i in seq_along(customer)) {
11       adj[i] <- switch(customer[i], goverment = 0.8, company = 1.2, 1)
12     }
13     finalprice <- listprice * adj        #最终电费
14     round(finalprice)                    #电费取整数
15  }
```

执行结果

```
> source('~/Rbook/ch12/ch12_20.R')
> ch12_20(deginfo, custinfo)
[1] 3200 4800 9600 8000
>
```

上述程序的执行结果与实例ch12_19相同，程序的第8行是先计算customer的长度，程序第9行是建立放置电费的最后调整数的数值向量adj，此adj数值向量的长度为customer长度。seq_along( )函数会依索引顺序，对customer的数据进行操作。所以最后电费的调整数，会依索引顺序被存入adj数值向量内。

12-6 while循环

While循环使用格式如下。

```
while ( 逻辑表达式 )
{
   系列运算命令
   ......
}
```

如果逻辑表达式是TRUE，循环将持续执行，直到逻辑表达式为FALSE。

```
1   #
2   # 实例ch12_21
3   #
4   ch12_21 <- function(x)
5   {
6     sumx <- 0
7     while ( x >= 0 )
8     {
9       sumx <- sumx + x
10      x <- x - 1
11    }
12      return (sumx)
13  }
```

执行结果

```
> source('~/Rbook/ch12/ch12_21.R')
> ch12_21(10)
[1] 55
> ch12_21(100)
[1] 5050
>
```

12-7 repeat循环

repeat循环使用格式如下所示。

```
repeat
{
    单一或系列运算命令
    if ( 逻辑表达式 ) break
    其他运算命令
}
```

若是if的逻辑表达式为TRUE，则执行break，跳出repeat循环。

实例 ch12_22：使用 repeat 循环计算 1 到 n 的总和。

```
1   #
2   # 实例ch12_22
3   #
4   ch12_22 <- function(x)
5   {
6     sumx <- 0
7     repeat
8     {
9       sumx <- sumx + x
10      if ( x == 0) break
11      x <- x - 1
12    }
13      return (sumx)
14  }
```

执行结果

```
> source('~/Rbook/ch12/ch12_22.R')
> ch12_22(10)
[1] 55
> ch12_22(100)
[1] 5050
>
```

12-8 再谈break语句

前一小节我们已讨论break语句可和repeat循环配合使用，如此可以跳出循环。其实，break也可以与for循环或while循环配合使用。在这些循环内，当执行break时，可立即跳出循环。

实例ch12_23：使用while循环，配合break语句，计算0至n-1的总和。

```
1   #
2   # 实例ch12_23
3   #
4   ch12_23 <- function(x)
5 ▾ {
6     sumx <- 0
7     i <- 0
8     while ( i <= x )
9 ▾   {
10      if ( i == x ) break
11      sumx <- sumx + i
12      i <- i + 1
13    }
14      return (sumx)
15  }
```

执行结果

```
> source('~/Rbook/ch12/ch12_23.R')
> ch12_23(10)
[1] 45
> ch12_23(100)
[1] 4950
>
```

实例ch12_24：计算1到n的总和，但总和不可以超出3000。

```
1   #
2   # 实例ch12_24
3   #
4   ch12_24 <- function( n )
5 ▾ {
6     sumx <- 0
7     for ( i in n)
8 ▾   {
9       if ( sumx + i > 3000 ) break
10      sumx <- sumx + i
11    }
12    print(sumx)
13  }
```

执行结果

```
> source('~/Rbook/ch12/ch12_24.R')
> ch12_24(1:50)
[1] 1275
> ch12_24(1:100)
[1] 2926
>
```

由上述执行结果可知，若是输入"1:50"，由于总和没有超出3000所以可以正常显示。如果输入"1:100"，由于计算到72时，总和是2926，如果计算到73将超出3000范围，所以程序直接执行第9行的break语句，跳出第7行至11行的循环。

12-9 next语句

next语句和break语句一样，需与if语句，也就是逻辑表达式配合使用，但是next语句会跳过目前这次循环的剩下的命令，直接进入下一个循环。

实例ch12_25：计算1到n之间的偶数的总和。

```
1   #
2   # 实例ch12_25
3   #
4   ch12_25 <- function( n )
5 ▾ {
6     sumx <- 0
7     for ( i in n)
8 ▾   {
9       if ( i %% 2 != 0) next
10      sumx <- sumx + i
11    }
12    print(sumx)
13  }
```

执行结果

```
> source('~/Rbook/ch12/ch12_25.R')
> ch12_25(1:10)
[1] 30
> ch12_25(1:100)
[1] 2550
>
```

上述程序的关键在于第9行，判断i是否为偶数，如果非偶数，则不往下执行而是跳到下一个循环。

注：其实R语言可用下列命令完成上述ch12_25(1:100)工作。

```
> n <- 1:100
> sum(n[n %% 2 == 0])
[1] 2550
>
```

一. 判断题

( ) 1. 下列是程序片段A。

```
if ( deg > 200 ) {
  net.price <- net.price * 1.15
}
```

下列是程序片段B。

```
if ( deg > 200 ) net.price <- net.price * 1.15
```

上述两个片段其实是做同样工作的。

( ) 2. 有一个流程控制片段如下所示。

```
if ( 逻辑表达式 ) {
    系列运算命令 A
    ....
} else {
    系列运算命令 B
    ....
}
```

如果逻辑表达式是FALSE，则会执行系列运算命令A。

( ) 3. 以下是一个电力公司收取电费标准的程序设计，请问以下设计是否对用电量少的居民较有利？

```
1  efee <- function( deg, unitPrice = 50 )
2  {
3      net.price <- deg * unitPrice
4      if ( deg > 100 )
5        net.price <- net.price * 1.15
6      else
7        net.price <- net.price * 0.85
8      round(net.price)
9  }
```

( ) 4. 以下是一个电力公司收取电费标准的程序设计，请问以下设计是否对用电量大的居民较有利？

```
1  effe <- function( deg, unitPrice = 50 )
2  {
3      net.price <- deg * unitPrice
4      adjustment <- if ( deg > 100 ) 1.15 else 0.85
5      total.price <- net.price * adjustment
6      round(total.price)
7  }
```

( ) 5. 递归式函数有一个很大的特点是，每次调用自己时，都会使问题越来越小。

( ) 6. ifelse( )函数最大的缺点是无法处理向量数据。

( ) 7. switch语句无法处理向量数据。

( ) 8. 有如下命令。

```
> ifelse(x >= 1, 2, 3)
```

若x=1，则返回结果为3。

二. 单选题

(   ) 1. 以下哪个不是R语言中的循环？

                A. for   B. until   C. repeat   D. while

(   ) 2. 以下R命令中，哪个结果必定为3？

        A. ifelse(x >= 3, 2, 3)   B. ifelse(2 >= 3, 2, 3)

        C. ifelse(3 >= 3, 2, 3)   D. ifelse(y >= 3, 2, 3)

(   ) 3. 有如下程序。

```
1    x <- 5
2    y <- if (x < 3){
3      NA
4    } else {
5      5
6    }
7    print(y)
```

上述程序执行后，执行结果是以下哪个？

        A. [1] NA   B. [1] 5   C. [1] 3   D. [1] 10

(   ) 4. 执行以下程序代码。

```
> a <- 1:5
> b <- 5:1
> d <- if (a < b) a else b
```

        A. 系统出现error。

        B. 该程序代码成功执行，d的值为[1, 2, 3, 4, 5]。

        C. 该程序代码成功执行，d的值为[1, 2, 3, 4, 5]，但系统会出现warning。

        D. 该程序代码成功执行，d的值为[1, 2, 3, 2, 1]。

(   ) 5. 执行以下程序代码。

```
> a <- 1:5
> b <- 5:1
> d <- ifelse( a < b, a, b)
```

        A. 系统出现error。

        B. 该程序代码成功执行，d的值为[1, 2, 3, 4, 5]。

        C. 该程序代码成功执行，d的值为[1, 2, 3, 4, 5]，但系统会出现warning。

        D. 该程序代码成功执行，d的值为[1, 2, 3, 2, 1]。

(   ) 6. 有以下程序代码。

```
> a <- c(0.9, 0.5, 0.7, 1.1)
> b <- c(1.2, 1.2, 0.6, 1.0)
```

c由a, b两个向量当中较大的元素构成，如下所示。

```
> c
[1] 1.2 1.2 0.7 1.1
```

以下哪条命令可以用来生成c？

        A. c <- if(a > b) a else b   B. c <- pmax(a, b)

        C. if(a > b) c <- a else c <- b   D. c <- max(a, b)

(   ) 7. 有如下函数。

```
1    totalprice <- function( deg, unitPrice = 50 )
2    {
3      net.price <- deg * unitPrice
4      tp <- net.price * if ( deg > 100 ) 1.15 else 0.85
5      round(tp)
6    }
```

如果输入下列命令，结果为以下哪个？

```
> totalprice(200)
```

   A. 程序错   B. [1] 8500   C. [1] 10000   D. [1] 11500

(   ) 8. 有如下函数。

```
1  ex <- function(x)
2 ▾ {
3      if (x == 0)
4        x_sum = 1
5      else
6        x_sum = x * ex(x - 1)
7        return (x_sum)
8  }
```

如果输入下列指令，结果为哪个？

```
> ex(5)
```

   A. 程序错误   B. [1] 6   C. [1] 24   D. [1] 120

(   ) 9. 有如下命令，执行结果为以下哪个？

```
> ifelse ( c(100, 1, 50) > 50, 1, 2)
```

   A. [1] 1 1 2   B. [1] 1 2 2   C. [1] 2 2 1   D. [1] 1 1 1

三. 多选题

(   ) 1. 有如下函数。

```
1  ex <- function( deg, unitPrice = 50 )
2 ▾ {
3      np <- deg * unitPrice
4      np = np * ifelse(( deg > 100 ), 1.1, 0.9 )
5      round(np)
6  }
```

下列哪些是正确的执行结果？(选择3项)

   A. > ex(50)   B. > ex(100)   C. > ex(200)
     [1] 2250   [1] 4500   [1] 11000
   D. > ex(300)   E. > ex(60)
     [1] 18000   [1] 2400

四. 实际操作题(如果题目有描述不详细时，请自行假设条件)

1. 不得使用R语言内建的函数，请设计下列函数。

mymax( )： 求最大值

```
> source('~/Documents/Rbook/ex/ex12_1_1.R')
> mymax(x)
[1] 9
```

mymin( )： 求最小值

```
> source('~/Documents/Rbook/ex/ex12_1_2.R')
> mymin(x)
[1] -1
```

myave( )： 求平均值

```
> source('~/Documents/Rbook/ex/ex12_1_3.R')
> myave(x)
[1] 3
```

mysort( )： 执行排序

```
> source('~/Documents/Rbook/ex/ex12_1_4.R')
> mysort(x)
[1] -1  0  2  5  9
```

如果输入的是非数值向量，则输出"输入错误，请输入数值向量"。

2. 请设计一个计算电价的程序，收费规则如下所示：

a. 每度100元。

b. 超过300度打八折（">300"）。

c. 超过100度但小于等于300度打九折（">100"和"<=300"）。

d. 政府机构在上述计算完后再打七折。

e. 有贫困证明，按上述计算完再打五折。

请至少输入考虑所有状况的12个数据做测试。

```
> source('~/Documents/Rbook/ex/ex12_2.R')
> ex12_2(400)
[1] 32000
> ex12_2(200)
[1] 18000
> ex12_2(80)
[1] 8000
> ex12_2(400, gov=TRUE, poor=TRUE)
[1] 11200
> ex12_2(200, gov=TRUE, poor=TRUE)
[1] 6300
> ex12_2(80, gov=TRUE, poor=TRUE)
[1] 2800
> ex12_2(400, gov=FALSE, poor=TRUE)
[1] 16000
> ex12_2(200, gov=FALSE, poor=TRUE)
[1] 9000
> ex12_2(80, gov=FALSE, poor=TRUE)
[1] 4000
> ex12_2(400, gov=TRUE, poor=FALSE)
[1] 22400
> ex12_2(200, gov=TRUE, poor=FALSE)
[1] 12600
> ex12_2(80, gov=TRUE, poor=FALSE)
[1] 5600
```

3. 重新设计实例ch12_17，计算系统内建数据集state.region(第6章6-9节曾介绍此数据集)，每一区各有多少个州。

```
> source('~/Documents/Rbook/ex/ex12_3.R')
> names(countreg)<-levels(state.region)
> countreg
     Northeast       South North Central          West
             9          16            12            13
```

4. 使用state.x77数据集，配合state.region数据集，编写程序计算美国4大区的以下数据。

a. 各区人口数。

b. 各区面积。

c. 平均收入。

```
> source('~/Documents/Rbook/ex/ex12_4.R')
              sumpop sumarea mean.income
Northeast      49456  163269    4570.222
South          67330  873682    4011.938
North Central  57636  751824    4611.083
West           37899 1748019    4702.615
```

第13章 认识apply家族

　　R语言提供了一个循环系统称apply家族，它具有类似for循环的功能，但是若想处理相同问题，apply家族函数好用太多了，这也是本章的重点。

13-1 apply( )函数

　　apply( )函数主要功能是将所设定的函数应用到指定对象的每一行或列。它的基本使用格式如下：

```
apply( x, MARGIN, FUN, … )
```

◀ x：要处理的对象，可以是矩阵、N维数组、数据框。
◀ MARGIN：如果是矩阵则值为1或2，1代表每一行，2代表每一列。
◀ FUN：要使用的函数。
◀ …：FUN函数所需的额外参数。

```
 1   #
 2   # 实例ch13_1
 3   #
 4   ch13_1 <- function( )
 5 ▾ {
 6     an_info <- matrix(c(8, 9, 6, 5, 7, 2, 10, 6, 8), ncol = 3)
 7     colnames(an_info) <- c("Tiger", "Lion", "Leopard")
 8     rownames(an_info) <- c("Day 1", "Day 2", "Day 3")
 9     print(an_info)                    #打印3天动物观察数据
10     apply(an_info, 2, max)            #列出各动物最大出现次数
11   }
```

执行结果

```
> source('~/Rbook/ch13/ch13_1.R')
> ch13_1( )
      Tiger Lion Leopard
Day 1     8    5      10
Day 2     9    7       6
Day 3     6    2       8
  Tiger    Lion Leopard
      9       7      10
>
```

在上述程序的第9行，笔者列出矩阵形式的观察数据。第10行则是列出各动物的最大出现次数。对上述实例而言，当然你可以使用for循环计算，但是看完上述程序，你会发现R语言真是好用太多了，居然只要第10行调用1个函数就完工了，apply( )函数中第1个参数是an_info代表使用这个对象，第2个参数传递的是2，代表处理的是列数据，第3个参数是max，表示使用求最大值函数。

对上述实例而言，如果第2天没有看到狮子，这个位置填入NA，那么结果会如何呢？

```
 1   #
 2   # 实例ch13_2
 3   #
 4   ch13_2 <- function( )
 5 ▾ {
 6     an_info <- matrix(c(8, NA, 6, 5, 7, 2, 10, 6, 8), ncol = 3)
 7     colnames(an_info) <- c("Tiger", "Lion", "Leopard")
 8     rownames(an_info) <- c("Day 1", "Day 2", "Day 3")
 9     print(an_info)                    #打印3天动物观察数据
10     apply(an_info, 2, max)            #列出各动物最大出现次数
11   }
```

执行结果

```
> source('~/Rbook/ch13/ch13_2.R')
> ch13_2( )
      Tiger Lion Leopard
Day 1     8    5      10
Day 2    NA    7       6
Day 3     6    2       8
  Tiger    Lion Leopard
     NA       7      10
>
```

在执行结果中Tiger出现的最高次数为NA，其实这不是我们想要的。为了要解决这个问题，

我们可以增加apply( )内max函数的参数na.rm，可参考下列实例。

```
1   #
2   # 实例ch13_3
3   #
4   ch13_3 <- function( )
5   {
6     an_info <- matrix(c(8, NA, 6, 5, 7, 2, 10, 6, 8), ncol = 3)
7     colnames(an_info) <- c("Tiger", "Lion", "Leopard")
8     rownames(an_info) <- c("Day 1", "Day 2", "Day 3")
9     print(an_info)                          #打印3天动物观察数据
10    apply(an_info, 2, max, na.rm = TRUE)    #列出各动物最大出现次数
11  }
```

执行结果

```
> source('~/Rbook/ch13/ch13_3.R')
> ch13_3( )
      Tiger Lion Leopard
Day 1     8    5      10
Day 2    NA    7       6
Day 3     6    2       8
  Tiger    Lion Leopard
      8       7      10
>
```

在上述执行结果中，Tiger出现8次取代原先的NA，表示程序执行成功了。

13-2 sapply( )函数

apply( )函数尽管好用，但主要是用在矩阵、N维数组、数据框，若是面对向量、列表呢？此时可以使用本节将介绍的sapply( )(注：数据框数据也可用本节所述的函数处理)，此函数开头的s，是simplify的缩写，表示会对执行结果的对象进行简化。sapply( )函数的使用格式如下所示。

```
sapply( x, FUN, … )
```

◀ x：要处理的对象，可以是向量、数据框和列表。
◀ FUN：要使用的函数。
◀ …：FUN函数所需的额外参数。

上一章所介绍的switch函数是无法处理向量数据的，但是与sapply( )函数配合使用，却可以让程序有一个很好的使用结果。

```
1   #
2   # 实例ch13_4
3   #
4   ch13_4 <- function( deg, customer, unitPrice = 50 )
5 ▾ {
6       listprice <- deg * unitPrice *
7           ifelse (deg > 150, 0.8, 1)              #原始电费
8       adj <- sapply(customer, switch, goverment = 0.8, company = 1.2, 1)
9       finalprice <- listprice * adj      #最终电费
10      round(finalprice)                  #电费取整数
11  }
```

执行结果

```
> source('~/Rbook/ch13/ch13_4.R')
> ch13_4(deginfo, custinfo)
goverment    company    company    family
     3200       4800       9600      8000
>
```

注：**想要正确处理上述执行结果，你的RStudio窗口的Workspace需有前一章实例ch12_12和ch12_19执行时所建的deginfo和custinfo对象。**

在原先实例ch12_19中，我们使用了一个for循环，我们在这个实例只使用1行程序代码就获得了想要的结果，当然前提是你需要充分了解sapply( )函数。

如之前提到的，sapply( )函数也可以用于数据框和列表。对于向量数据，如果我们想要知道数据类型，那么我们可以使用class( )函数，如右图所示。

```
> class(deginfo)
[1] "numeric"
> class(custinfo)
[1] "character"
>
```

但如果是数据框，想一次获得所有数据的数据模型，那么可以使用sapply( )和class( )函数，如下所示。

```
> sapply(mit.info, class)                #第7章所建的第1个数据框
  mit.Name mit.Gender mit.Height
  "factor"    "factor"   "numeric"
> sapply(testinfo, class)                #第12章所建的数据框
  deginfo  poorinfo
"numeric" "logical"
>
```

如之前介绍的，sapply( )函数的开头字母s是simplify的缩写，所以这个函数所返回的数据，必要时皆会被简化。简化原则如下：

● 如果处理完列表、数据框或向量后，返回是一个数字，则返回结果会被简化为向量。
● 如果处理完列表、数据框后，返回的向量有相同的长度，则返回结果会被简化为矩阵。
● 如果是其他状况则返回是列表。

在数据处理过程中，如果希望返回的值均是该变量的唯一值，可以配合unique( )函数使用。右图是以test.info为对象(内容见第12章的实例ch12_12.R)，返回矩阵的实例。

```
> sapply(testinfo, unique)
     deginfo poorinfo
[1,]     80        1
[2,]    200        0
>
```

下列是以mit.info为对象(内容见第7章的实例ch7_1)，返回列表的实例。

```
> sapply(mit.info, unique)
$mit.Name
[1] Kevin  Peter  Frank  Maggie
Levels: Frank Kevin Maggie Peter

$mit.Gender
[1] M F
Levels: F M

$mit.Height
[1] 170 175 165 168

>
```

对于mit.info变量而言，mit.Name有4个数据，mit.Gender有2个数据，mit.Height有4个数据，无法简化，所以返回的是列表。

13-3 lapply( )函数

lapply( )函数的使用方法与sapply( )函数几乎相同，但是lapply( )函数的首字母l是list的缩写，表示lapply( )函数所传回的是列表。lapply( )函数的使用格式如下所示。

lapply(x, FUN, ⋯)

◀ x：可以是向量、数据框和列表。
◀ FUN：预计使用的函数。
◀ ⋯：FUN函数所需的额外参数。

例如，同样是testinfo对象，若转成使用lapply( )函数处理，可以得到列表结果。

```
> lapply(testinfo, unique)
$deginfo
[1]  80 200

$poorinfo
[1]  TRUE FALSE

>
```

不过对上述实例的testinfo对象而言，如果我们在sapply( )函数内增加参数"simplify"，同时将它设为FALSE，则会获得与lapply( )函数相同的返回结果，如右图所示。

```
> sapply(testinfo, unique, simplify = FALSE)
$deginfo
[1]  80 200

$poorinfo
[1]  TRUE FALSE

>
```

上述实例用了sapply( )函数，我们仍获得了与lapply( )函数相同的返回结果。同样，如果在sapply( )函数内再增加一个参数"USE.NAMES"，同时将它设为FALSE，也可以用sapply( )函数获得与lapply( )函数相同的返回结果。

13-4 tapply( )函数

tapply( )函数主要是用于一个因子或因子列表，执行指定的函数，最后获得汇总信息。
tapply( )函数的使用格式如下所示。

```
tapply( x, INDEX, FUN, … )
```

◀ x：是要处理的对象，通常是向量变量，也可是其他数据类型的数据。

◀ INDEX：因子(factor)或分类的字符串向量或因子列表。

◀ FUN：要使用的函数。

◀ …：FUN函数所需的额外参数。

下列是使用R语言内建的数据state.region(内容可参考第6章的6-9节)，计算美国4大区包含各州的数量。

```
> tapply(state.region, state.region, length)
    Northeast        South North Central         West
            9           16            12           13
>
```

实例ch13_5：使用R语言内建的数据state.x77和state.region，计算美国4大区各区百姓的平均收入。在这个实例中，state.x77的第2个字段是各州的平均收入。

```
> state.x77
           Population Income Illiteracy Life Exp Murder HS Grad Frost    Area
Alabama          3615   3624        2.1    69.05   15.1    41.3    20   50708
Alaska            365   6315        1.5    69.31   11.3    66.7   152  566432
Arizona          2212   4530        1.8    70.55    7.8    58.1    15  113417
Arkansas         2110   3378        1.9    70.66   10.1    39.9    65   51945
California      21198   5114        1.1    71.71   10.3    62.6    20  156361
```

下列是本程序实例的代码。

```
1  #
2  # 实例ch13_5
3  #
4  ch13_5 <- function( )
5  {
6
7    sstr <- as.character(state.region)   #转成字符串向量
8    vec.income <- state.x77[, 2]          #取得各州收入
9    names(vec.income) <- NULL             #删除各州收入向量名称
10   a.income <- tapply(vec.income, factor(sstr),
11       levels = c("Northeast", "South", "North Central",
12           "West")), mean)
13   return(a.income)
14 }
```

执行结果

```
> ch13_5( )
    Northeast        South North Central         West
     4570.222     4011.938      4611.083     4702.615
>
```

对这个实例而言，程序的第7行是将state.region对象由因子转成字符串向量，第8行是由数据state.x77取得各州收入，第9行是删除向量名称，第10行至第12行则是tapply( )函数的精华，这个函数会依levels的名称分类，计算各州收入数据，第12行的mean函数则表示取平均值。

如果上述实例是使用for循环或其他循环语句，需多花许多精力设计程序代码，学习至此，

相信读者一定会越来越喜欢R语言的强大功能了。以后当我们学得更多R语言的知识时，笔者将介绍更多这方面的应用。

13-5 iris鸢尾花数据集

iris中文是鸢尾花，这是系统内建的数据框数据集，内含150个记录，如下所示。

```
> str(iris)
'data.frame':   150 obs. of  5 variables:
 $ Sepal.Length: num  5.1 4.9 4.7 4.6 5 5.4 4.6 5 4.4 4.9 ...
 $ Sepal.Width : num  3.5 3 3.2 3.1 3.6 3.9 3.4 3.4 2.9 3.1 ...
 $ Petal.Length: num  1.4 1.4 1.3 1.5 1.4 1.7 1.4 1.5 1.4 1.5 ...
 $ Petal.Width : num  0.2 0.2 0.2 0.2 0.2 0.4 0.3 0.2 0.2 0.1 ...
 $ Species     : Factor w/ 3 levels "setosa","versicolor",..: 1 1 1 1 1 1 1 1 1 1 ...
>
```

下列是前6个记录。

```
> head(iris)
  Sepal.Length Sepal.Width Petal.Length Petal.Width Species
1          5.1         3.5          1.4         0.2  setosa
2          4.9         3.0          1.4         0.2  setosa
3          4.7         3.2          1.3         0.2  setosa
4          4.6         3.1          1.5         0.2  setosa
5          5.0         3.6          1.4         0.2  setosa
6          5.4         3.9          1.7         0.4  setosa
>
```

实例13_6：使用lapply( )函数列出iris数据集的元素类型。

```
> lapply(iris, class)
$Sepal.Length
[1] "numeric"

$Sepal.Width
[1] "numeric"

$Petal.Length
[1] "numeric"

$Petal.Width
[1] "numeric"

$Species
[1] "factor"

>
```

上述实例返回列表数据，由本章的13-2节可知sapply( )函数可以简化传回数据。

实例13_7：使用sapply( )函数列出iris数据集的元素类型。

```
> sapply(iris, class)
Sepal.Length  Sepal.Width Petal.Length  Petal.Width      Species
   "numeric"    "numeric"    "numeric"    "numeric"     "factor"
>
```

实例 ch13_8：计算每字段数据的平均值。

```
> sapply(iris, mean)
Sepal.Length  Sepal.Width Petal.Length  Petal.Width      Species
    5.843333     3.057333     3.758000     1.199333           NA
Warning message:
In mean.default(X[[i]], ...) :
  argument is not numeric or logical: returning NA
>
```

上述实例虽然计算出来各字段的平均值，但出现了Warning message，主要是因为"Species"字段内容是因子，不是数值，为了解决这个问题，可以在sapply( )函数内设计一个函数判别各字段数据是否是数值，如果不是则传回NA。

实例 ch13_9：改良实例 ch13_8，使这个实例将不会有 Warning message 信息。

```
> sapply(iris, function(y) ifelse (is.numeric(y), mean(y), NA))
Sepal.Length  Sepal.Width Petal.Length  Petal.Width      Species
    5.843333     3.057333     3.758000     1.199333           NA
>
```

请特别留意iris数据集的Species字段的数据是因子类型，所以可以使用tapply( )函数执行各类数据运算。

实例 ch13_10：计算鸢尾花花瓣长度的平均值。

```
> tapply(iris$Petal.Length, iris$Species, mean)
    setosa versicolor  virginica
     1.462      4.260      5.552
>
```

本章习题

一. 判断题

(   ) 1. 使用apply( )函数时，如果对象数据是矩阵，若第2个参数MARGIN值是2，则代表将计算每一个列的数据(column)。

(   ) 2. 使用apply( )函数时，如果对象数据是矩阵，若第2个参数MARGIN值是1，代表将计算每一行的数据(row)。

(   ) 3. 使用sapply( )函数后，所传回的数据是列表。

二. 单选题

(   ) 1. 使用apply( )函数时，若对象内含NA，应如何设定参数，才可以忽略此NA产生的影响?

    A. na.rm = TRUE   B. na.rm = FALSE

    C. is.na = TRUE   D. is.na = FALSE

(   ) 2. 下列哪一个函数主要是用于对一个因子或因子列表，执行指定的函数操作，最后获得汇总信息?

    A. apply( )   B. sapply( )   C. lapply( )   D. tapply( )

(   ) 3. 有如下函数。

```
1  ex <- function( )
2▾ {
3    an <- matrix(c(8, NA, 6, 5, 7, 2, 10, 6, 8), ncol = 3)
4    colnames(an) <- c("Tiger", "Lion", "Leopard")
5    rownames(an) <- c("Day 1", "Day 2", "Day 3")
6    print(an)
7    apply(an, 2, max, na.rm = TRUE)
8  }
```

上述函数被调用后，Tiger最大出现次数为下列哪个？

A. 10   B. NA   C. 8   D. 7

(   ) 4. 有如下函数。

```
1  ex <- function( )
2▾ {
3    an <- matrix(c(8, NA, 6, 5, 7, 2, 10, 6, 8), ncol = 3)
4    colnames(an) <- c("Tiger", "Lion", "Leopard")
5    rownames(an) <- c("Day 1", "Day 2", "Day 3")
6    print(an)
7    apply(an, 2, max, na.rm = TRUE)
8  }
```

上述函数被调用后，Lion的最大出现次数为下列哪个？

A. 10   B. NA   C. 8   D. 7

(   ) 5. 有如下函数。

```
1  ex <- function( )
2▾ {
3    an <- matrix(c(8, NA, 6, 5, 7, 2, 10, 6, 8), ncol = 3)
4    colnames(an) <- c("Tiger", "Lion", "Leopard")
5    rownames(an) <- c("Day 1", "Day 2", "Day 3")
6    print(an)
7    apply(an, 2, max)
8  }
```

上述函数被调用后，Tiger的最大出现次数为下列哪个？

A. 10   B. NA   C. 8   D. 7

(   ) 6. 有如下函数。

```
1  ex <- function( )
2▾ {
3    an <- matrix(c(8, NA, 6, 5, 7, 2, 10, 6, 8), ncol = 3)
4    colnames(an) <- c("Tiger", "Lion", "Leopard")
5    rownames(an) <- c("Day 1", "Day 2", "Day 3")
6    print(an)
7    apply(an, 2, max)
8  }
```

上述函数被调用后，Leopard的最大出现次数为何？

A. 10   B. NA   C. 8   D. 7

(   ) 7. 已知矩阵a的内容如下所示。

```
> a <- matrix(1:9, nrow = 3, byrow = TRUE)
> a
     [,1] [,2] [,3]
[1,]   1    2    3
[2,]   4    5    6
[3,]   7    8    9
```

若想要知道每一列数据的和，如下所示，则可以使用以下哪条命令？

```
[1] 12 15 18
```

A. apply(a, 1, sum) B. apply(a, 2, sum)

C. sum(a) D. sum(a[, 1:3])

( ) 8. 已知矩阵a的内容如下所示。

```
> a <- matrix(1:9, nrow = 3, byrow = TRUE)
> a
     [,1] [,2] [,3]
[1,]    1    2    3
[2,]    4    5    6
[3,]    7    8    9
```

若想要知道每一行数据的和，如下所示，可以使用以下哪条命令?

```
[1]  6 15 24
```

A. apply(a, 1, sum) B. apply(a, 2, sum)

C. sum(a) D. sum(a[, 1:3])

( ) 9. 参考下列data.frame。

```
> age <- c(26, 29, 29, 24, 25, 21, 23, 29)
> gender <- c("M", "F", "M", "F", "M", "F", "M", "F")
> a <- data.frame(age, gender)
> a
  age gender
1  26      M
2  29      F
3  29      M
4  24      F
5  25      M
6  21      F
7  23      M
8  29      F
```

想要分别计算男生、女生的平均年龄，如下所示，则可以使用以下哪条命令?

```
    F     M
25.75 25.75
```

A. mean(a$age, by = a$gender) B. mean(a["age", "gender"])

C. sapply(a, mean) D. tapply(aage, agender, mean)

三. 多选题

( ) 1. 有函数如下。

```
1  ex <- function( deg, cust, unitPrice = 50 )
2  {
3      listprice <- deg * unitPrice *
4          ifelse (deg > 150, 0.8, 1)
5      adj <- sapply(cust, switch, go = 0.8, co = 1.2, 1)
6      finalprice <- listprice * adj
7      round(finalprice)
8  }
```

下列哪些是正确的执行结果? (选择2项)

A.
```
> de <- c(80, 80, 200, 200)
> cu <- c("go", "co", "co", "fa")
> ex(de, cu)
  go   co   co   fa
3200 4800 9600 8000
```

B.
```
> de <- c(70, 70, 300, 300)
> cu <- c("go", "co", "co", "fa")
> ex(de, cu)
   go    co    co    fa
 3150  3850 13200 12000
```

C.
```
> cu <- c("co", "co", "co", "go")
> ex(de, cu)
   co    co    co    go
 2750  2750 22000 18000
```

D.
```
> de <- c(60, 60, 250, 250)
> cu <- c("go", "co", "co", "fa")
> ex(de, cu)
   go    co    co    fa
 2400  3600 12000 10000
```

```
E. > de <- c(40, 40, 200, 200)
  > cu <- c("co", "go", "fa", "fa")
  > ex(de, cu)
    co   go   fa   fa
  3000 1600 8000 8000
```

四. 实际操作题(如果题目有描述不详细时，请自行假设条件)

1. 请重新设计实例ch13_1，自行设定未来30天动物出现次数，同时执行下列运算：

a. 列出各动物最大出现次数。

b. 列出各动物最小出现次数。

c. 列出各动物平均出现次数。

```
        Tiger Lion Leopard
Day 1      8    8      14
Day 2      9    6      12
Day 3      6    9       8
Day 4      5    3       6
Day 5      7    5       4
Day 6      2    4       3
Day 7     10    6       7
Day 8      6   10      15
Day 9      8   11      14
Day 10     7   13      14
```

2. 请重新设计实例ch13_1，自行设定未来30天动物出现次数，同时设定各动物有一天出现次数是NA，同时执行下列运算：

a. 列出各动物最大出现次数。

b. 列出各动物最小出现次数。

c. 列出各动物平均出现次数。

```
        Tiger Lion Leopard
Day 1      8    8      14
Day 2      9    6      12
Day 3      6    9       8
Day 4      5    3       6
Day 5      7    5       4
Day 6      2    4       3
Day 7     10    6       7
Day 8      6   10      15
Day 9      8   11      14
Day 10     7   13      12
```

3. 请参考实例ch13_5，运用tapply( )函数，对美国4大区执行下列运算：

a. 人口数各是多少？

c. 面积各是多少？

b. 收入平均是多少？

```
> source('~/Documents/Rbook/ex/ex13_3.R')
  Northeast        South North Central        West
     49456        67330         57636       37899
  Northeast        South North Central        West
     49456        67330         57636       37899
  Northeast        South North Central        West
    163269       873682        751824     1748019
  Northeast        South North Central        West
    163269       873682        751824     1748019
  Northeast        South North Central        West
  4570.222     4011.938      4611.083    4702.615
  Northeast        South North Central        West
  4570.222     4011.938      4611.083    4702.615
```

第 **14** 章 输入与输出

14-1 认识文件夹

在执行程序设计时，可能常需要将执行结果存储至某个文件夹，本节笔者将介绍文件夹的相关知识。

14-1-1　getwd( )函数

getwd( )函数可以获得目前的工作目录。

实例 ch14_1：获得目前的工作目录。

```
> getwd()
[1] "C:/Users/Jiin-Kwei/Documents"
>
```

14-1-2　setwd( )函数

setwd( )函数可以更改目前的工作目录。

```
> setwd("D:/RBook")
> getwd()
[1] "D:/RBook"
>
```

14-1-3 file.path( )函数

这个函数的主要功能类似于paste( )函数，只不过这个函数是将片段数据路径组合起来。

```
> file.path("D:", "Users", "Jiin-Kwei", "Documents")
[1] "D:/Users/Jiin-Kwei/Documents"
>
```

```
> setwd(file.path("C:", "Users", "Jiin-Kwei", "Documents"))
> getwd()
[1] "C:/Users/Jiin-Kwei/Documents"
>
```

14-1-4 dir( )函数

dir()函数可列出某个工作目录下的所有文件名以及子目录名称。

```
> dir(path = "c:/")
 [1] "$Recycle.Bin"                "BOOTNXT"
 [3] "Documents and Settings"      "Dolby PCEE4"
 [5] "Elements"                    "ETAX"
 [7] "FastStone Capture 4.8 portable" "FastStone76 Capture"
 [9] "FSCaptureSetup76.exe"         "hiberfil.sys"
[11] "Intel"                       "M1120.log"
[13] "MSOCache"                    "OEM"
[15] "pagefile.sys"                "PerfLogs"
[17] "Program Files"               "Program Files (x86)"
[19] "ProgramData"                 "Recovery"
[21] "SuperTSC"                    "swapfile.sys"
[23] "System Volume Information"   "Users"
[25] "windows"
>
```

使用dir( )函数时也可以省略 "path = "。

```
> dir("c:/")
 [1] "$Recycle.Bin"                "BOOTNXT"
 [3] "Documents and Settings"      "Dolby PCEE4"
 [5] "Elements"                    "ETAX"
 [7] "FastStone Capture 4.8 portable" "FastStone76 Capture"
 [9] "FSCaptureSetup76.exe"         "hiberfil.sys"
[11] "Intel"                       "M1120.log"
[13] "MSOCache"                    "OEM"
[15] "pagefile.sys"                "PerfLogs"
[17] "Program Files"               "Program Files (x86)"
[19] "ProgramData"                 "Recovery"
[21] "SuperTSC"                    "swapfile.sys"
[23] "System Volume Information"   "Users"
[25] "windows"
>
```

14-1-5　list.files( )函数

这个函数功能和dir( )函数相同，可以列出某个工作目录下的所有文件名以及子目录名称。

实例ch14_7：列出"C:/"目录下的所有文件名以及子目录名称。

```
> list.files("C:/")
 [1] "$Recycle.Bin"                "BOOTNXT"
 [3] "Documents and Settings"      "Dolby PCEE4"
 [5] "Elements"                    "ETAX"
 [7] "FastStone Capture 4.8 portable" "FastStone76 Capture"
 [9] "FSCaptureSetup76.exe"        "hiberfil.sys"
[11] "Intel"                       "M1120.log"
[13] "MSOCache"                    "OEM"
[15] "pagefile.sys"                "PerfLogs"
[17] "Program Files"               "Program Files (x86)"
[19] "ProgramData"                 "Recovery"
[21] "SuperTSC"                    "swapfile.sys"
[23] "System Volume Information"   "Users"
[25] "Windows"
```

实例ch14_8：列出"D:/office2013"目录下的所有文件名以及子目录名称。

```
> list.dirs("D:/office2013")
 [1] "D:/office2013"       "D:/office2013/ch1"   "D:/office2013/ch14"
 [4] "D:/office2013/ch15"  "D:/office2013/ch16"  "D:/office2013/ch17"
 [7] "D:/office2013/ch18"  "D:/office2013/ch19"  "D:/office2013/ch2"
[10] "D:/office2013/ch20"  "D:/office2013/ch3"   "D:/office2013/ch4"
[13] "D:/office2013/ch5"   "D:/office2013/ch6"   "D:/office2013/ch7"
[16] "D:/office2013/ch8"
>
```

14-1-6　file.exist( )函数

file.exist( )函数可检查指定的文件是否存在，如果存在则返回TRUE，如果不存在则返回FALSE。

实例ch14_9：检查指定的文件是否存在。

```
> file.exists("C:/test")
[1] FALSE
> file.exists("C:/Widows")
[1] FALSE
> file.exists("c:/M1120.log")
[1] TRUE
>
```

14-1-7　file.rename( )函数

file.rename( )函数可以更改文件名。

实例ch14_10：将tmp2-1.jpg的文件名改成tmp.jpg。

```
> dir("D:/RBook")
 [1] "ch14-1.jpg"   "ch14-10.jpg"  "ch14-11.jpg"  "ch14-12.jpg"  "ch14-13.jpg"
 [6] "ch14-2.jpg"   "ch14-3.jpg"   "ch14-4.jpg"   "ch14-5.jpg"   "ch14-6.jpg"
[11] "ch14-7.jpg"   "ch14-8.jpg"   "ch14-9.jpg"   "ch14_20.R"    "ch14_21.R"
[16] "sample.txt"   "tmp1.jpg"     "tmp10.jpg"    "tmp2-1.jpg"   "tmp2.jpg"
[21] "tmp3.jpg"     "tmp4.jpg"     "tmp5.jpg"     "tmp6.jpg"     "tmp7.jpg"
[26] "tmp8.jpg"     "tmp9.jpg"
> file.rename("D:/RBook/tmp2-1.jpg", "D:/RBook/tmp.jpg")
[1] TRUE
> dir("D:/RBook")                 #验证结果
 [1] "ch14-1.jpg"   "ch14-10.jpg"  "ch14-11.jpg"  "ch14-12.jpg"  "ch14-13.jpg"
 [6] "ch14-2.jpg"   "ch14-3.jpg"   "ch14-4.jpg"   "ch14-5.jpg"   "ch14-6.jpg"
[11] "ch14-7.jpg"   "ch14-8.jpg"   "ch14-9.jpg"   "ch14_20.R"    "ch14_21.R"
[16] "sample.txt"   "tmp.jpg"      "tmp1.jpg"     "tmp10.jpg"    "tmp2.jpg"
[21] "tmp3.jpg"     "tmp4.jpg"     "tmp5.jpg"     "tmp6.jpg"     "tmp7.jpg"
[26] "tmp8.jpg"     "tmp9.jpg"
>
```

由验证结果可以看到，我们已经成功将tmp2-1.jpg文件的名称改成tmp.jpg了。

14-1-8 file.create( )函数

file.create( )函数可以建立文件。

```
> file.create("D:/RBook/sample.txt")
[1] TRUE
> dir("D:/RBook")              #验证结果
 [1] "ch14-1.jpg"   "ch14-10.jpg"  "ch14-11.jpg"  "ch14-12.jpg"  "ch14-13.jpg"
 [6] "ch14-2.jpg"   "ch14-3.jpg"   "ch14-4.jpg"   "ch14-5.jpg"   "ch14-6.jpg"
[11] "ch14-7.jpg"   "ch14-8.jpg"   "ch14-9.jpg"   "ch14_20.R"    "ch14_21.R"
[16] "sample.txt"   "tmp.jpg"      "tmp1.jpg"     "tmp10.jpg"    "tmp2.jpg"
[21] "tmp3.jpg"     "tmp4.jpg"     "tmp5.jpg"     "tmp6.jpg"     "tmp7.jpg"
[26] "tmp8.jpg"     "tmp9.jpg"
>
```

14-1-9 file.copy( )函数

file.copy( )函数可进行文件的复制，这个函数会将第1个参数的原目录文件复制到第2个参数的目的目录文件。如果想要了解更多参数细节可参考"help(file.copy)"。

```
> file.copy("D:/RBook/sample.txt", "D:/RBook/newsam.txt")
[1] TRUE
> dir("D:/RBook")
 [1] "ch14-1.jpg"   "ch14-10.jpg"  "ch14-11.jpg"  "ch14-2.jpg"   "ch14-3.jpg"
 [6] "ch14-4.jpg"   "ch14-5.jpg"   "ch14-6.jpg"   "ch14-7.jpg"   "ch14-8.jpg"
[11] "ch14-9.jpg"   "newsam.txt"   "sample.txt"   "tmp.jpg"
>
```

14-1-10 file.remove( )函数

file.remove( )函数可删除指定的文件。

```
> dir("D:/RBook")
 [1] "ch14-1.jpg"   "ch14-10.jpg"  "ch14-11.jpg"  "ch14-12.jpg"  "ch14-13.jpg"
 [6] "ch14-2.jpg"   "ch14-3.jpg"   "ch14-4.jpg"   "ch14-5.jpg"   "ch14-6.jpg"
[11] "ch14-7.jpg"   "ch14-8.jpg"   "ch14-9.jpg"   "ch14_20.R"    "ch14_21.R"
[16] "newsam.txt"   "sample.txt"   "tmp.jpg"      "tmp1.jpg"     "tmp10.jpg"
[21] "tmp2.jpg"     "tmp3.jpg"     "tmp4.jpg"     "tmp5.jpg"     "tmp6.jpg"
[26] "tmp7.jpg"     "tmp8.jpg"     "tmp9.jpg"
> file.remove("D:/RBook/newsam.txt")
[1] TRUE
> dir("D:/RBook")              #验证结果
 [1] "ch14-1.jpg"   "ch14-10.jpg"  "ch14-11.jpg"  "ch14-12.jpg"  "ch14-13.jpg"
 [6] "ch14-2.jpg"   "ch14-3.jpg"   "ch14-4.jpg"   "ch14-5.jpg"   "ch14-6.jpg"
[11] "ch14-7.jpg"   "ch14-8.jpg"   "ch14-9.jpg"   "ch14_20.R"    "ch14_21.R"
[16] "sample.txt"   "tmp.jpg"      "tmp1.jpg"     "tmp10.jpg"    "tmp2.jpg"
[21] "tmp3.jpg"     "tmp4.jpg"     "tmp5.jpg"     "tmp6.jpg"     "tmp7.jpg"
[26] "tmp8.jpg"     "tmp9.jpg"
>
```

14-2 数据输出：cat( )函数

cat( )函数可以在屏幕或文件输出R语言计算结果数据或是一般输出数据，它的使用格式和各参数意义如下所示。

```
cat(系列变量或字符串, file = " ", sep = " ", append = FALSE)
```

◀ 系列变量或字符串：指一系列将要输出的变量或字符串。
◀ file：输出到外部文件时可在此输入目的文件路径和文件名，若省略则表示输出到屏幕。
◀ append：默认是FALSE，表示若想要输出到的目的文件已存在，将覆盖原文件。如果是TRUE，则将输出数据附加在文件末端。

实例ch14_14：使用cat( )函数执行基本的屏幕输出任务。

```
1  #
2  # 实例ch14_14
3  #
4  ch14_14 <- function( )
5 ▾ {
6      cat("R Language")
7      cat("\n")                              #换行打印
8      cat("A road to Big Data\n")
9      x <- 10
10     y <- 20
11     cat(x, y, "\n")                        #预设是空1格
12     cat(x, y, x+y, sep = "     ")          # 增加空的格数
13     cat("\n")
14     cat(x, y, "x+y=", x+y)
15  }
```

执行结果
```
> source('~/Rbook/ch14/ch14_14.R')
> ch14_14()
R Language
A road to Big Data
10 20
10      20      30
10 20 x+y= 30
>
```

上述输出"\n"，相当于是换行打印。如果没有加上打印"\n"，则下一个打印数据将接着前一个数据的右边打印，而不会自动换行打印。cat( )函数也可用于打印向量对象，可参考下列实例。

实例ch14_15：使用cat( )函数打印向量对象的应用实例。此外，本程序实例所打印的向量对象是第7章所建的数据，这个数据必须在Workspace工作区内，本程序才可正常执行。

```
1  #
2  # 实例ch14_15
3  #
4  ch14_15 <- function( )
5 ▾ {
6      cat(mit.Name, "\n")
7      cat(mit.Gender, "\n")
8      cat(mit.Height, "\n")
9  }
```

执行结果
```
> source('~/Rbook/ch14/ch14_15.R')
> ch14_15()
Kevin Peter Frank Maggie
M M M F
170 175 165 168
>
```

cat( )函数是无法正常输出其他类型数据的，下列是尝试输出数据框(也是列表的一种)失败的实例。

```
> cat(mit.info)
Error in cat(list(...), file, sep, fill, labels, append) :
  'cat' 目前还不能用 1 自变量 (类型 'list')
>
```

如果想打印其他数据类型对象，一般可以使用先前已大量使用的print( )函数。

实例ch14_16：将一般数据输出至文件，本实例会将数据输出至目前工作目录的"tch14_16.txt"文件内。

```
1   #
2   # 实例ch14_16
3   #
4   ch14_16 <- function( )
5 ▾ {
6       cat("R language Today", file = "~/tch14_16.txt")
7   }
```

此时如果检查目前的工作目录，可以看到
"tch14_16.txt"文件，同时如果单击该文件则可以看
到文件内容"R Language Today"，如右图所示。

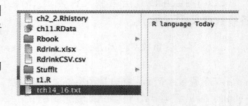

上述程序第6行的"~/"的符号，表示目前的
工作目录。

14-3 读取数据：scan( )函数

使用scan()函数可以读取屏幕输入键或外部文件的数据，若要结束读取屏幕输入，可以直接
按"Enter"键，它的使用格式如下。

```
scan(file = " ", what = double( ), namx = -1, n = -1, sep = " ",
     skip = 0, nlines = 0, na.strings = "NA")
```

更详细的scan( )函数可参考"help(scan)"。

◀ file：所读的文件，如果不设定代表读取屏幕输入。
◀ what：可设定输入数据的类型，默认是双精度实数，可以是整数(integer)，字符(character)，逻辑值
  (logical)，复数(complex)，也可以是列表数据。
◀ nmax：限定读入多少数据，默认是-1，表示无限制。
◀ n：设定总共要读多少数据，默认是-1，表示无限制。
◀ sep：数据之间的分隔符，默认是空格或换行符。
◀ skip：设定跳过多少行才开始读取，默认是0。
◀ nlines：如果是正数则表示设定最多读入多少行数据。
◀ na.strings：可以设定遗失值(missing values)的符号，默认是NA。

实例ch14_17：输入数值与字符的应用实例。

```
1   #
2   # 实例ch14_17
3   #
4   ch14_17 <- function( )
5 ▾ {
6       cat("请输入数值数据，若想结束输入，可直接按Enter键")
7       x1 <- scan()
8       cat(x1, "\n")
9       cat("请输入字符数据，若想结束输入，可直接按Enter键")
10      x2 <- scan(what = character())
11      cat(x2)
12  }
```

执行结果

```
> source('~/Rbook/ch14/ch14_17.R')
> ch14_17( )
请输入数值数据，若想结束输入，可直接按"Enter键"
1: 98.5
2: 77.4
3: 80
4:
Read 3 items
98.5 77.4 80
请输入字符数据，若想结束输入，可直接按"Enter键"
1: A
2: y
3: t
4:
Read 3 items
A y t
>
```

当上述程序要求输入第4个数据时，笔者按"Enter"键，可以结束scan( )函数。

实例ch14_18：读取外部文件数据的应用实例，在这个实例中，笔者尝试各种可能状况做实例说明。本实例的数据文件内容如下图所示。

ch14_18test1.txt

```
ch14_14.R
ch14_15.R          119.0  213  338  888  197
ch14_16.R
ch14_17.R
ch14_18.R
ch14_18test1
```

ch14_18test3.txt

```
ch14_14.R
ch14_15.R          119.0
ch14_16.R          213
ch14_17.R          338  888
ch14_18.R          197
ch14_18test1
ch14_18test2
ch14_18test3
```

ch14_18test2.txt

```
ch14_14.R
ch14_15.R          119.0
ch14_16.R          213
ch14_17.R          338
ch14_18.R          888
ch14_18test1       197
ch14_18test2
```

ch14_18test4.txt

```
ch14_14.R
ch14_15.R          119.0,  213,  338,  888,  197
ch14_16.R
ch14_17.R
ch14_18.R
ch14_18test1
ch14_18test2
ch14_18test3
ch14_18test4
```

```
1   #
2   # 实例ch14_18
3   #
4   ch14_18 <- function( )
5 - {
6      x1 <- scan("~/Rbook/ch14/ch14_18test1.txt")
7      cat(x1, "\n")
8      x2 <- scan("~/Rbook/ch14/ch14_18test2.txt")
9      cat(x2, "\n")
10     x3 <- scan("~/Rbook/ch14/ch14_18test3.txt")
11     cat(x3, "\n")
12     x4 <- scan("~/Rbook/ch14/ch14_18test4.txt", sep = ",")
13     cat(x4, "逗号是分隔符\n")
14     x5 <- scan("~/Rbook/ch14/ch14_18test2.txt", skip = 3)
15     cat(x5, "跳3行\n")
16     x6 <- scan("~/Rbook/ch14/ch14_18test2.txt", skip = 2, nlines = 1)
17     cat(x6, "跳2行读1行\n")
18  }
```

执行结果

```
> source('~/Rbook/ch14/ch14_18.R')
> ch14_18( )
Read 5 items
119 213 338 888 197
Read 5 items
119 213 338 888 197
Read 5 items
119 213 338 888 197
Read 5 items
119 213 338 888 197 逗号是分隔符
Read 2 items
888 197 跳3行
Read 1 item
338 跳2行读1行
>
```

14-4 输出数据：write( )函数

write( )函数可以将一般向量或矩阵数据输出到屏幕或外部文件，这个函数的使用格式如下所示。

```
write(x, file = "data", ncolumns = k, append = FALSE, sep = " ")
```

◄ x：要输出的向量或矩阵。

◄ file：输出至指定文件，如果是 " " 则代表输出至屏幕。

◄ ncolumns：指出输出排成几列，默认如果是字符串则按1列输出，如果是数值数据则按5列输出。

◄ append：默认是FALSE，如果是TRUE则在原文件有数据时，将输出数据接在原数据后面。

◄ sep：设定各数据间的分隔符。

实例ch14_19：调用 write( ) 函数输出向量和矩阵数据的应用实例。

```
1  #
2  # 实例ch14_19
3  #
4  ch14_19 <- function( )
5  {
6      write(letters, file = "", ncolumns = 5)    #输出至屏幕有5列
7      write(letters, file = "")                   #输出至屏幕有1列
8      write(letters, file = "~/Rbook/ch14/ch14_19test1.txt", ncolumns = 5)
9      write(letters, file = "~/Rbook/ch14/ch14_19test2.txt")
10     x1 <- 1:10
11     write(x1, "", ncolumns = 4, sep = ",")
12     x2 <- matrix(1:10, nrow = Z)
13     write(x2, file = "", ncolumns = 5)
14 }
```

执行结果

```
> source('~/Rbook/ch14/ch14_19.R')
> ch14_19()
a b c d e
f g h i j
k l m n o
p q r s t
u v w x y
z
a
b
```

以上只是部分输出结果，此外在目前工作目录，可以得到下列两个文件，分别是 ch14_19test1.txt和ch14_19test2.txt。如下图所示。

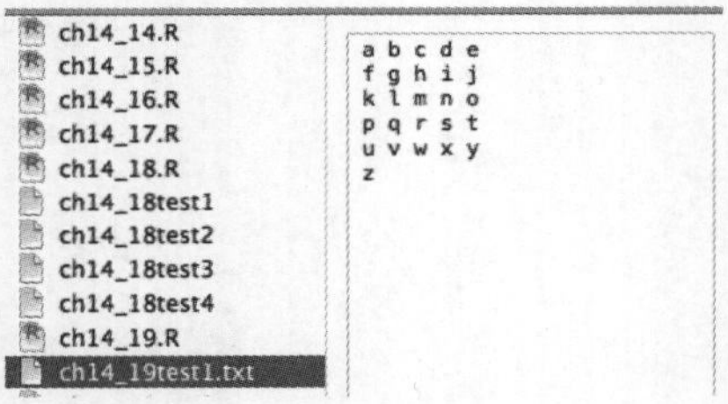

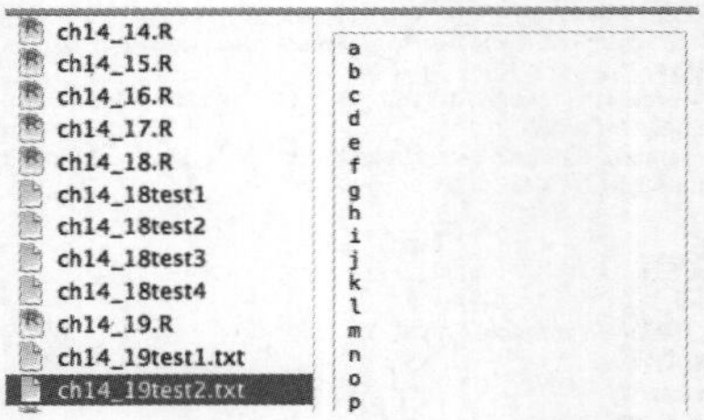

14-5 数据的输入

实用的数据一般均是以窗口或电子表格方式呈现，本节将针对读取这类数据做说明。

	A	B	C	D	E	F	G	H
1	Name	Year	Product	Price	Quantity	Revenue	Location	
2	Diana	2015	Black Tea	10	600	6000	New York	
3	Diana	2015	Green Tea	7	660	4620	New York	
4	Diana	2016	Black Tea	10	750	7500	New York	
5	Diana	2016	Green Tea	7	900	6300	New York	
6	Julia	2015	Black Tea	10	1200	12000	New York	
7	Julia	2016	Black Tea	10	1260	12600	New York	
8	Steve	2015	Black Tea	10	1170	11700	Chicago	
9	Steve	2015	Green Tea	7	1260	8820	Chicago	
10	Steve	2016	Black Tea	10	1350	13500	Chicago	
11	Steve	2016	Green Tea	7	1440	10080	Chicago	

14-5-1 读取剪贴板数据

针对有些数据，可以将它先复制，复制后可以在剪贴板上看到这些数据，然后再利用readClipboard( )函数读取。例如，在Excel内看到右图中的数据，假设你选取了C1:D5，然后将它复制到剪贴板。

注：readClipboard( )函数不支持macOS系统。

```
1  #
2  # 实例ch14_20
3  #
4  ch14_20 <- function( )
5  {
6    x <- readClipboard()
7    print(x)
8  }
```

执行结果
```
> source('~/.active-rstudio-document', encoding = 'UTF-8')
> ch14_20()
[1] "Product\tPrice" "Black Tea\t10"  "Green Tea\t7"   "Black Tea\t10"
[5] "Green Tea\t7"
> |
```

由上述执行结果可以看到，我们成功地读取了剪贴板的文件，但可以看到所读的数据有些乱，同时看到了"\t"符号，这是构成电子表格的特殊字符，所以如果想要将电子表格数据转成R语言可以处理的数据，那么还需要一些步骤，后面小节会做说明。

14-5-2 读取剪贴板数据：read.table( )函数

read.table( )函数配合适当参数可以读取剪贴板数据，这个函数的使用格式有些复杂，在此笔者只列出几个重要参数。

◀ file：待读取的文件，如果是读剪贴板则是输入"clipboard"。
◀ sep：数据元素的分隔符，由上一小节可知Excel的分隔符是"\t"。
◀ header：可设定是否读取第1行，第1行通常是数据的表头，该参数值默认是FALSE。

在执行下列实例前请将A1:G11数据复制至剪贴板。

实例ch14_21：使用 read.table( ) 函数读取剪贴板数据。

```
1  #
2  # 实例ch14_21
3  #
4  ch14_21 <- function( )
5  {
6    x <- read.table(file = "clipboard", sep = "\t", header = TRUE)
7    print(x)
8  }
```

执行结果
```
> source('D:/RBook/ch14_21.R')
> ch14_21()
    Name Year   Product Price Quantity Revenue Location
1  Diana 2015 Black Tea    10      600    6000 New York
2  Diana 2015 Green Tea     7      660    4620 New York
3  Diana 2016 Black Tea    10      750    7500 New York
4  Diana 2016 Green Tea     7      900    6300 New York
5  Julia 2015 Black Tea    10     1200   12000 New York
6  Julia 2016 Black Tea    10     1260   12600 New York
7  Steve 2015 Black Tea    10     1170   11700 Chicago
8  Steve 2015 Green Tea     7     1260    8820 Chicago
9  Steve 2016 Black Tea    10     1350   13500 Chicago
10 Steve 2016 Green Tea     7     1440   10080 Chicago
>
```

14-5-3 读取Excel文件数据

若想要读取Excel文件，可以使用XLConnect扩展包来协助完成这个工作，但首先要下载安装这个扩展包，可参考下列步骤。

```
> install.packages("XLConnect")
尝试 URL 'http://cran.rstudio.com/bin/macosx/contrib/3.2/XLConnect_0.2-11.tgz'
Content type 'application/x-gzip' length 4970883 bytes (4.7 MB)
==================================================
downloaded 4.7 MB


The downloaded binary packages are in
        /var/folders/4y/blg8hggj1qj_4qfvnrctdp240000gn/T//Rtmp1VBKyI/downloaded_packages
>
```

接着执行将**XLConnect**加载到数据库的代码。

```
> library("XLConnect")
>
```

现在我们可以正常处理Excel文件了，下列是读取Report.xlsx的实例，此Excel文件的内容如右图所示。

	A	B	C	D	E	F	G
1	Name	Year	Product	Price	Quantity	Revenue	Location
2	Diana	2015	Black Tea	10	600	6000	New York
3	Diana	2015	Green Tea	7	660	4620	New York
4	Diana	2016	Black Tea	10	750	7500	New York
5	Diana	2016	Green Tea	7	900	6300	New York
6	Julia	2015	Black Tea	10	1200	12000	New York
7	Julia	2016	Black Tea	10	1260	12600	New York
8	Steve	2015	Black Tea	10	1170	11700	Chicago
9	Steve	2015	Green Tea	7	1260	8820	Chicago
10	Steve	2016	Black Tea	10	1350	13500	Chicago
11	Steve	2016	Green Tea	7	1440	10080	Chicago

实例ch14_22：读取 Excel 文件 Report.xlsx。首先使用 file.path( ) 函数设定这个文件的所在路径，然后调用 readWorksheetFromFile( ) 函数读取文件内容。

```
> excelch14 <- file.path("~/Rbook/ch14/Report.xlsx")
> excelresult <- readWorksheetFromFile(excelch14, sheet = "Sheet1")
>
```

执行结果

```
> excelresult
    Name Year   Product Price Quantity Revenue Location
1  Diana 2015 Black Tea    10      600    6000 New York
2  Diana 2015 Green Tea     7      660    4620 New York
3  Diana 2016 Black Tea    10      750    7500 New York
4  Diana 2016 Green Tea     7      900    6300 New York
5  Julia 2015 Black Tea    10     1200   12000 New York
6  Julia 2016 Black Tea    10     1260   12600 New York
7  Steve 2015 Black Tea    10     1170   11700  Chicago
8  Steve 2015 Green Tea     7     1260    8820  Chicago
9  Steve 2016 Black Tea    10     1350   13500  Chicago
10 Steve 2016 Green Tea     7     1440   10080  Chicago
>
```

上述readWorksheetFromFile( )函数的主要功能是读取指定路径的Excel文件，右图是使用str( )函数了解更多excelresult对象的相关信息。

```
> str(excelresult)
'data.frame':   10 obs. of  7 variables:
 $ Name     : chr  "Diana" "Diana" "Diana" "Diana" ...
 $ Year     : num  2015 2015 2016 2016 2015 ...
 $ Product  : chr  "Black Tea" "Green Tea" "Black Tea" "Green Tea" ...
 $ Price    : num  10 7 10 7 10 10 10 7 10 7 ...
 $ Quantity : num  600 660 750 900 1200 1260 1170 1260 1350 1440
 $ Revenue  : num  6000 4620 7500 6300 12000 ...
 $ Location : chr  "New York" "New York" "New York" "New York" ...
>
```

14-5-4 认识CSV文件以及如何读取Excel文件数据

所谓的CSV数据是指同一行的文件彼此用逗号分隔，同时每一行文件在原始文件中单独占据一行。几乎所有电子表格皆支持这种文件格式，所以这种文件格式受到了广泛的采用。

接着我们必须思考如何将Excel文件的数据转成CSV数据格式，可在Excel窗口直接将文件存储成CSV格式。请留意下图中的格式字段是选择"以逗点分开的数值(.csv)"。

执行完上述操作后，我们可以建立ReportCSV.csv文件，然后可以使用read.csv( )函数读取这个文件的数据，这个函数的基本使用格式和各参数意义如下所示。

```
read.csv(file, header = TRUE, sep = " , ", quote = "\", dec  = ".", …)
```

◀ file：以csv为后缀的文件。

◀ header：文件第1行是变量名称，默认值是TRUE。

◀ sep：数据分隔符，对于CSV文件而言默认值是" , "。

◀ quote：字符两边是用双引号。

◀ dec：指定小数点格式，默认是" . "。

读者可以使用"help(read.csv)"获得更完整的使用说明。

实例ch14_23：使用read.csv( )函数读取ReportCSV.csv文件。

```
> excelCSV <- file.path("~/Rbook/ch14/ReportCSV.csv")
> xCSV <- read.csv(excelCSV, sep = ",")
```

执行结果

```
> xCSV
    Name Year   Product Price Quantity Revenue Location
1  Diana 2015 Black Tea    10      600    6000 New York
2  Diana 2015 Green Tea     7      660    4620 New York
3  Diana 2016 Black Tea    10      750    7500 New York
4  Diana 2016 Green Tea     7      900    6300 New York
5  Julia 2015 Black Tea    10     1200   12000 New York
6  Julia 2016 Black Tea    10     1260   12600 New York
7  Steve 2015 Black Tea    10     1170   11700  Chicago
8  Steve 2015 Green Tea     7     1260    8820  Chicago
9  Steve 2016 Black Tea    10     1350   13500  Chicago
10 Steve 2016 Green Tea     7     1440   10080  Chicago
>
```

使用str( )函数验证这个文件。

```
> str(xCSV)
'data.frame':   10 obs. of  7 variables:
 $ Name    : Factor w/ 3 levels "Diana","Julia",..: 1 1 1 1 2 2 3 3 3 3
 $ Year    : int  2015 2015 2016 2016 2015 2016 2015 2015 2016 2016
 $ Product : Factor w/ 2 levels "Black Tea","Green Tea": 1 2 1 2 1 1 1 2 1 2
 $ Price   : int  10 7 10 7 10 10 10 7 10 7
 $ Quantity: int  600 660 750 900 1200 1260 1170 1260 1350 1440
 $ Revenue : int  6000 4620 7500 6300 12000 12600 8820 13500 10080
 $ Location: Factor w/ 2 levels "Chicago","New York": 2 2 2 2 2 2 1 1 1 1
>
```

除了CSV文件外，以分号" ; "分隔的文件被称为CSV2文件，它的扩展名是csv2，你可以使用read.csv2( )函数读取它。

14-5-5　认识delim文件以及如何读取Excel文件数据

delim文件是指以TAB键分隔的文件数据，这类文件的扩展名是txt，同样以Report.xlsx文件为例，转存这个文件为Reportdelim.txt。接着我们必须思考如何将Excel文件的数据转成delim文件格式，可在Excel窗口直接将文件存储成txt格式。请留意右图中的格式字段是选择"TAB分隔的文字(.txt)"。

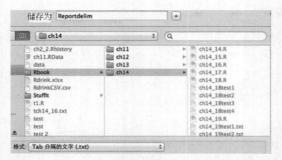

执行完上述操作后，我们可以建立Reportdelim.txt文件，然后可以使用read.delim( )函数读取这个文件的数据，这个函数的基本使用格式和各参数意义如下所示。

```
read.delim(file, header = TRUE, sep = " \t", quote = "\", dec = ".", …)
```

◀ file：以txt为扩展名的文件。
◀ header：文件第1行是变量名称，默认是TRUE。
◀ sep：数据分隔符，对于delim文件而言默认是" \t"。
◀ quote：字符两边是用双引号。
◀ dec：指定小数点格式，默认是"."。

读者可以使用"help(read.delim)"获得更完整的使用说明。

实例ch14_24：使用read.delim( )函数读取Reportdelim.txt文件的数据。

```
> exceldelim <- file.path("~/Rbook/ch14/Reportdelim.txt")
> xdelim <- read.csv(exceldelim, sep = "\t")
>
```

执行结果

```
> xdelim
    Name Year   Product Price Quantity Revenue Location
1  Diana 2015 Black Tea    10      600    6000 New York
2  Diana 2015 Green Tea     7      660    4620 New York
3  Diana 2016 Black Tea    10      750    7500 New York
4  Diana 2016 Green Tea     7      900    6300 New York
5  Julia 2015 Black Tea    10     1200   12000 New York
6  Julia 2016 Black Tea    10     1260   12600 New York
7  Steve 2015 Black Tea    10     1170   11700  Chicago
8  Steve 2015 Green Tea     7     1260    8820  Chicago
9  Steve 2016 Black Tea    10     1350   13500  Chicago
10 Steve 2016 Green Tea     7     1440   10080  Chicago
>
```

使用str( )函数查看这个文件。

```
> str(xdelim)
'data.frame':   10 obs. of  7 variables:
 $ Name    : Factor w/ 3 levels "Diana","Julia",..: 1 1 1 1 2 2 3 3 3 3
 $ Year    : int  2015 2015 2016 2016 2015 2016 2015 2015 2016 2016
 $ Product : Factor w/ 2 levels "Black Tea","Green Tea": 1 2 1 2 1 1 1 2 1 2
 $ Price   : int  10 7 10 7 10 10 10 7 10 7
 $ Quantity: int  600 660 750 900 1200 1260 1170 1260 1350 1440
 $ Revenue : int  6000 4620 7500 6300 12000 12600 11700 8820 13500 10080
 $ Location: Factor w/ 2 levels "Chicago","New York": 2 2 2 2 2 2 1 1 1 1
>
```

14-6 数据的输出

14-6-1 writeClipboard( )函数

writeClipboard( )函数可将数据输出至剪贴板。它与readClipboard( )函数一样目前并不支持macOS。

实例ch14_25：将数据输出至剪贴板，假设x对象数据内容如下所示。

```
> x
     Name Year    Product Price Quantity Revenue Location
1   Diana 2015 Black Tea    10      600    6000 New York
2   Diana 2015 Green Tea     7      660    4620 New York
3   Diana 2016 Black Tea    10      750    7500 New York
4   Diana 2016 Green Tea     7      900    6300 New York
5   Julia 2015 Black Tea    10     1200   12000 New York
6   Julia 2016 Black Tea    10     1260   12600 New York
7   Steve 2015 Black Tea    10     1170   11700 Chicago
8   Steve 2015 Green Tea     7     1260    8820 Chicago
9   Steve 2016 Black Tea    10     1350   13500 Chicago
10  Steve 2016 Green Tea     7     1440   10080 Chicago
>
```

下列代码是将数据输出至剪贴板。

```
> writeClipboard(names(x))
>
```

在屏幕上看不到任何结果，但如果进入Excel窗口，再单击"粘贴"按钮，即可看到上述命令的执行结果。右图是将活动单元格移至A1，再单击"粘贴"按钮的执行结果。

	A	B	C
1	Name		
2	Year		
3	Product		
4	Price		
5	Quantity		
6	Revenue		
7	Location		
8			

14-6-2 write.table( )函数

write.table( )这个函数的基本使用格式和各参数意义如下所示。

```
write.table( x, file = " ", quote = TRUE, sep = " ", eol = "\n", na = "NA",
        dec = ".", row.names = TRUE, col.names = TRUE)
```

◀ x：矩阵或数据框对象。
◀ file：外部文件名，如果是" "则表示输出至屏幕，clipboard代表输出至剪贴板。
◀ sep：表示输出时字符串两边须加" "号。
◀ eol：代表end of line的符号，macOS系统可用"\r"，UNIX系统可用"\n"，Windows系统可用"\r\n"。
◀ row.names：输出时是否加行名，默认是TRUE。
◀ col.names：输出时是否加列名，默认是TRUE。

实例ch14_26：使用write.table( )函数将整个数据输出至剪贴板，此例笔者继续使用x对象。

```
> write.table(x, file = "clipboard", sep = "\t", row.names = FALSE)
>
```

在屏幕上看不到任何结果，但如果进入Excel窗口，再单击"粘贴"按钮，即可看到上述命令的执行结果。下图是将活动单元格移至A1，再单击"粘贴"按钮的执行结果。

	A	B	C	D	E	F	G	H
1	Name	Year	Product	Price	Quantity	Revenue	Location	
2	Diana	2015	Black Tea	10	600	6000	New York	
3	Diana	2015	Green Tea	7	660	4620	New York	
4	Diana	2016	Black Tea	10	750	7500	New York	
5	Diana	2016	Green Tea	7	900	6300	New York	
6	Julia	2015	Black Tea	10	1200	12000	New York	
7	Julia	2016	Black Tea	10	1260	12600	New York	
8	Steve	2015	Black Tea	10	1170	11700	Chicago	
9	Steve	2015	Green Tea	7	1260	8820	Chicago	
10	Steve	2016	Black Tea	10	1350	13500	Chicago	
11	Steve	2016	Green Tea	7	1440	10080	Chicago	

14-7 处理其他数据

本节将介绍如何处理其他数据。

14-7-1 write.foreign( )函数

如果读者想要输入或输出其他软件数据，例如，SAS或SPSS等，首先须加载foreign扩展包。

```
> library(foreign)
>
```

接下来我们介绍有关于输出数据的函数，write.foreign( )可以输出R语言的数据框到其他统计软件包，例如SAS、STATA或SPSS等，产生该相关统计软件的通用格式化数据文本文件(free-format text)，并附带写出一个对应的程序文件，以顺利地读取数据完成该数据集的建立。

这个函数的基本使用格式和各参数意义如下所示。

```
write.foreign(df, datafile, codefile, package = c("SPSS", "Stata", "SAS"), ...)
```

◀ df：R数据框名称。
◀ datafile：可供读入的数据文件。
◀ codefile：R制作完成的程序文件。

实例ch14_27：使用write.foreign( )函数，输出SAS数据文件。

```
> #产生对应的SAS数据文件与程序文件
> write.foreign(xCSV,"df14sas.txt","df14.sas",package="SAS")
> #显示产生的SAS数据文本文件内容
> file.show("df14sas.txt")
> #显示产生的SAS程序文件内容
> file.show("df14.sas")
```

我们将前面所建立的xCSV数据框(实例ch14_23所建的文件)代入write.foreign()，并希望产生一个SAS格式化的数据文件 "df14sas.txt" （左下图） 与其对应的SAS读入程序文件 "df14. sas" （右下图），因此对于package参数我们选用 "SAS"。执行此程序后，我们使用file.show()

函数将两个文件的内容显示出来，如以下的两个图所示。当我们在SAS程序环境下设置了正确的libname后就能够顺利执行得到所需要的SAS数据集了。

```
* Written by R;
* write.foreign(xCSV, "df14sas.txt", "df14.sas", package = "SAS") ;

PROC FORMAT;
value Name
        1 = "Diana"
        2 = "Julia"
        3 = "Steve"
;

value Product
        1 = "Black Tea"
        2 = "Green Tea"
;

value Location
        1 = "Chicago"
        2 = "New York"
;

DATA   rdata ;
INFILE   "df14sas.txt"
        DSD
        LRECL= 28 ;
INPUT
 Name
 Year
 Product
 Price
 Quantity
 Revenue
 Location
;
FORMAT Name Name. ;
FORMAT Product Product. ;
FORMAT Location Location. ;
RUN;
```

R Information
```
1,2015,2,7,660,4620,2
1,2016,1,10,750,7500,2
1,2016,2,7,900,6300,2
2,2015,1,10,1200,12000,2
2,2016,1,10,1260,12600,2
3,2015,1,10,1170,11700,2
3,2015,2,7,1260,6820,1
3,2016,1,10,1350,13500,1
3,2016,2,7,1440,10080,1
```

实例ch14_28：使用write.foreign( )函数，输出SPSS数据文件。

```
> #产生对应的SPSS数据文件与程序文件
> write.foreign(xCSV,"df14SPSS.sav","df14.sps",package="SPSS")
> #显示产生的SPSS数据文本文件内容
> file.show("df14SPSS.sav")
> #显示产生的SPSS程序文件内容
> file.show("df14.sps")
```

以上代码所产生的SPSS格式化数据文件"df14SPSS.sav"与SAS格式化数据文件"df14sas.txt"的内容完全相同，因此我们未打印其结果；而程序文件"df14.sps"的内容，如右图所示。

14-7-2 read.spss( )函数

我们也可以使用下列函数读取这些统计相关的软件包数据。

read.S：S-Plus (百度)。

read.spss：SPSS。

read.ssd：SAS。

read.xport：SAS。

read.mtp：Minitab。

```
DATA LIST FILE= "df14SPSS.sav"  free (",")
/ Name Year Product Price Quantity Revenue Location  .

VARIABLE LABELS
Name "Name"
 Year "Year"
 Product "Product"
 Price "Price"
 Quantity "Quantity"
 Revenue "Revenue"
 Location "Location"
.

VALUE LABELS
/
Name
1 "Diana"
 2 "Julia"
 3 "Steve"
/
Product
1 "Black Tea"
 2 "Green Tea"
/
Location
1 "Chicago"
 2 "New York"
.

EXECUTE.
```

我们先以SPSS所存储的数据集文件为例，来说明如何使用read.spss()函数来读取已经存在的由原数据文件转换得到数据框。

这个函数的基本使用格式和各参数意义如下所示。

```
read.spss(file, use.value.labels = TRUE, to.data.frame = FALSE,
          max.value.labels = Inf, trim.factor.names = FALSE,
          trim_values = TRUE, reencode = NA, use.missings = to.data.frame)
```

◀ file：希望读取的已存在的SPSS数据文件。

◀ use.value.labels：逻辑值，是否将变量的值标签转换成因子变量。

◀ to.data.frame：逻辑值，是否得到数据框结果。

◀ max.value.labels：当use.value.labels = TRUE时定义最大的因子可区分的独特值个数。

◀ trim.factor.names：逻辑值，是否修剪因子变量名称的末端空白。

◀ trim_values：当use.value.labels = TRUE时，是否忽略因子变量值及值标签的末端空白。

◀ reencode：逻辑值，字符串是否依照当前的地区设定重新编码。

◀ use.missings：逻辑值，是否使用自定义的遗漏值，设定为NA。

上面所存储的SPSS数据文件"df14SPSS.sav"，以PASW程序呈现其内容如右图。

	Name	Year	Product	Price	Quantity	Revenue	Location
1	Diana	2015	Black Tea	10	600	6000	New York
2	Diana	2015	Green Tea	7	660	4620	New York
3	Diana	2016	Black Tea	10	750	7500	New York
4	Diana	2016	Green Tea	7	900	6300	New York
5	Julia	2015	Black Tea	10	1200	12000	New York
6	Julia	2016	Black Tea	10	1260	12600	New York
7	Steve	2015	Black Tea	10	1170	11700	Chicago
8	Steve	2015	Green Tea	7	1260	8820	Chicago
9	Steve	2016	Black Tea	10	1350	13500	Chicago
10	Steve	2016	Green Tea	7	1440	10080	Chicago

实例ch14_29：使用read.spss()函数读取前一实例所建的SPSS数据文件"df14SPSS.sav"。

```
#读取SPSS数据集档案"df14SPSS.sav"，产生数据框
> my.frame <- read.spss("df14SPSS.sav",
+         use.value.labels = TRUE, to.data.frame = T)
Warning message:
In read.spss("df14SPSS.sav", use.value.labels = TRUE, to.data.frame = T) :
  df14SPSS.sav: Unrecognized record type 7, subtype 18 encountered in system file
> my.frame
    Name Year   Product Price Quantity Revenue Location
1  Diana 2015 Black Tea    10      600    6000 New York
2  Diana 2015 Green Tea     7      660    4620 New York
3  Diana 2016 Black Tea    10      750    7500 New York
4  Diana 2016 Green Tea     7      900    6300 New York
5  Julia 2015 Black Tea    10     1200   12000 New York
6  Julia 2016 Black Tea    10     1260   12600 New York
7  Steve 2015 Black Tea    10     1170   11700 Chicago
8  Steve 2015 Green Tea     7     1260    8820 Chicago
9  Steve 2016 Black Tea    10     1350   13500 Chicago
10 Steve 2016 Green Tea     7     1440   10080 Chicago
> class(my.frame)
[1] "data.frame"
```

如以上程序所示，将"df14SPSS.sav"置入file参数内，仍然使用已定义的值标签，并将结果转换为数据框，就能够顺利将SPSS数据集转化为R语言的数据框my.frame。如果未使用"to.data.frame=T"参数设定，或者未加入此参数，那么得到的结果会是列表，并非数据框。

14-7-3　read.ssd( )函数

我们接下来再以SAS所存储的永久数据集文件为例，来说明如何使用read.ssd()函数来读取已经存在的原数据文件，并将其转换为数据框。

函数语法：
```
read.ssd(libname, sectionnames,
    tmpXport=tempfile(), tmpProgLoc=tempfile(), sascmd="sas")
```
参数说明：

◀ libname：永久数据集所在的目录。
◀ sectionnames：SAS永久数据集的名称，不需扩展名(ssd0x或sas7bdat扩展名)。
◀ tmpXport：通常省略，此参数暂存转置格式文件。
◀ tmpProgLoc：通常省略，此参数暂存转换用的程序文件。
◀ sascmd：SAS执行程序文件的目录与执行文件。

我们使用以下的实例来说明read.ssd()函数的使用方式与返回结果。笔者的SAS程序是安装在"C:/Program Files/SASHome/SASFoundation/9.4"路径下的，因此可以先以sashome定义此参照路径。另外笔者的永久数据集名称为"Df14sas. sas7bdat"是存放在Sasuser这个数据库内的，其对应的文件夹为"X:/Personal/My SAS Files/9.4"。请参考以下两图。

实例ch14_30：使用 read.ssd( ) 函数读取 SAS 数据文件。

```
> #定义SAS执行程序的参照目录
> sashome <- "C:/Program Files/SASHome/SASFoundation/9.4"
> #使用read.ssd将SAS永久数据集转换读人R程序中
> sasxp <- read.ssd("X:/Personal/My SAS Files/9.4", "df14sas",
+         sascmd = file.path(sashome, "sas.exe"))
> class(sasxp)
[1] "data.frame"
> str(sasxp)
'data.frame':    10 obs. of  7 variables:
 $ NAME    : Factor w/ 3 levels "Diana","Julia",..: 1 1 1 1 2 2 3 3 3 3
 $ YEAR    : Factor w/ 2 levels "2015","2016": 1 1 2 2 1 2 1 1 2 2
 $ PRODUCT : Factor w/ 2 levels "Black Tea","Green Tea": 1 2 1 2 1 1 1 2 1 2
 $ PRICE   : num  10 7 10 7 10 10 10 7 10 7
 $ QUANTITY: num  600 660 750 900 1200 1260 1170 1260 1350 1440
 $ REVENUE : num  6000 4620 7500 6300 12000 ...
 $ LOCATION: Factor w/ 2 levels "Chicago","New York": 2 2 2 2 2 2 1 1 1 1
```

以上程序分别将参照数据库路径与永久数据集文件放入前两个参数内，并将SAS执行文件与路径置入sascmd参数内，就能够顺利将返回结果转换为数据框sasxp。

此外，如果想要连接其他数据库软件，可以下载一些R语言的扩展包，主要包括以下几种：

☐ MySQL：RMySql扩展包，下载网址如下图所示。

http://cran.r-project.org/package=RMySQL

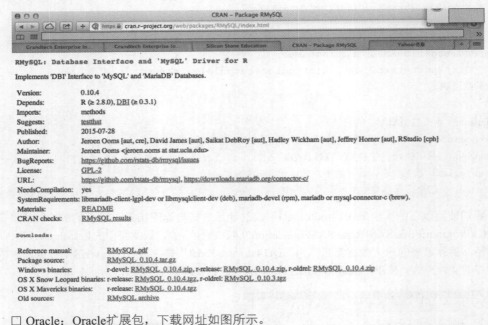

☐ Oracle：Oracle扩展包，下载网址如图所示。

http://cran.r-project.org/package=ROracle

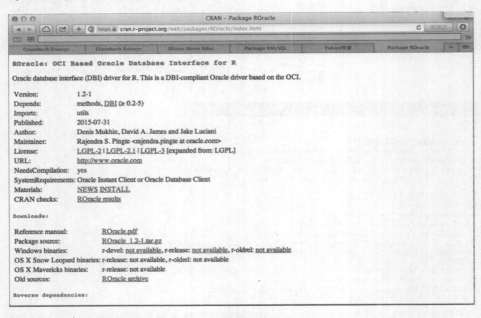

☐ PostgreSQL：PostgreSQL扩展包，下载网址如图所示。

http://cran.r-project.org/package=RPostgreSQL

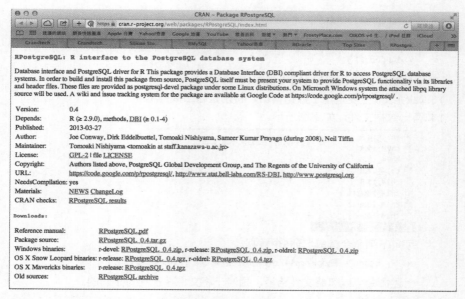

□ SQLite：SQLite扩展包，下载网址如图所示。

http://cran.r-project.org/package=RSQLite

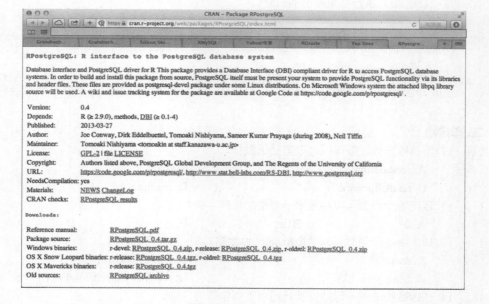

RPostgreSQL: R interface to the PostgreSQL database system

Database interface and PostgreSQL driver for R This package provides a Database Interface (DBI) compliant driver for R to access PostgreSQL database systems. In order to build and install this package from source, PostgreSQL itself must be present your system to provide PostgreSQL functionality via its libraries and header files. These files are provided as postgresql-devel package under some Linux distributions. On Microsoft Windows system the attached libpq library source will be used. A wiki and issue tracking system for the package are available at Google Code at https://code.google.com/p/rpostgresql/ .

Version:	0.4
Depends:	R (≥ 2.9.0), methods, DBI (≥ 0.1-4)
Published:	2013-03-27
Author:	Joe Conway, Dirk Eddelbuettel, Tomoaki Nishiyama, Sameer Kumar Prayaga (during 2008), Neil Tiffin
Maintainer:	Tomoaki Nishiyama <tomoakin at staff.kanazawa-u.ac.jp>
License:	GPL-2	file LICENSE
Copyright:	Authors listed above, PostgreSQL Global Development Group, and The Regents of the University of California
URL:	https://code.google.com/p/rpostgresql/, http://www.stat.bell-labs.com/RS-DBI, http://www.postgresql.org
NeedsCompilation:	yes
Materials:	NEWS ChangeLog
CRAN checks:	RPostgreSQL results

本章习题

一. 判断题

（　　）1. file.path( )函数可以更改目前的工作目录。

（　　）2. 有两个命令分别如下。

```
> dir(path = "d:/")
```

或

```
> dir("d:/")
```

上述两个命令的执行结果相同。

(   ) 3. cat( )函数主要是用于数据输出，特别是输出数据框。

(   ) 4. 有一数据文件，如下图所示。

可用下列命令读取上述5个数据。

```
x4 <- scan("~/Rbook/ch14/ch14_18test4.txt", sep = ",")
```

上述命令可以忽略文件路径，相当于将文件路径视为正确的。

(   ) 5. 有如下命令。

```
write(letters, file = "")
```

下列是其执行结果输出的前5行。

```
a
b
c
d
e
```

(   ) 6. 一般情况下，将Excel文件转成CSV文件，须借助CSVHelp文件，重载再存入即可。

二. 单选题

(   ) 1. 下列哪一个函数可以读取剪贴板数据？

    A. read.delim( )　　　　　　　　　　　　B. scan( )

    C. readClipboard( )　　　　　　　　　　　D. readline( )

(   ) 2. 以下哪个函数可以构成电子表格的特殊字符？

    A. \t　　　　　　　　B. \n　　　　　　　　C. \y　　　　　　　　D. 逗号

(   ) 3. 以下哪一个函数可以读取Excel文件数据？

    A. scan( )　　　　　　　　　　　　　　　　B. readClipboard( )

    C. read( )　　　　　　　　　　　　　　　　D. readWorksheetFromFile( )

(   ) 4. CSV数据的同一行数据彼此用以下哪个符号分隔？

    A. \t　　　　　　　　B. \n　　　　　　　　C. \y　　　　　　　　D. 逗号

(   ) 5. 文件的扩展名是txt时，它的各字段数据以以下哪个符号做分隔？

    A. \t　　　　　　　　B. \n　　　　　　　　C. TAB　　　　　　　D. 逗号

(   ) 6. 使用write.table( )函数时，file等于什么，表示输出至屏幕？

    A. " "　　　　　　　B. console　　　　　　C. eol　　　　　　　　D. screenout

(   ) 7. 下列输出函数，会将数据输出至哪里？

```
> write.table(x, file = "clipboard", sep = "\t", row.names = FALSE)
>
```

        A. 屏幕   B. Clipboard文件

        C. 剪贴板   D. 程序代码有误

(   ) 8. 使用write.foreign( )函数时，若想将数据输出至SAS文件，下列哪一个参数应设定为 "SAS"？

        A. df   B. datafile   C. codefile   D. package

三. 多选题

(   ) 1. 下列哪些函数可以读取剪贴板数据？(选择两项)

        A. scan( )   B. read.table( )   C. readClipboard( )

        D. read.delim( )   E. read.csv( )

(   ) 2. 下列哪些函数可以读取SAS？(选择两项)

        A. read.S   B. read.spss   C. read.ssd

        D. read.xport   E. read.mtp

四. 实际操作题(如果题目有描述不详细时，请自行假设条件)

1. 请设计程序，此程序会要求输入姓名，然后返回 "Welcome" 和所输入的姓名。

```
> source('C:/Users/Jiin-Kwei/Desktop/R_v2作业/ex14_1.R', encoding = 'UTF-8'
)
HELLO!您好!请输入您的姓名, 输入完成后请按两次Enter键
1: Jiin-Kwei Hung
3:
Read 2 items
HELLO! 您好! Jiin-Kwei Hung
>
```

2. 重新输入上一个程序，但将结果输出至exer14_2.txt。

```
> source('C:/Users/Jiin-Kwei/Desktop/R_v2作业/ex14_2.R', encoding = 'UTF-8'
)
HELLO! 您好!请输入您的姓名, 输入完成后请按两次 Enter 键
1: Jiin-Kwei Hung
3:
Read 2 items
```

3. 请参考实例ch14_18，但将数据量改成10个，读取后执行下列操作：

(1) 求和。

(2) 求平均。

(3) 求最大值。

(4) 求最小值。

```
> source('C:/Users/Jiin-Kwei/Desktop/R_v2作业/ex14_3.R', encoding = 'UTF-8'
)
Read 10 items
119 213 338 888 197 100 200 300 400 500
总和  =  3255
平均  =  325.5
最大值  =  888
最小值  =  100
```

4. 参考前一实例，将执行结果写入exer14_3.txt。

```
3255 325.5 888 100
```

学完前14章后，相信各位对于R语言已有了一定的认识，本章笔者将前面所介绍的数据配合一些尚未介绍过的函数，做一个应用性的说明。

　　在本章的开始，笔者先为各位复习R语言的数据类型，接着介绍随机抽样，然后进入本章主题，抽取有用的数据。

15-1 复习数据类型

　　使用R语言做数据分析时，首先要思考应使用哪一种数据类型。下列是R语言所有数据类型及其说明：

● 向量

向量是指只有一个维度，同时所有数据类型均相同的数据，例如，全部是字符串或数值。此外我们也可以将这种类型的数据想成是Excel电子表格的一行数据或一列数据。

● 因子

因子与字符串向量类似，所有字符串向量均可被处理成因子，但因子多了levels和labels的概念。

● 矩阵或更高维度的数组

矩阵是二维的数据，和向量一样，所有数据类型需要相同，例如，全部是字符串或数值。

● 数据框

如果数据中可能有字符串，也可能有数值，那么矩阵就不适合了，此时可以先考虑使用数据框。数据框的一个特点是，所有数据元素均有相同的长度，相当于每一个元素的数量均相同。此外我们也可以将这种类型的数据想成是Excel电子表格的一个窗口(sheet)。

● 列表

列表主要是指逻辑上可以放在一起的数据，其实上面所介绍的所有对象均可以放在列表内，甚至列表内也可以包含其他列表。

15-2 随机抽样

不论是数学家或统计学家，从一堆数据中抽取样本，做更进一步的分析与预测是一件很重要的事。在R语言中，可以使用sample( )函数，轻易地完成这个工作，这个函数的使用格式和各参数的意义如下。

```
sample(x, size, replace = FALSE, prob = NULL)
```

◂ x：向量，代表随机数样本的范围。

◂ size：正整数，代表取随机样本的数量。

◂ replace：默认是FALSE，如果是TRUE，则代表抽完一个样本后这个样本需放回去，供下次抽取。

◂ prob：默认是NULL，如果想将某些样本被抽取的概率增大，则可在这个参数中放置数值向量，代表样本被抽中的比重。

15-2-1　将随机抽样应用于扑克牌

笔者在第9章的实例ch9_19中曾经建立一个扑克牌的向量deck，这个向量包含扑克牌的52张牌的数据，如下所示。

```
> deck
 [1] "Spades A"    "Spades 2"     "Spades 3"      "Spades 4"
 [5] "Spades 5"    "Spades 6"     "Spades 7"      "Spades 8"
 [9] "Spades 9"    "Spades 10"    "Spades J"      "Spades Q"
[13] "Spades K"    "Heart A"      "Heart 2"       "Heart 3"
[17] "Heart 4"     "Heart 5"      "Heart 6"       "Heart 7"
[21] "Heart 8"     "Heart 9"      "Heart 10"      "Heart J"
[25] "Heart Q"     "Heart K"      "Diamonds A"    "Diamonds 2"
[29] "Diamonds 3"  "Diamonds 4"   "Diamonds 5"    "Diamonds 6"
[33] "Diamonds 7"  "Diamonds 8"   "Diamonds 9"    "Diamonds 10"
[37] "Diamonds J"  "Diamonds Q"   "Diamonds K"    "Clubs A"
[41] "Clubs 2"     "Clubs 3"      "Clubs 4"       "Clubs 5"
[45] "Clubs 6"     "Clubs 7"      "Clubs 8"       "Clubs 9"
[49] "Clubs 10"    "Clubs J"      "Clubs Q"       "Clubs K"
>
```

实例 ch15_1：随机产生 52 张牌。

```
> sample(deck, 52)
 [1] "Clubs K"     "Heart 2"      "Diamonds 5"   "Clubs 5"
 [5] "Spades 6"    "Clubs J"      "Clubs 9"      "Diamonds 2"
 [9] "Diamonds J"  "Spades 4"     "Diamonds 10"  "Diamonds 3"
[13] "Diamonds A"  "Heart J"      "Heart 4"      "Clubs 3"
[17] "Clubs 6"     "Clubs 7"      "Diamonds 4"   "Spades 9"
[21] "Diamonds 9"  "Spades 5"     "Spades 10"    "Spades 8"
[25] "Spades 7"    "Heart Q"      "Heart 7"      "Diamonds Q"
[29] "Heart 3"     "Heart K"      "Spades K"     "Spades A"
[33] "Heart 8"     "Clubs 8"      "Clubs 4"      "Heart 10"
[37] "Clubs 2"     "Heart A"      "Spades J"     "Diamonds K"
[41] "Heart 9"     "Spades Q"     "Diamonds 8"   "Heart 6"
[45] "Clubs A"     "Clubs 10"     "Spades 2"     "Spades 3"
[49] "Diamonds 7"  "Heart 5"      "Clubs Q"      "Diamonds 6"
>
```

这个实例每次执行均会有不同的输出结果。

15-2-2 种子值

实例 ch15_1 在每次执行时都会产生不同的出牌顺序，在真实的实验过程中，有时我们会想要记录实验随机数据的处理过程，希望不同的测试者可以获得相同的随机数，以便比较与分析，此时可以使用种子值。set.seed( )函数可用于设定种子值，set.seed( )函数的参数可以是一个数字，当设置种子值后，在相同种子值后面的sample( )所产生的随机数序列将相同。

实例 ch15_2：重新执行实例 ch15_1，但此次增加设定种子值，以观察执行结果。

```
1  #
2  # 实例ch15_2
3  #
4  ch15_2 <- function( )
5  {
6      set.seed(1)
7      sample(deck, 52)
8  }
```

执行结果

```
> ch15_2()
 [1] "Heart A"      "Heart 6"      "Diamonds 3"   "Clubs 6"
 [5] "Spades 10"    "Clubs 4"      "Clubs 5"      "Diamonds 4"
 [9] "Diamonds 2"   "Spades 3"     "Spades 9"     "Spades 8"
[13] "Clubs 7"      "Heart 2"      "Clubs 10"     "Clubs Q"
[17] "Heart K"      "Diamonds 9"   "Spades K"     "Diamonds 10"
[21] "Diamonds Q"   "Spades 7"     "Heart 7"      "Spades 4"
[25] "Clubs 2"      "Spades J"     "Spades A"     "Clubs 9"
[29] "Heart 8"      "Clubs A"      "Diamonds A"   "Diamonds 8"
[33] "Heart Q"      "Clubs J"      "Diamonds K"   "Spades Q"
[37] "Heart J"      "Spades 2"     "Heart V"      "Spades 6"
[41] "Diamonds 6"   "Heart 10"     "Clubs K"      "Spades 5"
[45] "Clubs 3"      "Heart 3"      "Diamonds 7"   "Clubs 8"
[49] "Heart 4"      "Diamonds J"   "Diamonds 5"   "Heart 5"
>
```

对上述程序而言，每次执行均可以获得相同的扑克牌出牌顺序。此外，在上述程序第6行，笔者将set.seed( )函数的参数设定为1，在此若放置不同的参数也可以，但不同参数会有各自不同的出牌顺序。

实例 ch15_3：重新执行实例 ch15_2，但此次在 set.seed( ) 函数内放置不同的参数，以观察执行结果。

执行结果

```
> ch15_3( )
 [1] "Heart Q"      "Spades J"     "Clubs A"      "Diamonds 6"
 [5] "Heart 3"      "Diamonds 8"   "Heart A"      "Clubs 3"
 [9] "Clubs 8"      "Diamonds 2"   "Heart 7"      "Spades 4"
[13] "Heart 5"      "Heart 9"      "Spades 6"     "Diamonds 9"
[17] "Spades A"     "Spades 10"    "Diamonds J"   "Clubs J"
[21] "Spades 8"     "Spades K"     "Heart 6"      "Spades 7"
[25] "Diamonds 4"   "Diamonds A"   "Spades 3"     "Clubs 9"
[29] "Diamonds 5"   "Clubs 4"      "Spades 5"     "Clubs 7"
[33] "Heart 10"     "Clubs 2"      "Clubs 10"     "Diamonds Q"
[37] "Clubs K"      "Heart 2"      "Heart 4"      "Clubs 5"
[41] "Clubs Q"      "Clubs 6"      "Diamonds K"   "Diamonds 7"
[45] "Heart K"      "Spades 2"     "Spades Q"     "Diamonds 10"
[49] "Heart 8"      "Heart J"      "Spades 9"     "Diamonds 3"
>
```

```
1  #
2  # 实例ch15_3
3  #
4  ch15_3 <- function( )
5  {
6    set.seed(8)
7    sample(deck, 52)
8  }
```

比较ch15_3与ch15_2，由于实例ch15_3的set.seed( )的参数是8，因此ch15_3产生了与ch15_2不同的种子值，因此彼此的出牌顺序是不同的，但每一次执行ch15_3时，皆可以获得相同的出牌顺序。

15-2-3 模拟骰子

骰子由1到6组成，如果我们想要掷12次，同时记录结果，那么可以使用下列方法。

实例 ch15_4：掷 12 次骰子，同时记录结果。

```
> sample(1:6, 12, replace = TRUE)
 [1] 1 3 6 2 5 3 1 6 6 6 5 4
>
```

在上述程序中，由于每次掷骰子必须重新取样，所以replace参数需设为TRUE，可以想成将抽取的样本放回去，然后重新取样。当然设置种子值的方法也适合应用于掷骰子取样。

```
1  #
2  # 实例ch15_5
3  #
4  ch15_5 <- function( )
5▾ {
6    set.seed(1)
7    sample(1:6, 12, replace = TRUE)
8  }
```

执行结果
```
> source('~/Rbook/ch15/ch15_5.R')
> ch15_5()
 [1] 2 3 4 6 2 6 6 4 4 1 2 2
> ch15_5()
 [1] 2 3 4 6 2 6 6 4 4 1 2 2
>
```

实例ch15_5不论何时执行，皆可获得相同的取样结果。

15-2-4　比重的设置

如果在取样时，希望某些样本有较高的概率被抽取，可更改比重(weights)。

```
> sample(1:6, 12, replace = TRUE, c(5, 1, 1, 1, 1, 5))
 [1] 1 1 3 1 3 2 1 3 2 6 1 6
> sample(1:6, 12, replace = TRUE, c(5, 1, 1, 1, 1, 5))
 [1] 6 1 6 1 4 6 1 1 1 6 5 1
> sample(1:6, 12, replace = TRUE, c(5, 1, 1, 1, 1, 5))
 [1] 5 6 3 1 5 1 3 1 1 5 6 1
> sample(1:6, 12, replace = TRUE, c(5, 1, 1, 1, 1, 5))
 [1] 3 1 1 4 1 6 6 6 6 1 1 1
>
```

以上是笔者连续执行该程序数次所观察到的执行结果。

15-3　再谈向量数据的抽取——以islands为实例

在第4章的4-9-3节笔者已经介绍了一些从系统内建的数据集islands中抽取数据的实例，本节将针对其他可能抽取数据的方式做完整解说。

```
> islands[5]
Axel Heiberg
          16
> islands[c(1, 10, 20, 30, 40)]
     Africa      Celebes     Honshu New Britain Southampton
      11506           73         89          15          16
>
```

```
> islands[-(21:48)]          #排除21至48的数据
        Africa   Antarctica        Asia   Australia Axel Heiberg      Baffin
         11506         5500       16988        2968           16         184
         Banks       Borneo     Britain     Celebes        Celon        Cuba
            23          280          84          73           25          43
         Devon     Ellesmere      Europe   Greenland       Hainan  Hispaniola
            21           82        3745         840           13          30
      Hokkaido       Honshu
            30           89
>
```

下列是排除索引为1至30的数据。

```
> islands[-(1:30)]           #排除1至30的数据
    New Guinea New Zealand (N) New Zealand (S)  Newfoundland
           306              44              58            43
 North America   Novaya Zemlya Prince of Wales      Sakhalin
          9390              32              13            29
 South America     Southampton     Spitsbergen       Sumatra
          6795              16              15           183
     Vancouver        Tasmania Tierra del Fuego         Timor
            12              26              19            13
      Victoria
            82
>
```

```
> islands[ ]                              #空白表示列出所有数据
          Africa       Antarctica             Asia        Australia
           11506             5500            16988             2968
    Axel Heiberg           Baffin            Banks           Borneo
              16              184               23              280
         Britain          Celebes            Celon             Cuba
              84               73               25               43
           Devon        Ellesmere           Europe        Greenland
              21               82             3745              840
          Hainan       Hispaniola         Hokkaido           Honshu
              13               30               30               89
         Iceland          Ireland             Java           Kyushu
              40               33               49               14
           Luzon       Madagascar         Melville         Mindanao
              42              227               16               36
        Moluccas      New Britain       New Guinea  New Zealand (N)
              29               15              306               44
 New Zealand (S)     Newfoundland    North America    Novaya Zemlya
              58               43             9390               32
 Prince of Wales         Sakhalin    South America      Southampton
              13               29             6795               16
     Spitsbergen          Sumatra                          Tasmania
              15              183                                26
Tierra del Fuego            Timor        Vancouver         Victoria
              19               13               12               82
>
```

```
> islands[ islands > 100]           #列出大于100之岛屿
        Africa   Antarctica         Asia    Australia       Baffin
         11506         5500        16988         2968          184
        Borneo       Europe    Greenland   Madagascar   New Guinea
           280         3745          840          227          306
 North America South America      Sumatra
          9390         6795          183
>
```

下列是列出面积小于30平方千米的岛屿的实例。

```
> islands[ islands < 30 ]          #列出小于30之岛屿
    Axel Heiberg              Banks             Celon             Devon
              16                 23                25                21
          Hainan             Kyushu           Melville          Moluccas
              13                 14                16                29
     New Britain   Prince of Wales           Sakhalin       Southampton
              15                 13                29                16
     Spitsbergen             Taiwan         Tasmania Tierra del Fuego
              15                 14                26                19
           Timor          Vancouver
              13                 12
>
```

实例 ch15_11：列出名称相同的岛屿，下列是列出 Taiwan 的实例。

```
> islands["Taiwan"]
Taiwan
    14
```

下列是列出Taiwan、Africa和Australia的实例。

```
> islands[c("Africa", "Australia", "Taiwan")]
    Africa Australia    Taiwan
     11506      2968        14
>
```

15-4 数据框数据的抽取 —— 重复值的处理

iris中文是鸢尾花，这是系统内建的数据框数据集，内含150个记录。

```
> str(iris)
'data.frame':   150 obs. of  5 variables:
 $ Sepal.Length: num  5.1 4.9 4.7 4.6 5 5.4 4.6 5 4.4 4.9 ...
 $ Sepal.Width : num  3.5 3 3.2 3.1 3.6 3.9 3.4 3.4 2.9 3.1 ...
 $ Petal.Length: num  1.4 1.4 1.3 1.5 1.4 1.7 1.4 1.5 1.4 1.5 ...
 $ Petal.Width : num  0.2 0.2 0.2 0.2 0.2 0.4 0.3 0.2 0.2 0.1 ...
 $ Species     : Factor w/ 3 levels "setosa","versicolor",..: 1 1 1 1 1 1 1 1 1
1 ...
>
```

数据框是一个二维的对象，所以在抽取数据时索引(index)须包括行和列。

实例 ch15_12：抽取前 8 行数据。

```
> iris[1:8, ]
  Sepal.Length Sepal.Width Petal.Length Petal.Width Species
1          5.1         3.5          1.4         0.2  setosa
2          4.9         3.0          1.4         0.2  setosa
3          4.7         3.2          1.3         0.2  setosa
4          4.6         3.1          1.5         0.2  setosa
5          5.0         3.6          1.4         0.2  setosa
6          5.4         3.9          1.7         0.4  setosa
7          4.6         3.4          1.4         0.3  setosa
8          5.0         3.4          1.5         0.2  setosa
>
```

实例 ch15_13：抽取鸢尾花数据集中字段是花瓣的长度（"Petal.Length"）数据，并观察执行结果。

```
> x <- iris[, "Petal.Length"]
> x
  [1] 1.4 1.4 1.3 1.5 1.4 1.7 1.4 1.5 1.4 1.5 1.5 1.6 1.4 1.1 1.2 1.5 1.3
 [18] 1.4 1.7 1.5 1.7 1.5 1.0 1.7 1.9 1.6 1.6 1.5 1.4 1.6 1.6 1.5 1.5 1.4
 [35] 1.5 1.2 1.3 1.4 1.3 1.5 1.3 1.3 1.3 1.6 1.9 1.4 1.6 1.4 1.5 1.4 4.7
 [52] 4.5 4.9 4.0 4.6 4.5 4.7 3.3 4.6 3.9 3.5 4.2 4.0 4.7 3.6 4.4 4.5 4.1
 [69] 4.5 3.9 4.8 4.0 4.9 4.7 4.3 4.4 4.8 5.0 4.5 3.5 3.8 3.7 3.9 5.1 4.5
 [86] 4.5 4.7 4.4 4.1 4.0 4.4 4.6 4.0 3.3 4.2 4.2 4.2 4.3 3.0 4.1 6.0 5.1
[103] 5.9 5.6 5.8 6.6 4.5 6.3 5.8 6.1 5.1 5.3 5.5 5.0 5.1 5.3 5.5 6.7 6.9
[120] 5.0 5.7 4.9 6.7 4.9 5.7 6.0 4.8 4.9 5.6 5.8 6.1 6.4 5.6 5.1 5.6 6.1
[137] 5.6 5.5 4.8 5.4 5.6 5.1 5.1 5.9 5.7 5.2 5.0 5.2 5.4 5.1
>
```

由上述执行结果可以发现，iris原是数据框数据类型，经上述抽取后，由于是单列的数据，所以数据类型被简化为向量，如果想避免这类情况发生，可以在抽取数据时增加参数"drop = FALSE"。

实例ch15_14：增加参数"drop = FALSE"，重新执行实例ch15_13，抽取鸢尾花字段是花瓣的长度（"Petal.Length"），并观察执行结果。

```
> x <- iris[, "Petal.Length", drop = FALSE]
> x
    Petal.Length
1            1.4
2            1.4
3            1.3
4            1.5
5            1.4
```

上述笔者只列出部分结果，如果用str( )函数检查，可以更加确定即使是单列数据，我们仍获得了数据框的结果。

```
> str(x)
'data.frame':  150 obs. of  1 variable:
 $ Petal.Length: num  1.4 1.4 1.3 1.5 1.4 1.7 1.4 1.5 1.4 1.5 ...
>
```

不过如果我们使用了8-2-4节方式抽取数据时，所获得的结果也会是数据框。

实例ch15_15：抽取单列数据，所获得的结果仍是数据框。

```
> x <- iris["Petal.Length"]
> x
    Petal.Length
1            1.4
2            1.4
3            1.3
4            1.5
5            1.4
```

上述笔者只列出部分结果，如果用str( )函数检查，也可以确定即使是单列数据，我们采用这种方式仍获得了数据框的结果。

```
> str(x)
'data.frame':  150 obs. of  1 variable:
 $ Petal.Length: num  1.4 1.4 1.3 1.5 1.4 1.7 1.4 1.5 1.4 1.5 ...
>
```

实例ch15_16：抽取 Sepal.Length 和 Petal.Length 字段的所有行的数据。

```
> iris[, c("Sepal.Length", "Petal.Length")]
    Sepal.Length Petal.Length
1            5.1          1.4
2            4.9          1.4
3            4.7          1.3
4            4.6          1.5
5            5.0          1.4
```

```
> iris[3:7, c("Sepal.Length", "Petal.Length")]
  Sepal.Length Petal.Length
3          4.7          1.3
4          4.6          1.5
5          5.0          1.4
6          5.4          1.7
7          4.6          1.4
>
```

在 15-2 节我们介绍了随机抽样的概念，我们可以将那个概念应用在这里的。

实例 ch15_18：随机抽取 8 行鸢尾花的观察数据。

```
> x <- sample(1:nrow(iris), 8)      #随机抽8笔索引
> x
[1] 126  12  54 116  95 112  86  28
> iris[x, ]                          #列出这8笔数据
    Sepal.Length Sepal.Width Petal.Length Petal.Width    Species
126          7.2         3.2          6.0         1.8  virginica
12           4.8         3.4          1.6         0.2     setosa
54           5.5         2.3          4.0         1.3 versicolor
116          6.4         3.2          5.3         2.3  virginica
95           5.6         2.7          4.2         1.3 versicolor
112          6.4         2.7          5.3         1.9  virginica
86           6.0         3.4          4.5         1.6 versicolor
28           5.2         3.5          1.5         0.2     setosa
>
```

注：nrow( )函数可传回对象个数。

15-4-1　重复值的搜索

使用 duplicated( ) 函数可以搜寻对象是否有重复值，数值在第一次出现时会返回 FALSE，未来重复出现时则传回 TRUE。

实例 ch15_19：搜寻向量数据，了解是否有数值重复。

```
> duplicated(c(1, 1, 2, 2, 3, 5, 8, 1))
[1] FALSE  TRUE FALSE  TRUE FALSE FALSE FALSE  TRUE
>
```

由上述执行结果可以看到，数值若出现第 2 次就会返回 TRUE。这个函数如果是应用于数据框，则必须该行内所有数据与前面某行所有数据重复才算重复。

实例 ch15_20：搜寻 iris 数据框数据，了解是否有数值重复。

```
> duplicated(iris)
  [1] FALSE FALSE FALSE FALSE FALSE FALSE FALSE FALSE FALSE FALSE FALSE
 [12] FALSE FALSE FALSE FALSE FALSE FALSE FALSE FALSE FALSE FALSE FALSE
 [23] FALSE FALSE FALSE FALSE FALSE FALSE FALSE FALSE FALSE FALSE FALSE
 [34] FALSE FALSE FALSE FALSE FALSE FALSE FALSE FALSE FALSE FALSE FALSE
 [45] FALSE FALSE FALSE FALSE FALSE FALSE FALSE FALSE FALSE FALSE FALSE
 [56] FALSE FALSE FALSE FALSE FALSE FALSE FALSE FALSE FALSE FALSE FALSE
 [67] FALSE FALSE FALSE FALSE FALSE FALSE FALSE FALSE FALSE FALSE FALSE
 [78] FALSE FALSE FALSE FALSE FALSE FALSE FALSE FALSE FALSE FALSE FALSE
 [89] FALSE FALSE FALSE FALSE FALSE FALSE FALSE FALSE FALSE FALSE FALSE
[100] FALSE FALSE FALSE FALSE FALSE FALSE FALSE FALSE FALSE FALSE FALSE
[111] FALSE FALSE FALSE FALSE FALSE FALSE FALSE FALSE FALSE FALSE FALSE
[122] FALSE FALSE FALSE FALSE FALSE FALSE FALSE FALSE FALSE FALSE FALSE
[133] FALSE FALSE FALSE FALSE FALSE FALSE FALSE FALSE FALSE FALSE  TRUE
[144] FALSE FALSE FALSE FALSE FALSE FALSE FALSE
>
```

由上述执行结果，可以发现第 143 行数据返回 TRUE，所以这行数据是重复出现的。上述执

行结果笔者是通过观察得到的，更好的方式是使用下一节所介绍的函数。

15-4-2　which( )函数

which( )函数可以传回重复值的索引。

实例ch15_21：传回实例ch15_19中的重复值的索引。

```
> which(duplicated(c(1, 1, 2, 2, 3, 5, 8, 1)))
[1] 2 4 8
>
```

实例ch15_22：返回鸢尾花iris对象重复值的索引。

```
> which(duplicated(iris))
[1] 143
>
```

在实例ch15_20中，笔者是用观察执行结果的方法得到第143行数据是重复值的，但在实例ch15_22中，我们已改成，用which( )函数获得第143行数据是重复值。

15-4-3　抽取数据时去除重复值

有两个方法可以在抽取数据时去除重复值，方法1是使用负值索引。

实例ch15_23：使用负值当索引去除iris对象的重复值。

```
1  #
2  # 实例ch15_23
3  #
4  ch15_23 <- function( )
5  {
6    i <- which(duplicated(iris))
7    x <- iris[-i, ]
8    print(x)
9  }
```

执行结果

```
> iris
  Sepal.Length Sepal.Width Petal.Length Petal.Width  Species
1          5.1         3.5          1.4         0.2   setosa
2          4.9         3.0          1.4         0.2   setosa
3          4.7         3.2          1.3         0.2   setosa
```

如果往下滚动屏幕，则可以看到下列输出结果。

```
140          6.9         3.1          5.4         2.1 virginica
141          6.7         3.1          5.6         2.4 virginica
142          6.9         3.1          5.1         2.3 virginica
144          6.8         3.2          5.9         2.3 virginica
145          6.7         3.3          5.7         2.5 virginica
146          6.7         3.0          5.2         2.3 virginica
147          6.3         2.5          5.0         1.9 virginica
148          6.5         3.0          5.2         2.0 virginica
149          6.2         3.4          5.4         2.3 virginica
150          5.9         3.0          5.1         1.8 virginica
>
```

由以上执行结果可以看到，第143行数据已被去除。方法2是直接使用逻辑运算语句，可参考下列实例。

```
> iris[!duplicated(iris), ]
  Sepal.Length Sepal.Width Petal.Length Petal.Width  Species
1          5.1         3.5          1.4         0.2   setosa
2          4.9         3.0          1.4         0.2   setosa
3          4.7         3.2          1.3         0.2   setosa
```

如果往下滚动屏幕，可以看到下列输出结果。

```
140   6.9   3.1   5.4   2.1  virginica
141   6.7   3.1   5.6   2.4  virginica
142   6.9   3.1   5.1   2.3  virginica
144   6.8   3.2   5.9   2.3  virginica
145   6.7   3.3   5.7   2.5  virginica
146   6.7   3.0   5.2   2.3  virginica
147   6.3   2.5   5.0   1.9  virginica
148   6.5   3.0   5.2   2.0  virginica
149   6.2   3.4   5.4   2.3  virginica
150   5.9   3.0   5.1   1.8  virginica
>
```

由以上执行结果可以看到第143行数据已被去除。

15-5 数据框数据的抽取 —— 缺少值的处理

在真实世界里，有时候无法收集到正确信息，此时可能用NA代表缺少值，这一小节中，笔者将讲解处理这类数据的方式。

15-5-1 抽取数据时去除含NA值的行数据

R语言系统有一个内建的数据集airquality，它的数据如下所示。

```
> airquality
  Ozone Solar.R Wind Temp Month Day
1    41     190  7.4   67     5   1
2    36     118  8.0   72     5   2
3    12     149 12.6   74     5   3
4    18     313 11.5   62     5   4
5    NA      NA 14.3   56     5   5
6    28      NA 14.9   66     5   6
```

如果往下滚动屏幕，则可以看到下列输出结果。

```
148   14    20 16.6   63     9  25
149   30   193  6.9   70     9  26
150   NA   145 13.2   77     9  27
151   14   191 14.3   75     9  28
152   18   131  8.0   76     9  29
153   20   223 11.5   68     9  30
>
```

以下是使用str( )函数了解其结构。

```
> str(airquality)
'data.frame':   153 obs. of  6 variables:
 $ Ozone  : int  41 36 12 18 NA 28 23 19 8 NA ...
 $ Solar.R: int  190 118 149 313 NA NA 299 99 19 194 ...
 $ Wind   : num  7.4 8 12.6 11.5 14.3 14.9 8.6 13.8 20.1 8.6 ...
 $ Temp   : int  67 72 74 62 56 66 65 59 61 69 ...
 $ Month  : int  5 5 5 5 5 5 5 5 5 5 ...
 $ Day    : int  1 2 3 4 5 6 7 8 9 10 ...
```

由以上执行结果可以知道airquality是数据框对象，也可以看到上述对象含有许多NA值。R语言提供了complete.cases( )函数，如果对象的数据行是完整的则传回TRUE，如果对象数据含NA值则传回FALSE。

实例ch15_25：使用complete.cases( )函数测试airquality对象。

```
> complete.cases(airquality)
  [1]  TRUE  TRUE  TRUE  TRUE FALSE FALSE  TRUE  TRUE  TRUE FALSE FALSE
 [12]  TRUE  TRUE  TRUE  TRUE  TRUE  TRUE  TRUE  TRUE  TRUE  TRUE  TRUE
 [23]  TRUE  TRUE FALSE FALSE FALSE  TRUE  TRUE  TRUE  TRUE  TRUE  TRUE
 [34] FALSE FALSE FALSE FALSE  TRUE FALSE  TRUE  TRUE  TRUE FALSE FALSE
 [45] FALSE FALSE  TRUE FALSE  TRUE  TRUE  TRUE  TRUE FALSE FALSE FALSE
 [56] FALSE FALSE FALSE  TRUE FALSE  TRUE  TRUE  TRUE  TRUE FALSE FALSE
 [67]  TRUE  TRUE  TRUE  TRUE  TRUE  TRUE  TRUE  TRUE  TRUE  TRUE  TRUE
 [78]  TRUE  TRUE  TRUE  TRUE  TRUE FALSE FALSE  TRUE  TRUE  TRUE  TRUE
 [89]  TRUE  TRUE  TRUE  TRUE  TRUE  TRUE  TRUE  TRUE  TRUE  TRUE  TRUE
[100]  TRUE  TRUE FALSE FALSE  TRUE  TRUE  TRUE FALSE  TRUE  TRUE  TRUE
[111]  TRUE  TRUE  TRUE  TRUE FALSE  TRUE  TRUE  TRUE  TRUE FALSE  TRUE
[122]  TRUE  TRUE  TRUE  TRUE  TRUE  TRUE  TRUE  TRUE  TRUE  TRUE  TRUE
[133]  TRUE  TRUE  TRUE  TRUE  TRUE  TRUE  TRUE  TRUE  TRUE  TRUE  TRUE
[144]  TRUE  TRUE  TRUE  TRUE  TRUE FALSE  TRUE  TRUE  TRUE
>
```

实例ch15_26：抽取airquality对象数据时去除含NA值的行数据。

```
> x.NoNA <- airquality[complete.cases(airquality), ]
> x.NoNA
    Ozone Solar.R Wind Temp Month Day
1      41     190  7.4   67     5   1
2      36     118  8.0   72     5   2
3      12     149 12.6   74     5   3
```

如果往下滚动屏幕，可以看到下列结果。

```
151    14     191 14.3   75     9  28
152    18     131  8.0   76     9  29
153    20     223 11.5   68     9  30
>
```

由上述执行结果可以看到，x.NoNA对象将不再有含NA的数据了。以下是用str( )函数了解新对象的结构。

```
> str(x.NoNA)
'data.frame':   111 obs. of  6 variables:
 $ Ozone  : int  41 36 12 18 23 19 8 16 11 14 ...
 $ Solar.R: int  190 118 149 313 299 99 19 256 290 274 ...
 $ Wind   : num  7.4 8 12.6 11.5 8.6 13.8 20.1 9.7 9.2 10.9 ...
 $ Temp   : int  67 72 74 62 65 59 61 69 66 68 ...
 $ Month  : int  5 5 5 5 5 5 5 5 5 5 ...
 $ Day    : int  1 2 3 4 7 8 9 12 13 14 ...
>
```

可以看到原先有153行数据，最后只剩111行数据了。

15-5-2 na.omit( )函数

使用na.omit( )函数也可以实现15-5-1节所叙述的功能。

实例ch15_27：使用na.omit( )函数重新执行实例ch15_26的任务，抽取airquality对象的数据时去除含NA值的行数据。

```
> x2.NoNA <- na.omit(airquality)
> str(x2.NoNA)
'data.frame':   111 obs. of  6 variables:
 $ Ozone  : int  41 36 12 18 23 19 8 16 11 14 ...
 $ Solar.R: int  190 118 149 313 299 99 19 256 290 274 ...
 $ Wind   : num  7.4 8 12.6 11.5 8.6 13.8 20.1 9.7 9.2 10.9 ...
 $ Temp   : int  67 72 74 62 65 59 61 69 66 68 ...
 $ Month  : int  5 5 5 5 5 5 5 5 5 5 ...
 $ Day    : int  1 2 3 4 7 8 9 12 13 14 ...
 - attr(*, "na.action")=Class 'omit'  Named int [1:42] 5 6 10 11 25 26 27 32 33 34 ...
 .. ..- attr(*, "names")= chr [1:42] "5" "6" "10" "11" ...
>
```

15-6 数据框的字段运算

对于数据框而言，每一个字段(列数据)皆是一个向量，所以对于字段之间的运算，也可以视之为向量的运算。

15-6-1 基本数据框的字段运算

实例 ch15_28：使用 iris 对象，计算鸢尾花花萼和花瓣的长度比。

```
> r <- iris$Sepal.Length / iris$Petal.Length
> r
  [1] 3.642857 3.500000 3.615385 3.066667 3.571429 3.176471 3.285714 3.333333
  [9] 3.142857 3.266667 3.600000 3.000000 3.428571 3.909091 4.833333 3.800000
 [17] 4.153846 3.642857 3.352941 3.400000 3.176471 3.400000 4.600000 3.000000
 [25] 2.526316 3.125000 3.125000 3.466667 3.714286 2.937500 3.000000 3.400000
 [33] 3.466667 3.928571 3.266667 4.166667 4.230769 3.500000 3.384615 3.400000
 [41] 3.846154 3.461538 3.384615 3.125000 2.684211 3.428571 3.187500 3.285714
 [49] 3.533333 3.571429 1.489362 1.422222 1.408163 1.375000 1.413043 1.266667
 [57] 1.340426 1.484848 1.434783 1.333333 1.428571 1.404762 1.500000 1.297872
 [65] 1.555556 1.522727 1.244444 1.414634 1.377778 1.435897 1.229167 1.525000
 [73] 1.285714 1.297872 1.488372 1.500000 1.416667 1.340000 1.333333 1.628571
 [81] 1.447368 1.486486 1.487179 1.176471 1.200000 1.333333 1.425532 1.431818
 [89] 1.365854 1.375000 1.250000 1.326087 1.450000 1.515152 1.333333 1.357143
 [97] 1.357143 1.441860 1.700000 1.390244 1.050000 1.137255 1.203390 1.125000
[105] 1.120690 1.151515 1.088889 1.158730 1.180328 1.274510 1.207547
[113] 1.236364 1.140000 1.137255 1.207547 1.181818 1.149254 1.115942 1.200000
[121] 1.210526 1.142857 1.149254 1.285714 1.175439 1.200000 1.291667 1.244898
[129] 1.142857 1.241379 1.213115 1.234375 1.142857 1.235294 1.089286 1.262295
[137] 1.125000 1.163636 1.250000 1.277778 1.196429 1.352941 1.137255 1.152542
[145] 1.175439 1.288462 1.260000 1.250000 1.148148 1.156863
>
```

还记得吗？如果不想显示这么多结果，可以使用head( )函数，默认是显示前6个数据，如下所示。

```
> head(r)
[1] 3.642857 3.500000 3.615385 3.066667 3.571429 3.176471
>
```

15-6-2 with( )函数

在执行数据框的字段运算时，"数据框名称"加上"$"，的确好用，但是R语言开发团队仍不满足，因此又开发了一个好用的with( )函数，使用这个函数可以省略"$"符号，甚至也可以省略数据框的名称。这个函数的使用格式如下所示。

```
with(data, expression, … )
```

◀ data：待处理的对象。
◀ expression：运算公式。

实例 ch15_29：使用 with( ) 函数重新设计实例 ch15_28，计算鸢尾花花萼和花瓣的长度比。

```
> r.with <- with(iris, Sepal.Length / Petal.Length)
> head(r.with)
[1] 3.642857 3.500000 3.615385 3.066667 3.571429 3.176471
>
```

对上述实例而言，当R语言遇上with(iris, …)时，编译程序就知道后面的运算公式，是属于iris的字段，因此运算公式可以省略对象名称，此例是省略iris。

15-6-3　identical( )函数

identical( )函数的基本作用是检测两个对象是否完全相同，如果完全相同将返回TRUE，否则返回FALSE。在实例ch15_28和实例ch15_29中，笔者使用了两种方法计算鸢尾花花萼和花瓣的长度比。

实例ch15_30：使用identical( )函数检测实例ch15_28和实例ch15_29的执行结果是否完全相同。

```
> identical(r, r.with)
[1] TRUE
>
```

15-6-4　将字段运算结果存入新的字段

本章的15-6-1节介绍了数据框的字段运算，既然我们可以将运算结果存入1个向量内，那么我们也可以将数据框字段的运算结果存入该数据框内成为一个新的字段。

实例ch15_31：使用iris对象，计算鸢尾花花萼和花瓣的长度比，同时将运算结果存入iris对象的新字段length.Ratio。

```
> my.iris <- iris
> my.iris$length.Ratio <- my.iris$Sepal.Length / my.iris$Petal.Length
```

在上述程序中，如果笔者忽略"my.iris <- iris"，那将造成执行完下一个命令后，笔者系统内建的iris对象被更改，所以笔者先将iris对象复制并命名为"my.iris"，以后只针对新对象做编辑。其实也建议读者养成尽量不要更改系统内建数据集的习惯。下列是笔者验证新对象"my.iris"是否增加字段"length.Ratio"的执行结果。

```
> head(my.iris)
  Sepal.Length Sepal.Width Petal.Length Petal.Width Species length.Ratio
1          5.1         3.5          1.4         0.2  setosa     3.642857
2          4.9         3.0          1.4         0.2  setosa     3.500000
3          4.7         3.2          1.3         0.2  setosa     3.615385
4          4.6         3.1          1.5         0.2  setosa     3.066667
5          5.0         3.6          1.4         0.2  setosa     3.571429
6          5.4         3.9          1.7         0.4  setosa     3.176471
>
```

由执行结果最右边一列可以知道上述程序执行成功了。

15-6-5　within( )函数

在本章中的15-6-2节，笔者介绍了with( )函数，有了它在字段运算时可以省略对象名称和"$"符号，within( )函数也具有类似功能，不过within( )函数主要用于在字段运算时将运算结果放在相同对象的新建字段上，类似于15-6-4节所述。

```
> my.iris2 <- iris
> my.iris2 <- within(my.iris2, length.Ratio <- Sepal.Length / Petal.Length)
> head(my.iris2)
  Sepal.Length Sepal.Width Petal.Length Petal.Width Species length.Ratio
1          5.1         3.5          1.4         0.2  setosa     3.642857
2          4.9         3.0          1.4         0.2  setosa     3.500000
3          4.7         3.2          1.3         0.2  setosa     3.615385
4          4.6         3.1          1.5         0.2  setosa     3.066667
5          5.0         3.6          1.4         0.2  setosa     3.571429
6          5.4         3.9          1.7         0.4  setosa     3.176471
>
```

将within( )函数与with( )函数做比较，其实区别主要是在第2个参数。在执行表达式前的"length.Ratio <- "，可以想成是"新域名" + "等号"，R语言编译时会将运算结果存入这个新字段(此例是length.Ratio)中。当然我们也可以使用identical( )函数验证my.iris和my.iris2是否相同。

实例ch15_33：使用identical( )函数验证my.iris和my.iris2对象是否完全相同。

```
> identical(my.iris, my.iris2)
[1] TRUE
>
```

15-7 数据的分割

原始数据可能很庞大，有时我们可能会想将数据依据某些条件进行等量分割，本节笔者将使用之前章节曾用过的系统内建数据集state.x77对象，这个对象包含美国50个州的数据，如下所示。

```
> state.x77
            Population Income Illiteracy Life Exp Murder HS Grad Frost   Area
Alabama           3615   3624        2.1    69.05   15.1    41.3    20  50708
Alaska             365   6315        1.5    69.31   11.3    66.7   152 566432
Arizona           2212   4530        1.8    70.55    7.8    58.1    15 113417
Arkansas          2110   3378        1.9    70.66   10.1    39.9    65  51945
California       21198   5114        1.1    71.71   10.3    62.6    20 156361
Colorado          2541   4884        0.7    72.06    6.8    63.9   166 103766
Connecticut       3100   5348        1.1    72.48    3.1    56.0   139   4862
Delaware           579   4809        0.9    70.06    6.2    54.6   103   1982
Florida           8277   4815        1.3    70.66   10.7    52.6    11  54090
Georgia           4931   4091        2.0    68.54   13.9    40.6    60  58073
```

限于篇幅，并没有完全打印出50州的数据，本实例将使用的字段是Population，单位是千人。

15-7-1   cut( )函数

cut( )这个函数可以将数据等量切割，切割后的数据将是因子数据类型。

```
> popu <- state.x77[, "Population"]
> cut(popu, 5)                      #分割成5等份
 [1] (344,4.53e+03]      (344,4.53e+03]      (344,4.53e+03]      (344,4.53e+03]      (1.7e+04,2.12e+04]
 [6] (344,4.53e+03]      (344,4.53e+03]      (344,4.53e+03]      (4.53e+03,8.7e+03]  (4.53e+03,8.7e+03]
[11] (344,4.53e+03]      (344,4.53e+03]      (8.7e+03,1.29e+04]  (4.53e+03,8.7e+03]  (344,4.53e+03]
[16] (344,4.53e+03]      (344,4.53e+03]      (344,4.53e+03]      (344,4.53e+03]      (344,4.53e+03]
[21] (4.53e+03,8.7e+03]  (8.7e+03,1.29e+04]  (344,4.53e+03]      (344,4.53e+03]      (4.53e+03,8.7e+03]
[26] (344,4.53e+03]      (344,4.53e+03]      (344,4.53e+03]      (344,4.53e+03]      (4.53e+03,8.7e+03]
[31] (344,4.53e+03]      (1.7e+04,2.12e+04]  (4.53e+03,8.7e+03]  (344,4.53e+03]      (8.7e+03,1.29e+04]
[36] (344,4.53e+03]      (344,4.53e+03]      (8.7e+03,1.29e+04]  (344,4.53e+03]      (344,4.53e+03]
[41] (344,4.53e+03]      (344,4.53e+03]      (8.7e+03,1.29e+04]  (344,4.53e+03]      (344,4.53e+03]
[46] (4.53e+03,8.7e+03]  (344,4.53e+03]      (344,4.53e+03]      (344,4.53e+03]      (344,4.53e+03]
Levels: (344,4.53e+03] (4.53e+03,8.7e+03] (8.7e+03,1.29e+04] (1.29e+04,1.7e+04] (1.7e+04,2.12e+04]
>
```

看到上述用科学符号表示的数据，笔者也有一点头昏了，其实方法是将人数最多的州，减去人数最少的州，再均分成5等份。

15-7-2 分割数据时直接使用labels设定名称

接下来我们将以实例做说明，让数据简洁易懂。

```
> cut(popu, 5, labels = c("Low", "4th", "3rd", "2nd", "High"))
 [1] Low  Low  Low  Low  High Low  Low  Low  4th  4th  Low  Low  3rd  4th  Low
[16] Low  Low  Low  Low  4th  3rd  Low  Low  4th  Low  Low  Low  Low  Low  4th
[31] Low  High 4th  Low  3rd  Low  Low  3rd  Low  Low  Low  Low  3rd  Low  Low
[46] 4th  Low  Low  4th  Low
Levels: Low 4th 3rd 2nd High
>
```

15-7-3 了解每一人口数分类有多少州

若想了解每一人口数分类有多少州，可以使用第6章6-8节所介绍的table( )函数。

```
> x.popu <- cut(popu, 5, labels = c("Low", "4th", "3rd", "2nd", "High"))
> table(x.popu)
x.popu
 Low  4th  3rd  2nd High
  34    9    5    0    2
>
```

由以上数据可以看出，美国绝大部分的州人口数皆在453万之内。

15-8 数据的合并

数据分析师在处理数据的过程中，一定会有需要将数据合并的时候，在第7章7-4节笔者曾介绍如何使用rbind( )函数增加数据框的行数据，当然前提条件是，两组数据有相同的字段顺

序。在第7章7-5节笔者曾介绍如何使用cbind( )函数增加数据框的列数据，当然前提条件是，2组数据有相同的列顺序，如下图所示。

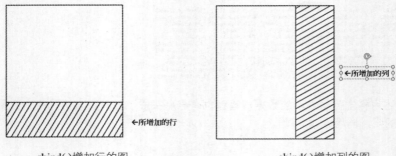

rbind( )增加行的图　　　　　　　　　cbind( )增加列的图

本节笔者将介绍使用merge( )函数，将两个对象依据其共有的特性执行合并，如右图所示。

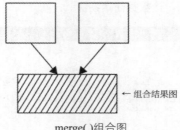

merge( )组合图

当然两组数据要能够合并或组合，彼此的键值(key)或字段数据一定要有相当的关联。

15-8-1　之前的准备工作

本节所使用的实例仍将采用R语言系统内建的数据集state.x77，这是一个含有行名称及列名称的矩阵。

实例ch15_37：将state.x77复制一份出来，同时转存成mystate.x77数据框。

```
> mystates.x77 <- as.data.frame(state.x77)
> str(mystates.x77)
'data.frame':    50 obs. of  8 variables:
 $ Population: num  3615 365 2212 2110 21198 ...
 $ Income    : num  3624 6315 4530 3378 5114 ...
 $ Illiteracy: num  2.1 1.5 1.8 1.9 1.1 0.7 1.1 0.9 1.3 2 ...
 $ Life Exp  : num  69 69.3 70.5 70.7 71.7 ...
 $ Murder    : num  15.1 11.3 7.8 10.1 10.3 6.8 3.1 6.2 10.7 13.9 ...
 $ HS Grad   : num  41.3 66.7 58.1 39.9 62.6 63.9 56 54.6 52.6 40.6 ...
 $ Frost     : num  20 152 15 65 20 166 139 103 11 60 ...
 $ Area      : num  50708 566432 113417 51945 156361 ...
>
```

由上述"str(mystates.x77)"可知，mystates.x77已被转存成数据框了，接下来，我们为这个新的数据框增加新字段Name。

实例ch15_38：为mystates.x77增加第9个字段Name。

```
> mystates.x77$Name <- rownames(state.x77)
> str(mystates.x77)
'data.frame':	50 obs. of  9 variables:
 $ Population: num  3615 365 2212 2110 21198 ...
 $ Income    : num  3624 6315 4530 3378 5114 ...
 $ Illiteracy: num  2.1 1.5 1.8 1.9 1.1 0.7 1.1 0.9 1.3 2 ...
 $ Life Exp  : num  69 69.3 70.5 70.7 71.7 ...
 $ Murder    : num  15.1 11.3 7.8 10.1 10.3 6.8 3.1 6.2 10.7 13.9 ...
 $ HS Grad   : num  41.3 66.7 58.1 39.9 62.6 63.9 56 54.6 52.6 40.6 ...
 $ Frost     : num  20 152 15 65 20 166 139 103 11 60 ...
 $ Area      : num  50708 566432 113417 51945 156361 ...
 $ Name      : chr  "Alabama" "Alaska" "Arizona" "Arkansas" ...
>
```

由上述执行结果的最下面一行可知，我们已经成功为mystates.x77增加Name字段了。如果此时列出对象可以发现，行名是州名，在已有Name字段后，这已多余，如下图所示。

```
> head(mystates.x77)
           Population Income Illiteracy Life Exp Murder HS Grad Frost   Area       Name
Alabama          3615   3624        2.1    69.05   15.1    41.3    20  50708    Alabama
Alaska            365   6315        1.5    69.31   11.3    66.7   152 566432     Alaska
Arizona          2212   4530        1.8    70.55    7.8    58.1    15 113417    Arizona
Arkansas         2110   3378        1.9    70.66   10.1    39.9    65  51945   Arkansas
California       21198   5114        1.1    71.71   10.3    62.6    20 156361 California
Colorado         2541   4884        0.7    72.06    6.8    63.9   166 103766   Colorado
>
```

实例ch15_39：删除mystates.x77的行名称。

```
> row.names(mystates.x77) <- NULL
> head(mystates.x77)
  Population Income Illiteracy Life Exp Murder HS Grad Frost   Area       Name
1       3615   3624        2.1    69.05   15.1    41.3    20  50708    Alabama
2        365   6315        1.5    69.31   11.3    66.7   152 566432     Alaska
3       2212   4530        1.8    70.55    7.8    58.1    15 113417    Arizona
4       2110   3378        1.9    70.66   10.1    39.9    65  51945   Arkansas
5      21198   5114        1.1    71.71   10.3    62.6    20 156361 California
6       2541   4884        0.7    72.06    6.8    63.9   166 103766   Colorado
>
```

由以上执行可知，行名称被删除后，系统将以数字取代。接下来，我们需使用上述mystates.x77对象，并准备两个新的数据框做未来合并之用。

实例ch15_40：准备mypopu.states对象，筛选条件是人口数大于500万，由于原对象人口单位数是千人，所以设定成5000即可。同时这个新对象需要有2个字段，分别是Name和Population。

```
> mypopu.states <- mystates.x77[mystates.x77$Population > 5000, c("Name", "Population")]
> mypopu.states
             Name Population
5      California      21198
9         Florida       8277
13       Illinois      11197
14        Indiana       5313
21  Massachusetts       5814
22       Michigan       9111
30     New Jersey       7333
32       New York      18076
33 North Carolina       5441
35           Ohio      10735
38   Pennsylvania      11860
43          Texas      12237
>
```

实例ch15_41：准备myincome.states对象，筛选条件是月平均收入大于5000美元。同时这个新对象需要有两个字段，分别是Name和Income。

```
> myincome.states <- mystates.x77[mystates.x77$Income > 5000, c("Name", "Income")]
> myincome.states
            Name Income
2         Alaska   6315
5     California   5114
7    Connecticut   5348
13      Illinois   5107
20      Maryland   5299
28        Nevada   5149
30    New Jersey   5237
34  North Dakota   5087
>
```

15-8-2　merge( )函数使用于交集合并的情况

所谓交集状况是指两个条件皆符合，这个函数的基本使用格式如下。

```
merge(x, y, all = FALSE)
```

x, y是要做合并的对象，默认情况是"all = FALSE"，所以若省略这个参数则是代表执行的是交集的合并。

实例ch15_42：合并mypopu.states与myincome.states中符合人口数超过500万人的州和月收入超过5000美元的州。

```
> merge(mypopu.states, myincome.states)
      Name Population Income
1 California      21198   5114
2   Illinois      11197   5107
3 New Jersey       7333   5237
>
```

通过上述执行结果我们产生了新的对象，其中Name是彼此共有的字段，Population字段来自mypopu.states对象，Income字段来自myincome.states对象。

15-8-3　merge( )函数使用于并集合并的情况

所谓并集是指两个条件有一个符合即可，此时需将参数"all = FALSE"设定为"all = TRUE"。

实例ch15_43：合并mypopu.states与myincome.states中符合人口数超过500万人或月收入超过5000美元其中一个条件的州。

```
> merge(mypopu.states, myincome.states, all = TRUE)
            Name Population Income
1         Alaska         NA   6315
2     California      21198   5114
3    Connecticut         NA   5348
4        Florida       8277     NA
5       Illinois      11197   5107
6        Indiana       5313     NA
7       Maryland         NA   5299
8  Massachusetts       5814     NA
9       Michigan       9111     NA
10        Nevada         NA   5149
11    New Jersey       7333   5237
12      New York      18076     NA
13 North Carolina       5441     NA
14   North Dakota         NA   5087
15          Ohio      10735     NA
16   Pennsylvania      11860     NA
17         Texas      12237     NA
>
```

在做并集合并的过程中，原先字段不存在的数据将以NA值填充。

15-8-4　merge( )函数参数"all.x = TRUE"

参数"all.x = TRUE"，x是指merge( )函数的第一个对象，使用merge( )函数时若加上这个参数，则代表所有x对象的数据均在这个合并结果内，在合并结果中原属于y对象的字段，原字段不存在的数据将以NA值填充。

```
> merge(mypopu.states, myincome.states, all.x = TRUE)
            Name Population Income
1     California      21198   5114
2        Florida       8277     NA
3       Illinois      11197   5107
4        Indiana       5313     NA
5  Massachusetts       5814     NA
6       Michigan       9111     NA
7     New Jersey       7333   5237
8       New York      18076     NA
9  North Carolina       5441     NA
10          Ohio      10735     NA
11   Pennsylvania      11860     NA
12         Texas      12237     NA
> |
```

由上述执行结果可知，原来California、Illinois和New Jersey在第2个对象myincome.states内就有值存在所以直接填入值，其余没有的数据则填入NA。

15-8-5　merge( )函数参数 "all.y = TRUE"

参数 "all.y = TRUE"，y是指merge( )函数的第二个对象，使用merge( )函数时若加上这个参数，则代表所有y对象数据均在这个合并结果内，在合并结果中原属于x对象的字段，原字段不存在的数据将以NA值填充。

```
> merge(mypopu.states, myincome.states, all.y = TRUE)
          Name Population Income
1       Alaska         NA   6315
2   California      21198   5114
3  Connecticut         NA   5348
4     Illinois      11197   5107
5     Maryland         NA   5299
6       Nevada         NA   5149
7   New Jersey       7333   5237
8 North Dakota         NA   5087
>
```

15-8-6　match( )函数

match( )函数类似于两个对象的交集，完整解释应为，对第一个对象x的某行数据而言，若在第二对象y内找到符合条件的数据，则返回第二个对象相应数据的所在位置(可想成索引值)，否则返回NA。所以调用完match( )函数后会返回一个与第一个对象x的行数长度相同的向量。

```
> my.index <- match(mypopu.states$Name, myincome.states$Name)
> my.index
 [1]  2 NA  4 NA NA NA  7 NA NA NA NA NA
>
```

上述my.index的长度是12，下行是验证mypopu.states对象是否有12个数据。

```
> lengths(mypopu.states)
      Name Population
        12         12
>
```

由上述执行结果可知我们的结果是正确的，接着我们要提取出符合条件的数据。

实例ch15_47：提取出人口数多于500万，同时月均收入超过5000美元的州数据。

```
> myincome.states[na.omit(my.index), ]
          Name Income
5   California   5114
13     Illinois   5107
30 New Jersey   5237
>
```

15-8-7　%in%

使用"%in%"符号可以实现类似于前一小节match( )函数的功能，不过这个符号将返回与第一个对象长度相同的逻辑向量，在向量为TRUE的元素表示是我们想要的数据。

实例ch15_48：使用"%in%"重新执行实例ch15_46，找出符合人口数多于500万，同时月均收入超过5000美元中的数据在mypopu.states中的逻辑向量，将这个逻辑向量当作第一个对象的索引值，在向量中的逻辑值（可想成索引值）如果是TRUE，即是我们想要的结果。

```
> my.index2 <- mypopu.states$Name %in% myincome.states$Name
> my.index2
 [1]  TRUE FALSE  TRUE FALSE FALSE FALSE  TRUE FALSE FALSE FALSE
[11] FALSE FALSE
>
```

经以上实例后，对"%in%"符号更完整的解释应该是，当第一个对象在第二个对象内找到符合条件的值时，则传回TRUE，否则传回FALSE。上述实例同时验证传回向量的长度是12，这符合第一个对象的长度。下列是正式列出符合条件的结果。

实例ch15_49：抽取出人口数多于500万，同时月均收入超过5000美元的州数据。

```
> mypopu.states[my.index2, ]
          Name Population
5   California      21198
13     Illinois      11197
30 New Jersey       7333
>
```

15-8-8　match( )函数结果的调整

match( )函数传回的结果是一个向量，其实也可以使用!is.na( )函数，将它调整为逻辑向量。

实例ch15_50：修改实例ch15_46，将返回结果调整为逻辑向量。

```
> my.index <- match(mypopu.states$Name, myincome.states$Name)
> my.index3 <- !is.na(my.index)
```

下列是my.index3索引向量内容。

```
> my.index3
 [1]  TRUE FALSE  TRUE FALSE FALSE FALSE  TRUE FALSE FALSE FALSE
[11] FALSE FALSE
>
```

实例ch15_51：使用实例ch15_49的执行结果，提取出mypopu.states中人口数多于500万，同时月均收入超过5000美元的州数据。

```
> mypopu.states[my.index3, ]
           Name Population
5    California      21198
13     Illinois      11197
30   New Jersey       7333
>
```

15-9 数据的排序

在4-2节笔者有介绍sort( )函数执行向量的排序，本节将针对有关的排序知识做一个完整的说明。

15-9-1 之前准备工作

为了方便解说，我们将使用先前多次使用的R语言系统内建的数据集state.x77和state.region(这是美国各州所属区域的数据集)。

实例ch15_52：将state.region对象和state.x77对象组合成数据框。

```
> mystate.info <- data.frame(Region = state.region, state.x77)
> head(mystate.info)              #列出前6笔数据
           Region Population Income Illiteracy Life.Exp Murder HS.Grad Frost   Area
Alabama     South       3615   3624        2.1    69.05   15.1    41.3    20  50708
Alaska       West        365   6315        1.5    69.31   11.3    66.7   152 566432
Arizona      West       2212   4530        1.8    70.55    7.8    58.1    15 113417
Arkansas    South       2110   3378        1.9    70.66   10.1    39.9    65  51945
California   West      21198   5114        1.1    71.71   10.3    62.6    20 156361
Colorado     West       2541   4884        0.7    72.06    6.8    63.9   166 103766
>
```

目前上述数据mystate.info数据框对象是用州名的英文字母排序。为了能完整表达Region字段，可以有所有4区的数据，笔者再取mystate.info对象的前15个行数据。

实例ch15_53：取得前一节实例所建mystate.info数据框对象前15个行数据。

```
> state.info <- mystate.info[1:15, ]
> state.info
            Region Population Income Illiteracy Life.Exp Murder HS.Grad Frost    Area
Alabama      South       3615   3624        2.1    69.05   15.1    41.3    20   50708
Alaska        West        365   6315        1.5    69.31   11.3    66.7   152  566432
Arizona       West       2212   4530        1.8    70.55    7.8    58.1    15  113417
Arkansas     South       2110   3378        1.9    70.66   10.1    39.9    65   51945
California    West      21198   5114        1.1    71.71   10.3    62.6    20  156361
Colorado      West       2541   4884        0.7    72.06    6.8    63.9   166  103766
Connecticut Northeast    3100   5348        1.1    72.48    3.1    56.0   139    4862
Delaware     South        579   4809        0.9    70.06    6.2    54.6   103    1982
Florida      South       8277   4815        1.3    70.66   10.7    52.6    11   54090
Georgia      South       4931   4091        2.0    68.54   13.9    40.6    60   58073
Hawaii        West        868   4963        1.9    73.60    6.2    61.9     0    6425
Idaho         West        813   4119        0.6    71.87    5.3    59.5   126   82677
Illinois   North Central 11197  5107        0.9    70.14   10.3    52.6   127   55748
Indiana    North Central  5313  4458        0.7    70.88    7.1    52.9   122   36097
Iowa       North Central  2861  4628        0.5    72.56    2.3    59.0   140   55941
>
```

本章15-9节中其他小节实例将以上述所建的**state.info**数据框为例做说明。

15-9-2　向量的排序

笔者在第4章4-2节的实例ch4_27和4-9-3节的实例ch4_85已介绍过向量的排序，本节将举不同实例解说。其实对前一小节所建的数据框而言，每个字段均是一个向量，所以我们可用下列方式做排序。

实例 ch15_54：递增排序，依照收入将 state.info 对象的 Income 字段的数据由小排到大。

```
> sort(state.info$Income)
 [1] 3378 3624 4091 4119 4458 4530 4628 4809 4815 4884 4963 5107 5114 5348 6315
>
```

实例 ch15_55：递减排序，依照收入将 state.info 对象的 Income 字段数据由大排到小。

```
> sort(state.info$Income, decreasing = TRUE)
 [1] 6315 5348 5114 5107 4963 4884 4815 4809 4628 4530 4458 4119 4091 3624 3378
>
```

15-9-3　order( )函数

order( )函数也是一个排序函数，这个函数将返回排序后向量的每一个元素在原向量中的位置(索引值)。

实例 ch15_56：使用 order( ) 函数取代 sort( ) 函数，重新执行实例 ch15_53的递增排序，以便了解 order( ) 函数的意义。

```
> order(state.info$Income)
 [1]  4  1 10 12 14  3 15  8  9  6 11 13  5  7  2
>
```

上述执行结果在order( )函数的升序排列过程中的意义如下所示：
向量的第1个位置应放原向量的第4个数据。
向量的第2个位置应放原向量的第1个数据。

向量的第3个位置应放原向量的第10个数据。

……

……

其他以此类推，下一小节将配合数据框做一个完整说明。这个函数默认情况和sort( )函数相同，有一个参数默认是"decreasing = FALSE"，表示是执行递增排序，如果想执行递减排序需更改参数为"decreasing = TRUE"。

实例ch15_57：使用order( )函数取代sort( )函数，重新执行实例ch15_54的递减排序，以便了解order( )函数的意义。

```
> order(state.info$Income, decreasing = TRUE)
 [1]  2  7  5 13 11  6  9  8 15  3 14 12 10  1  4
>
```

上述执行结果在order( )函数的递减排序过程中的意义如下所示：

向量的第1个位置应放原向量的第2个数据。

向量的第2个位置应放原向量的第7个数据。

向量的第3个位置应放原向量的第5个数据。

……

……

其他以此类推，如果讲解至此读者对order( )函数的返回结果仍不太明白，没关系，下一小节笔者将配合数据框做一个完整说明。

15-9-4 数据框的排序

其实如果将order( )函数返回结果的向量放在原state.info数据框对象当作索引向量，那么前一小节的意义将变得很清楚。

实例ch15_58：对state.info数据框依据Income字段执行递增排序。

```
> inc.order <- order(state.info$Income)
> state.info[inc.order, ]
                  Region Population Income Illiteracy Life.Exp Murder HS.Grad Frost    Area
Arkansas           South       2110   3378        1.9    70.66   10.1    39.9    65   51945
Alabama            South       3615   3624        2.1    69.05   15.1    41.3    20   50708
Georgia            South       4931   4091        2.0    68.54   13.9    40.6    60   58073
Idaho               West        813   4119        0.6    71.87    5.3    59.5   126   82677
Indiana     North Central      5313   4458        0.7    70.88    7.1    52.9   122   36097
Arizona             West       2212   4530        1.8    70.55    7.8    58.1    15  113417
Iowa        North Central      2861   4628        0.5    72.56    2.3    59.0   140   55941
Delaware           South        579   4809        0.9    70.06    6.2    54.6   103    1982
Florida            South       8277   4815        1.3    70.66   10.7    52.6    11   54090
Colorado            West       2541   4884        0.7    72.06    6.8    63.9   166  103766
Hawaii              West        868   4963        1.9    73.60    6.2    61.9     0    6425
Illinois    North Central     11197   5107        0.9    70.14   10.3    52.6   127   55748
California          West      21198   5114        1.1    71.71   10.3    62.6    20  156361
Connecticut    Northeast       3100   5348        1.1    72.48    3.1    56.0   139    4862
Alaska              West        365   6315        1.5    69.31   11.3    66.7   152  566432
>
```

由上述执行结果可以看到，整个数据框数据已依照Income字段执行递增排序了。

```
> dec.order <- order(state.info$Income, decreasing = TRUE)
> state.info[dec.order, ]
                Region Population Income Illiteracy Life.Exp Murder HS.Grad Frost    Area
Alaska            West        365   6315        1.5    69.31   11.3    66.7   152  566432
Connecticut  Northeast       3100   5348        1.1    72.48    3.1    56.0   139    4862
California        West      21198   5114        1.1    71.71   10.3    62.6    20  156361
Illinois  North Central     11197   5107        0.9    70.14   10.3    52.6   127   55748
Hawaii            West        868   4963        1.9    73.60    6.2    61.9     0    6425
Colorado          West       2541   4884        0.7    72.06    6.8    63.9   166  103766
Florida          South       8277   4815        1.3    70.66   10.7    52.6    11   54090
Delaware         South        579   4809        0.9    70.06    6.2    54.6   103    1982
Iowa      North Central      2861   4628        0.5    72.56    2.3    59.0   140   55941
Arizona           West       2212   4530        1.8    70.55    7.8    58.1    15  113417
Indiana   North Central      5313   4458        0.7    70.88    7.1    52.9   122   36097
Idaho             West        813   4119        0.6    71.87    5.3    59.5   126   82677
Georgia          South       4931   4091        2.0    68.54   13.9    40.6    60   58073
Alabama          South       3615   3624        2.1    69.05   15.1    41.3    20   50708
Arkansas         South       2110   3378        1.9    70.66   10.1    39.9    65   51945
>
```

由上述执行结果可以看到，整个数据框数据已依照 Income 字段执行递减排序了。

15-9-5　排序时增加次要键值的排序

前一节的实例是建立在只以一个键值为基础的排序上，但是在真实的应用中，我们可能会面临当主要键值排序相同时，需要使用次要键值作为排序依据的情况，此时就要使用本节所介绍的方法。其实该方法很简单，只要在 order( ) 函数内，将次要键值的字段名当作第二参数即可，此时 order( ) 函数的使用格式如下所示。

order(主要键值，次要键值，…)　　　 # "…" 表示可以有更多其他更次要的键值

```
> inc.order2 <- order(state.info$Region, state.info$Income)
> state.info[inc.order2, ]
                Region Population Income Illiteracy Life.Exp Murder HS.Grad Frost    Area
Connecticut  Northeast       3100   5348        1.1    72.48    3.1    56.0   139    4862
Arkansas         South       2110   3378        1.9    70.66   10.1    39.9    65   51945
Alabama          South       3615   3624        2.1    69.05   15.1    41.3    20   50708
Georgia          South       4931   4091        2.0    68.54   13.9    40.6    60   58073
Delaware         South        579   4809        0.9    70.06    6.2    54.6   103    1982
Florida          South       8277   4815        1.3    70.66   10.7    52.6    11   54090
Indiana   North Central      5313   4458        0.7    70.88    7.1    52.9   122   36097
Iowa      North Central      2861   4628        0.5    72.56    2.3    59.0   140   55941
Illinois  North Central     11197   5107        0.9    70.14   10.3    52.6   127   55748
Idaho             West        813   4119        0.6    71.87    5.3    59.5   126   82677
Arizona           West       2212   4530        1.8    70.55    7.8    58.1    15  113417
Colorado          West       2541   4884        0.7    72.06    6.8    63.9   166  103766
Hawaii            West        868   4963        1.9    73.60    6.2    61.9     0    6425
California        West      21198   5114        1.1    71.71   10.3    62.6    20  156361
Alaska            West        365   6315        1.5    69.31   11.3    66.7   152  566432
>
```

　　注：在上述字符串的排序结果中 "South" 在 "Northeast" 和 "North Central" 之间，好像是 R 语言系统的错误，如果使用相同字符串，用 Excel 执行升序排列，结果如右图所示。

	A
1	North Central
2	Northeast
3	South
4	West

　　其实不是 R 语言的问题，因为 state.region 是一个因子，可参考下列说明。

```
> class(state.region)
[1] "factor"
>
```

如果输入 state.region 验证。

```
> state.region
 [1] South         West          West          South         West
 [6] West          Northeast     South         South         South
[11] West          West          North Central North Central North Central
[16] North Central South         South         Northeast     South
[21] Northeast     North Central North Central South         North Central
[26] West          North Central West          Northeast     Northeast
[31] West          Northeast     South         North Central North Central
[36] South         West          Northeast     Northeast     South
[41] North Central South         South         West          Northeast
[46] South         West          South         North Central West
Levels: Northeast South North Central West
>
```

由最后一行可以看到Levels的排序是如下所示。

Northeast   South   North Central   West

对因子而言order( )函数的排序，相当于是执行Levels排序，所以在使用此功能时应该小心。

实例ch15_61：以state.info数据框为例，将Region作为主要键值，Income当作次要键值，执行递减排序。

```
> dec.order2 <- order(state.info$Region, state.info$Income, decreasing = TRUE)
> state.info[dec.order2, ]
               Region Population Income Illiteracy Life.Exp Murder HS.Grad Frost   Area
Alaska           West        365   6315        1.5    69.31   11.3    66.7   152 566432
California        West      21198   5114        1.1    71.71   10.3    62.6    20 156361
Hawaii           West        868   4963        1.9    73.60    6.2    61.9     0   6425
Colorado         West       2541   4884        0.7    72.06    6.8    63.9   166 103766
Arizona          West       2212   4530        1.8    70.55    7.8    58.1    15 113417
Idaho            West        813   4119        0.6    71.87    5.3    59.5   126  82677
Illinois North Central     11197   5107        0.9    70.14   10.3    52.6   127  55748
Iowa     North Central      2861   4628        0.5    72.56    2.3    59.0   140  55941
Indiana  North Central      5313   4458        0.7    70.88    7.1    52.9   122  36097
Florida         South       8277   4815        1.3    70.66   10.7    52.6    11  54090
Delaware        South        579   4809        0.9    70.06    6.2    54.6   103   1982
Georgia         South       4931   4091        2.0    68.54   13.9    40.6    60  58073
Alabama         South       3615   3624        2.1    69.05   15.1    41.3    20  50708
Arkansas        South       2110   3378        1.9    70.66   10.1    39.9    65  51945
Connecticut Northeast       3100   5348        1.1    72.48    3.1    56.0   139   4862
>
```

15-9-6　混合排序与xtfrm( )函数

有时候我们可能会想要对部分字段进行递增排序，对部分字段进行递减排列，此时可以使用xtfrm( )函数。这个函数可以将原向量转成数值向量，当你想要以不同方式排序时，只要在xtfrm( )函数前加上减号（" – "）即可。

实例ch15_62：混合排序的应用，以state.info数据框为例，将Region作为主要键值执行递增排序，Income当作次要键值执行递减排序。

```
> mix.order <- order(state.info$Region, -xtfrm(state.info$Income))
> state.info[mix.order, ]
               Region Population Income Illiteracy Life.Exp Murder HS.Grad Frost   Area
Connecticut Northeast       3100   5348        1.1    72.48    3.1    56.0   139   4862
Florida         South       8277   4815        1.3    70.66   10.7    52.6    11  54090
Delaware        South        579   4809        0.9    70.06    6.2    54.6   103   1982
Georgia         South       4931   4091        2.0    68.54   13.9    40.6    60  58073
Alabama         South       3615   3624        2.1    69.05   15.1    41.3    20  50708
Arkansas        South       2110   3378        1.9    70.66   10.1    39.9    65  51945
Illinois North Central     11197   5107        0.9    70.14   10.3    52.6   127  55748
Iowa     North Central      2861   4628        0.5    72.56    2.3    59.0   140  55941
Indiana  North Central      5313   4458        0.7    70.88    7.1    52.9   122  36097
Alaska           West        365   6315        1.5    69.31   11.3    66.7   152 566432
California        West      21198   5114        1.1    71.71   10.3    62.6    20 156361
Hawaii           West        868   4963        1.9    73.60    6.2    61.9     0   6425
Colorado         West       2541   4884        0.7    72.06    6.8    63.9   166 103766
Arizona          West       2212   4530        1.8    70.55    7.8    58.1    15 113417
Idaho            West        813   4119        0.6    71.87    5.3    59.5   126  82677
>
```

读者比较上述实例与实例ch15_59，特别是Income字段，即可了解混合排序的意义。

15-10 系统内建数据集mtcars

mtcars数据集是各种汽车发动机数据，可用str( )函数了解其结构。

```
> str(mtcars)
'data.frame':   32 obs. of  11 variables:
 $ mpg : num  21 21 22.8 21.4 18.7 18.1 14.3 24.4 22.8 19.2 ...
 $ cyl : num  6 6 4 6 8 6 8 4 4 6 ...
 $ disp: num  160 160 108 258 360 ...
 $ hp  : num  110 110 93 110 175 105 245 62 95 123 ...
 $ drat: num  3.9 3.9 3.85 3.08 3.15 2.76 3.21 3.69 3.92 3.92 ...
 $ wt  : num  2.62 2.88 2.32 3.21 3.44 ...
 $ qsec: num  16.5 17 18.6 19.4 17 ...
 $ vs  : num  0 0 1 1 0 1 0 1 1 1 ...
 $ am  : num  1 1 1 0 0 0 0 0 0 0 ...
 $ gear: num  4 4 4 3 3 3 3 4 4 4 ...
 $ carb: num  4 4 1 1 2 1 4 2 2 4 ...
>
```

下列是前6个记录。

```
> head(mtcars)
                   mpg cyl disp  hp drat    wt  qsec vs am gear carb
Mazda RX4         21.0   6  160 110 3.90 2.620 16.46  0  1    4    4
Mazda RX4 Wag     21.0   6  160 110 3.90 2.875 17.02  0  1    4    4
Datsun 710        22.8   4  108  93 3.85 2.320 18.61  1  1    4    1
Hornet 4 Drive    21.4   6  258 110 3.08 3.215 19.44  1  0    3    1
Hornet Sportabout 18.7   8  360 175 3.15 3.440 17.02  0  0    3    2
Valiant           18.1   6  225 105 2.76 3.460 20.22  1  0    3    1
>
```

上述数据集中有几个字段的意义如下所示。

◀ mpg：表示每加仑汽油可行驶的距离。
◀ cyl：汽缸数，有4、6和8三种汽缸数。
◀ am：0表示自动挡，1表示手动挡。

实例ch15_63：由上述mtcars数据集，计算4、6和8三种汽缸数每加仑汽油平均可行驶的距离。

```
> with(mtcars, tapply(mpg, cyl, mean))
       4        6        8
26.66364 19.74286 15.10000
>
```

实例ch15_64：计算自动挡和手动挡，每加仑汽油平均可行驶的距离。

```
> with(mtcars, tapply(mpg, am, mean))
       0        1
17.14737 24.39231
>
```

如果我们想将上述返回结果的"0"改成"Auto"，"1"改成"Manual"，可参考下列实例。

实例ch15_65：重新执行实例ch15_64，但将执行结果的"0"改成"Auto"，"1"改成"Manual"。

```
 1  #
 2  # 实例ch15_65
 3  #
 4  ch15_64 <- function( )
 5  {
 6    mycar <- within(mtcars,
 7            am <- factor(am, levels = 0:1,
 8                   labels = c("Auto", "Manual")))
 9    x <- with(mycar, tapply(mpg, am, mean))
10    print(x)
11  }
```

执行结果

```
> source('~/Rbook/ch15/ch15_65.R')
> ch15_64( )
    Auto   Manual
17.14737 24.39231
>
```

上述实例第6行至第8行是一条代码，主要功能是将原数据集mtcars的am字段改成因子，为了不影响原系统内建数据集mtcars的内容，因此将结果设定为新的对象mycar。

实例ch15_66：以`mtcars`数据集为例，计算在各种自动挡或手动挡以及各种汽缸数下，每加仑汽油平均可行驶的距离。

```
1   #
2   # 实例ch15_66
3   #
4   ch15_65 <- function( )
5 ▾ {
6     mycar <- within(mtcars,
7          am <- factor(am, levels = 0:1,
8                 labels = c("Auto", "Manual")))
9     x <- with(mycar, tapply(mpg, list(cyl, am), mean))
10    print(x)
11  }
```

执行结果

```
> source('~/Rbook/ch15/ch15_66.R')
> ch15_65( )
      Auto    Manual
4   22.900  28.07500
6   19.125  20.56667
8   15.050  15.40000
>
```

15-11 aggregate( )函数

15-11-1 基本使用

aggregate( )函数的使用格式与tapply( )函数类似，但是tapply( )函数可以返回列表，aggregate( )函数则返回向量、矩阵或数组，它的使用格式如下。

```
aggregate(x, by, FUN, …)
```

◀ x：要处理的对象，通常是向量变量，也可是其他数据类型。
◀ by：一个或多个列表变量。
◀ FUN：预计使用的函数。
◀ …：FUN函数所需的额外参数。

实例ch15_67：以`aggregate( )`函数重新设计实例ch15_66。

```
1   #
2   # 实例ch15_67
3   #
4   ch15_66 <- function( )
5 ▾ {
6     mycar <- within(mtcars,
7          am <- factor(am, levels = 0:1,
8                 labels = c("Auto", "Manual")))
9     x <- with(mycar, aggregate(mpg,
10             list(cyl=cyl, am=am), mean))
11    print(x)
12  }
```

执行结果

```
> source('~/Rbook/ch15/ch15_67.R')
> ch15_66( )
  cyl     am        x
1   4   Auto  22.90000
2   6   Auto  19.12500
3   8   Auto  15.05000
4   4 Manual  28.07500
5   6 Manual  20.56667
6   8 Manual  15.40000
>
```

15-11-2 公式符号

本节的重点公式符号(formula notation)指的是统计学的符号，下列是一些基本的公式符号的用法。

y ~ a：y是a的函数。

y ~ a + b：y是a和b的函数。

y ~ a − b：y是a的函数但排除b。

实例ch15_68：以公式符号的概念重新设计实例ch15_67。

```
1   #
2   # 实例ch15_68
3   #
4   ch15_67 <- function( )
5 - {
6       mycar <- within(mtcars,
7               am <- factor(am, levels = 0:1,
8                       labels = c("Auto", "Manual")))
9       x <- aggregate(mpg ~ cyl + am, data = mycar, mean)
10      print(x)
11  }
```

执行结果

```
> source('~/Rbook/ch15/ch15_68.R')
> ch15_67( )
  cyl     am      mpg
1   4   Auto 22.90000
2   6   Auto 19.12500
3   8   Auto 15.05000
4   4 Manual 28.07500
5   6 Manual 20.56667
6   8 Manual 15.40000
>
```

上述程序第9行，"mpg ~ cyl + am"指mpg是cyl和am的函数，另外，aggregate( )函数内需增加"data = mycar"，如此，aggregate( )函数才了解是处理mycar对象。

15-12 建立与认识数据表格

在正式介绍本节内容前，笔者想先建立一个数据框。

实例ch15_69：建立一个篮球比赛的数据框。

```
> game <- c("G1", "G2", "G3", "G4", "G5")             #比赛场次
> site <- c("Memphis", "Oxford", "Lexington", "Oxford", "Lexington") #比赛地点
> Lin <- c(15, 6, 26, 22, 18)              #Lin各场次得分
> Jordon <- c(18, 32, 21, 25, 12)          #Jordon各场次得分
> Peter <- c(10, 6, 22, 9, 12)             #Peter各场次得分
> balls <- data.frame(game, site, Lin, Jordon, Peter)
> balls
  game      site Lin Jordon Peter
1   G1   Memphis  15     18    10
2   G2    Oxford   6     32     6
3   G3 Lexington  26     21    22
4   G4    Oxford  22     25     9
5   G5 Lexington  18     12    12
>
```

上述是Lin、Jordon和Peter三位球员在各个球场的5场比赛得分。

15-12-1 认识长格式数据与宽格式数据

长格式(long format)和宽格式(wide format)基本上是指相同的数据使用不同方式呈现的

效果，若以上述所建的balls对象为例，字段数据分别叙述场次
"game"、地点"site"、球员"Lin""Jordon"和"Peter"在不
同球场各场次的得分，以这种数据格式呈现的数据表为宽格式数
据表。

如果我们将同样数据框以右图的方式表达，则称长格式数
据表。

若将长格式数据与宽格式数据做比较，可以发现原先字段
"Lin""Jordon"和"Peter"没有了，取而代之的是variable字段
和value字段，variable字段内含各球员数据，value字段则是得分数
据。当然，我们可以更改"variable"和"value"名称，15-12-3节会介绍。

	game	site	variable	value
1	G1	Memphis	Lin	15
2	G2	Oxford	Lin	6
3	G3	Lexington	Lin	26
4	G4	Oxford	Lin	22
5	G5	Lexington	Lin	18
6	G1	Memphis	Jordon	18
7	G2	Oxford	Jordon	32
8	G3	Lexington	Jordon	21
9	G4	Oxford	Jordon	25
10	G5	Lexington	Jordon	12
11	G1	Memphis	Peter	10
12	G2	Oxford	Peter	6
13	G3	Lexington	Peter	22
14	G4	Oxford	Peter	9
15	G5	Lexington	Peter	12

15-12-2 reshapes2扩展包

reshapes2扩展包是Hadley Wickham先生开发的，主要功能是可以很简单地让你执行长格式
和宽格式数据的转换。可以使用下列方式下载并安装。

```
> install.packages("reshape2")        #安装
also installing the dependencies 'plyr', 'Rcpp'

尝试 URL 'http://cran.rstudio.com/bin/macosx/contrib/3.2/plyr_1.8.3.tgz'
Content type 'application/x-gzip' length 786129 bytes (767 KB)
==================================================
downloaded 767 KB

尝试 URL 'http://cran.rstudio.com/bin/macosx/contrib/3.2/Rcpp_0.12.0.tgz'
Content type 'application/x-gzip' length 2591089 bytes (2.5 MB)
==================================================
downloaded 2.5 MB

尝试 URL 'http://cran.rstudio.com/bin/macosx/contrib/3.2/reshape2_1.4.1.tgz'
Content type 'application/x-gzip' length 191395 bytes (186 KB)
==================================================
downloaded 186 KB


The downloaded binary packages are in

/var/folders/4y/blg8hggj1qj_4qfvnrctdp240000gn/T//Rtmp1VBKyI/downloaded_packages
>
```

可以使用下列方式加载。

```
> library("reshape2")               #下载
>
```

15-12-3 将宽格式数据转成长格式数据：melt( )函数

在reshape2扩展包中，将宽格式数据转成长格式数据被称为融化(melt)，reshape2函数提供了
melt( )函数可以执行此任务，这个函数基本使用格式如下所示。

melt(data, …, id.vars="id.var", variable.name = "variable", value.name="value")

◄ data：宽格式对象。

◄ id.vars：字段变量名称，如果省略，系统将自动抓取原宽格式的字段，一般也可满足需求。

◄ variable.name：设定variable字段变量名称，默认是"variable"。

◄ value.name：设定value字段变量名称，默认是"value"。

```
> lballs <- melt(balls)
Using game, site as id variables
>
```

上述提示表示系统自动使用game和site当作字段变量，其实我们可以将这个想成数据库的键值，下列是验证结果。

```
> lballs
   game      site variable value
1    G1   Memphis      Lin    15
2    G2    Oxford      Lin     6
3    G3 Lexington      Lin    26
4    G4    Oxford      Lin    22
5    G5 Lexington      Lin    18
6    G1   Memphis   Jordon    18
7    G2    Oxford   Jordon    32
8    G3 Lexington   Jordon    21
9    G4    Oxford   Jordon    25
10   G5 Lexington   Jordon    12
11   G1   Memphis    Peter    10
12   G2    Oxford    Peter     6
13   G3 Lexington    Peter    22
14   G4    Oxford    Peter     9
15   G5 Lexington    Peter    12
>
```

当然我们也可以明确地指出id.var具体的名称。

```
> lballs2 <- melt(balls, id.vars = c("game", "site"))
> lballs2
   game      site variable value
1    G1   Memphis      Lin    15
2    G2    Oxford      Lin     6
3    G3 Lexington      Lin    26
4    G4    Oxford      Lin    22
5    G5 Lexington      Lin    18
6    G1   Memphis   Jordon    18
7    G2    Oxford   Jordon    32
8    G3 Lexington   Jordon    21
9    G4    Oxford   Jordon    25
10   G5 Lexington   Jordon    12
11   G1   Memphis    Peter    10
12   G2    Oxford    Peter     6
13   G3 Lexington    Peter    22
14   G4    Oxford    Peter     9
15   G5 Lexington    Peter    12
>
```

上述字段名称"variable"和"value"均是默认的，下列实例将更改这个默认名称。

```
> lballs3 <- melt(balls, id.vars = c("game", "site"), variable.name =
"name", value.name = "points")
> lballs3
   game      site   name points
1    G1   Memphis    Lin     15
2    G2    Oxford    Lin      6
3    G3 Lexington    Lin     26
4    G4    Oxford    Lin     22
5    G5 Lexington    Lin     18
6    G1   Memphis Jordon     18
7    G2    Oxford Jordon     32
8    G3 Lexington Jordon     21
9    G4    Oxford Jordon     25
10   G5 Lexington Jordon     12
11   G1   Memphis  Peter     10
12   G2    Oxford  Peter      6
13   G3 Lexington  Peter     22
14   G4    Oxford  Peter      9
15   G5 Lexington  Peter     12
>
```

15-12-4　将长格式数据转成宽格式数据：dcast( )函数

在reshape2扩展包中，将长格式数据转成宽格式数据称重铸(cast)，reshape2扩展包有提供dcast( )函数可以执行此任务，这个函数是用于数据框数据的，其使用格式如下所示。

```
dcast(data, formula, fun.aggregate = NULL, … )
```

◀ data：长格式对象。
◀ formula：这个公式将指示如何重铸数据。
◀ fun.aggregate：利用公式执行数据重组时所使用的计算函数，常用的计算函数有sum( )和mean( )。

注：reshape2扩展包有提供acast( )函数，适用于数组数据，将长格式转换成宽格式。

实例ch15_73：将实例ch15_69所建的长格式lballs对象，重铸为balls宽格式对象。

```
> dcast(lballs, game + site ~ variable, sum)
  game     site Lin Jordon Peter
1   G1  Memphis  15     18    10
2   G2   Oxford   6     32     6
3   G3 Lexington  26     21    22
4   G4   Oxford  22     25     9
5   G5 Lexington  18     12    12
>
```

由上述执行结果可以看到，我们还原了原先的宽格式对象balls的内容。在上述dcast( )函数中，第2个参数"game + site ~ variable"实际是一个公式。

game和site是字段变量，在lballs对象"variable"字段内的各个名字，将成为宽格式的字段。

实例ch15_74：将实例ch15_71所建的长格式lballs3对象，重铸为balls宽格式对象。

```
> dcast(lballs3, game + site ~ name, sum)
Using points as value column: use value.var to override.
  game     site Lin Jordon Peter
1   G1  Memphis  15     18    10
2   G2   Oxford   6     32     6
3   G3 Lexington  26     21    22
4   G4   Oxford  22     25     9
5   G5 Lexington  18     12    12
>
```

由于lballs3对象的第3个字段是"name"，所以上述公式有一点差别，如下所示。

```
game + site ~ name
```

其实将长格式对象的重铸过程中，有时也可以得到一些特别的数据表，这些数据表类似于电子表格(spreadsheet)的数据透视表(pivot table)，R语言程序设计师又将此工作称重塑(reshape)，下列将以实例做解说。

实例ch15_75：建立数据透视表，这个表着重列出球员在各场地得分的总计。

```
> dcast(lballs3, name ~ site, sum)
Using points as value column: use value.var to override.
    name Lexington Memphis Oxford
1    Lin        44      15     28
2 Jordon        33      18     57
3  Peter        34      10     15
>
```

实例 ch15_76：建立数据透视表，这个表着重列出球员在各场地的平均得分。

```
> dcast(lballs3, name ~ site, mean)
Using points as value column: use value.var to override.
    name Lexington Memphis Oxford
1    Lin      22.0      15   14.0
2 Jordon      16.5      18   28.5
3  Peter      17.0      10    7.5
>
```

实例 ch15_77：建立数据透视表，这个表着重列出球员在各场地的平均得分，和前一个实例不同的是对调字段名称和行名称，相当于转置矩阵的效果。

```
> dcast(lballs3, site ~ name, mean)
Using points as value column: use value.var to override.
       site Lin Jordon Peter
1 Lexington  22   16.5  17.0
2   Memphis  15   18.0  10.0
3    Oxford  14   28.5   7.5
>
```

由上述一系列实例可知，基本上所建的数据透视表的变量字段是由"+"连接的，而每个维度是用"~"隔开的，如果有两个或更多个"~"符号出现在公式中，则表示所处理数据是三维或多维数组。

实例 ch15_78：建立数据透视表，这个表着重列出球员在所有场地以及所有场次的得分。

```
> dcast(lballs3, site + name ~ game, sum)
Using points as value column: use value.var to override.
       site   name G1 G2 G3 G4 G5
1 Lexington    Lin  0  0 26  0 18
2 Lexington Jordon  0  0 21  0 12
3 Lexington  Peter  0  0 22  0 12
4   Memphis    Lin 15  0  0  0  0
5   Memphis Jordon 18  0  0  0  0
6   Memphis  Peter 10  0  0  0  0
7    Oxford    Lin  0  6  0 22  0
8    Oxford Jordon  0 32  0 25  0
9    Oxford  Peter  0  6  0  9  0
>
```

上述执行结果列出了所有场次与所有场地相对应关系的矩阵，上述会有数据为0，是因为相对应的场次不在该球场比赛，所以数据填0。

本章习题

一. 判断题

(   ) 1. 使用sample( )函数执行随机抽样时，参数replace如果是TRUE，则代表抽完一个样本后需要将这个样本放回去，供下次抽取。

(   ) 2. seed( )函数的参数可以是一个数字，当设定种子值后，在相同种子值后面的sample( )函数所产生的随机数序列将相同。

(   ) 3. 如果在取样时，希望某些样本有较高的概率被抽中，可更改比重。下列命令将造成"1"出现的概率最高。

```
> sample(1:6, 12, replace = TRUE, c(3, 1, 1, 1, 2, 4))
```

(   ) 4. 下列命令是抽取islands对象中，排除索引为21至48的数据。

```
> islands[-(21:48)]
```

(   ) 5. iris对象是一个数据框数据，如下所示。

```
> str(iris)
'data.frame':   150 obs. of  5 variables:
 $ Sepal.Length: num  5.1 4.9 4.7 4.6 5 5.4 4.6 5 4.4 4.9 ...
 $ Sepal.Width : num  3.5 3 3.2 3.1 3.6 3.9 3.4 3.4 2.9 3.1 ...
 $ Petal.Length: num  1.4 1.4 1.3 1.5 1.4 1.7 1.4 1.5 1.4 1.5 ...
 $ Petal.Width : num  0.2 0.2 0.2 0.2 0.2 0.4 0.3 0.2 0.2 0.1 ...
 $ Species     : Factor w/ 3 levels "setosa","versicolor",..: 1 1
 1 1 1 1 1 1 1 1 ...
```

使用下列方式抽取数据时，将造成x对象是向量数据。

```
> x <- iris[, "Petal.Length", drop = FALSE]
```

(   ) 6. identical( )函数的基本作用是测试2个对象是否完全相同，如果完全相同将返回TRUE，否则返回FALSE。

(   ) 7. with( )函数在字段运算时可以省略对象名称和"$"符号，另外，此函数用于字段运算时，可将运算结果放在相同对象的新建字段中。

(   ) 8. 假设使用如下方式调用merge( )函数。

```
> merge(A, B)
```

由上述命令可判断它是交集的合并。

(   ) 9. 假设用如下方式调用merge( )函数。

```
> merge(A, B, all = TRUE)
```

由上述命令可判断它是并集的合并。

(   ) 10. 有时候我们可能会想要在排序时对部分字段使用递增排序，部分字段使用递减排序，此时可以使用xtfrm( )函数。

(   ) 11. 有如下数据。

```
   game       site variable value
1    G1    Memphis      Lin    15
2    G2     Oxford      Lin     6
3    G3  Lexington      Lin    26
4    G4     Oxford      Lin    22
5    G5  Lexington      Lin    18
6    G1    Memphis   Jordon    18
7    G2     Oxford   Jordon    32
8    G3  Lexington   Jordon    21
9    G4     Oxford   Jordon    25
10   G5  Lexington   Jordon    12
11   G1    Memphis    Peter    10
12   G2     Oxford    Peter     6
13   G3  Lexington    Peter    22
14   G4     Oxford    Peter     9
15   G5  Lexington    Peter    12
```

通常我们将上述数据的表达方式，称为长格式数据表。

二. 单选题

(   ) 1. %in%的功能类似于以下哪一个函数？

　　A. within( )　　　　　　B. identical( )　　　　　　C. match( )　　　　　　D. merge( )

(   ) 2. 以下哪一个函数将返回原对象的每一个元素在所排序列中的位置(索引值)?

　　A. order( )　　　　　　B. sort( )　　　　　　C. rev( )　　　　　　D. rank( )

(   ) 3. 下列哪一个sample( )函数在设计时，出现5的比重最高？

　　A. `> sample(1:6, 12, replace = TRUE, c(6, 1, 1, 1, 2, 4))`

　　B. `> sample(1:6, 12)`

　　C. `> sample(1:6, 12, replace = TRUE)`

　　D. `> sample(1:6, 12, replace = TRUE, c(1, 2, 3, 4, 5, 1))`

(   ) 4. 有如下命令，其执行结果为何？

　　`> duplicated(c(1, 1, 1, 2, 2))`

A. `[1] FALSE  TRUE  TRUE FALSE  TRUE`

B. `[1] FALSE  TRUE FALSE  TRUE  TRUE`

C. `[1] FALSE FALSE  TRUE  TRUE  TRUE`

D. `[1] FALSE FALSE  TRUE  TRUE  TRUE`

(   ) 5. 有如下命令，其执行结果为何？

```
> which(duplicated(c(1, 1, 1, 2, 2)))
```

A. `[1] 3 4 5`　　　　B. `[1] 3 4`　　　C. `[1] 2 3 5`　　　D. `[1] 2 4`

(   ) 6. 下列哪一个函数可以将数据等量切割？

　　　A. cut( )　　　　　　B. melt( )　　　　　C. decast( )　　　　D. table( )

(   ) 7. 使用merge( )函数时若增加以下哪个参数，则代表所有x对象数据均在这个合并结果内，在合并结果中原属于y对象的字段，原字段不存在的数据将以NA值填充？

　　　A. all.x = FALSE　　　　　　　　　　B. all.y = FALSE

　　　C. all.x = TRUE　　　　　　　　　　D. all.y = TRUE

(   )8. 将宽格式数据转成长格式数据称融化，可以使用以下哪一个函数？

　　　A. match( )　　　　　　B. melt( )　　　　　C. dcast( )　　　　D. aggregate( )

三. 多选题

(   ) 1. 有一个iris对象，其前6个数据如下所示，下列哪些程序片段可以删除重复数据，并将结果存至x对象中？(选择两项)

```
> head(iris)
  Sepal.Length Sepal.Width Petal.Length Petal.Width Species
1          5.1         3.5          1.4         0.2  setosa
2          4.9         3.0          1.4         0.2  setosa
3          4.7         3.2          1.3         0.2  setosa
4          4.6         3.1          1.5         0.2  setosa
5          5.0         3.6          1.4         0.2  setosa
6          5.4         3.9          1.7         0.4  setosa
```

A. `> i <- which(duplicated(iris))`
   `> x <- iris[-i, ]`

B. `> i <- which(duplicated(iris))`
   `> x <- i[-iris, ]`

C. `> x <- iris[duplicated(iris), ]`

D. `> x <- iris[!duplicated(iris), ]`

E. `> x <- iris[, !duplicated((iris))]`

(   ) 2. 有一个airquality对象，其前6个数据如下所示，下列哪些程序片段可以删除含NA的数据，并将结果存至x对象中？(选择两项)

```
> head(airquality)
  Ozone Solar.R Wind Temp Month Day
1    41     190  7.4   67     5   1
2    36     118  8.0   72     5   2
3    12     149 12.6   74     5   3
4    18     313 11.5   62     5   4
5    NA      NA 14.3   56     5   5
6    28      NA 14.9   66     5   6
```

A. `> x <- airquality[, complete.cases(airquality)]`

B. `> x <- airquality[complete.cases(airquality), ]`

C. `> x <- na.omit(airquality)`

D. > x <- airquality(na.omit)

E. > x <- na.omit(complete.cases(airquality))

四. 实际操作题(如果题目有描述不详细时，请自行假设条件)

1. 请重新设计实例ch13_1，利用sample( )函数，在10(含)和100(含)间，自行产生30天动物的出现次数。

```
> source('~/Documents/Rbook/ex/ex15_1.R')
       Tiger Lion Leopard
Day 1     78   65      60
Day 2     14   34      21
Day 3     75   28      50
Day 4     37   44      27
Day 5     35   53      49
Day 6     85   86      30
Day 7     17   21      97
Day 8     13   71      50
Day 9     41   55      80
Day 10    59   92      24
```

2. 请利用R语言，设计一个比大小的程序，程序执行最初可先设定计算机赢的概率，其他接口与细节，可自由发挥。

3. 请设计骰子游戏，每次出现3组1-6间的数字，每次结束询问是否再玩一次。

4. 请计算iris对象花瓣以及花萼length / width的平均值。

```
  Sepal.Ratio Petal.Ratio
1    1.457143     7.000000
2    1.633333     7.000000
3    1.468750     6.500000
4    1.483871     7.500000
5    1.388889     7.000000
```

5. 请将islands对象按面积大小分成10等份。

```
> source('~/Documents/Rbook/ex/ex15_5.R')
new.islands
 Low  5th  4th  3rd  2nd High
  41    3    1    1    1    1
new.log.islands
 Low  5th  4th  3rd  2nd High
  24   11    5    1    2    5
```

6. 请参考本章15-10节，计算不同汽缸数车辆的平均马力(hp, horse power)。

```
> source('~/Documents/Rbook/ex/ex15_6.R')
  cyl am hp.Min. hp.1st Qu. hp.Median  hp.Mean hp.3rd Qu.  hp.Max.
1   4  0 62.00000   78.50000  95.00000 84.66667   96.00000  97.00000
2   6  0 105.00000 108.75000 116.50000 115.25000 123.00000 123.00000
3   8  0 150.00000 175.00000 180.00000 194.16667 218.75000 245.00000
4   4  1 52.00000   65.75000  78.50000 81.87500   97.00000 113.00000
5   6  1 110.00000 110.00000 110.00000 131.66667 142.50000 175.00000
6   8  1 264.00000 281.75000 299.50000 299.50000 317.25000 335.00000
  cyl am        hp
1   4  0  84.66667
2   6  0 115.25000
3   8  0 194.16667
4   4  1  81.87500
5   6  1 131.66667
6   8  1 299.50000
```

```
> source('~/Documents/Rbook/ex/ex15_3.R')
  cyl am   hp.Min. hp.1st Qu. hp.Median  hp.Mean hp.3rd Qu.
1   4  0  62.00000   78.50000  95.00000 84.66667   96.00000
2   6  0 105.00000  108.75000 116.50000 115.25000  123.00000
3   8  0 150.00000  175.00000 180.00000 194.16667  218.75000
4   4  1  52.00000   65.75000  78.50000 81.87500   97.00000
5   6  1 110.00000  110.00000 110.00000 131.66667  142.50000
6   8  1 264.00000  281.75000 299.50000 299.50000  317.25000
    hp.Max.
1  97.00000
2 123.00000
3 245.00000
4 113.00000
5 175.00000
6 335.00000
  cyl am        hp
1   4  0  84.66667
2   6  0 115.25000
3   8  0 194.16667
4   4  1  81.87500
5   6  1 131.66667
6   8  1 299.50000
```

7. 请参考本章15-12节，自行建立班上5位篮球队员主力到各处比赛的数据，可自行建立比赛场地以及得分数据，请制作长格式数据与宽格式数据。

第 16 章 数据汇总与简单图表制作

　　经过前面15章，笔者完整地介绍了R语言的知识，接下来的章节笔者将介绍如何使用R语言制作简单的图表，以及执行基本统计方面的应用。

16-1 准备工作

本章笔者将使用几个R语言系统内建的函数或扩展包的数据进行解说。

16-1-1 下载MASS扩展包与crabs对象

本节笔者将介绍crabs对象，这个对象是在MASS扩展包内，可以使用下列命令安装和下载。

```
install.packages("MASS")
library(MASS)
```

crabs数据框是澳大利亚收集的公、母(参杂蓝、橘2色)各100只螃蟹，共计200只的测量数据，下列是其数据框内容。

```
> str(crabs)
'data.frame':   200 obs. of  8 variables:
 $ sp    : Factor w/ 2 levels "B","O": 1 1 1 1 1 1 1 1 1 1 ...
 $ sex   : Factor w/ 2 levels "F","M": 2 2 2 2 2 2 2 2 2 2 ...
 $ index : int  1 2 3 4 5 6 7 8 9 10 ...
 $ FL    : num  8.1 8.8 9.2 9.6 9.8 10.8 11.1 11.6 11.8 11.8 ...
 $ RW    : num  6.7 7.7 7.8 7.9 8 9 9.9 9.1 9.6 10.5 ...
 $ CL    : num  16.1 18.1 19 20.1 20.3 23 23.8 24.5 24.2 25.2 ...
 $ CW    : num  19 20.8 22.4 23.1 23 26.5 27.1 28.4 27.8 29.3 ...
 $ BD    : num  7 7.4 7.7 8.2 8.2 9.8 9.8 10.4 9.7 10.3 ...
>
```

下列是前6行数据的内容。

```
> head(crabs)
  sp sex index  FL  RW   CL   CW  BD
1  B   M     1  8.1 6.7 16.1 19.0 7.0
2  B   M     2  8.8 7.7 18.1 20.8 7.4
3  B   M     3  9.2 7.8 19.0 22.4 7.7
4  B   M     4  9.6 7.9 20.1 23.1 8.2
5  B   M     5  9.8 8.0 20.3 23.0 8.2
6  B   M     6 10.8 9.0 23.0 26.5 9.8
>
```

其中sex字段是公母，CL是螃蟹甲壳长度，CW是螃蟹甲壳宽度。

16-1-2　准备与调整系统内建state相关的对象

在真实的大数据数据库中，所有数据均存储在一份大文件内，坦白说笔者看了原始数据也是头痛，通常这类文件必须经过多次处理才可以成为我们所要的文件，本小节所介绍的处理文件的方式其实只是小小的一部分工作。在之前章节中，我们已经多次使用state.x77和state.region数据集了，本小节我们将把它们转换成我们想要的文件。

实例ch16_1：建立一个向量state.popu，这个向量包含state.x77内的Population字段(在第1个字段)，建好后删除向量元素的名称。

```
> state.popu <- state.x77[, 1]        #取得人口数资料
> head(state.popu)                    #验证人口数数据
   Alabama     Alaska    Arizona   Arkansas California   Colorado
      3615        365       2212       2110      21198       2541
> names(state.popu) <- NULL           #删除向量元素名称
> head(state.popu)                    #验证结果
[1] 3615  365 2212 2110 21198 2541
>
```

建立好上述向量后，接下来将建立数据框数据。

实例ch16_2：建立一个数据框stateUSA，这个数据框包含以下4个向量。

state.name：美国各州州名(系统内建)。

state.popu：美国各州人口数(前一实例所建)。

state.area：美国各州面积(系统内建)。

state.region：美国各州所属区域(系统内建)。

```
> stateUSA <- data.frame(state.name, state.popu, state.area, state.region)
> head(stateUSA)
  state.name state.popu state.area state.region
1    Alabama       3615      51609        South
2     Alaska        365     589757         West
3    Arizona       2212     113909         West
4   Arkansas       2110      53104        South
5 California      21198     158693         West
6   Colorado       2541     104247         West
>
```

上述字段名有点长，下列实例将予以简化。

实例 ch16_3：将 stateUSA 数据框的列名分别简化为，"name" "popu" "area" 和 "region"。

```
> names(stateUSA) <- c("name", "popu", "area", "region")
> head(stateUSA)                    #验证结果
        name  popu   area region
1    Alabama  3615  51609  South
2     Alaska   365 589757   West
3    Arizona  2212 113909   West
4   Arkansas  2110  53104  South
5 California 21198 158693   West
6   Colorado  2541 104247   West
> str(stateUSA)
'data.frame':   50 obs. of  4 variables:
 $ name  : Factor w/ 50 levels "Alabama","Alaska",..: 1 2 3 4 5 6 7 8 9 10 ...
 $ popu  : num  3615 365 2212 2110 21198 ...
 $ area  : num  51609 589757 113909 53104 158693 ...
 $ region: Factor w/ 4 levels "Northeast","South",..: 2 4 4 2 4 4 1 2 2 2 ...
>
```

16-1-3 准备mtcars对象

前一章已介绍过mtcars数据集是各种汽车发动机的数据集了，在继续下一节内容前，笔者将依据mtcars数据集建立一个新的数据框对象。

实例 ch16_4：建立 mycar 对象，这个对象包含原 mtcars 对象的 4 个字段，第 1 个字段是每加仑汽油可行驶距离 (mpg 单位是英里，这是原对象的第 1 个字段)，第 2 个字段是汽缸数 (cyl，这是原对象第 2 个字段)，第 3 字段是自动挡或手动挡 (am，0 表示自动挡，1 表示手动挡，这是原对象第 9 个字段)，第 4 字段是挡位数 (gear，这是原对象第 10 个字段)。

```
> mycar <- mtcars[c(1, 2, 9, 10)]
> head(mycar)                       #验证
                   mpg cyl am gear
Mazda RX4         21.0   6  1    4
Mazda RX4 Wag     21.0   6  1    4
Datsun 710        22.8   4  1    4
Hornet 4 Drive    21.4   6  0    3
Hornet Sportabout 18.7   8  0    3
Valiant           18.1   6  0    3
>
```

由上述执行结果可知，我们已经成功地建立mycar对象了。

实例 ch16_5：将 mycar 对象的 am 字段的向量改成因子，同时以 0 表示自动挡，1 表示手动挡。

```
> mycar$am <- factor(mycar$am, labels = c("Auto", "Manual"))
> str(mycar)
'data.frame':   32 obs. of  4 variables:
 $ mpg : num  21 21 22.8 21.4 18.7 18.1 14.3 24.4 22.8 19.2 ...
 $ cyl : num  6 6 4 6 8 6 8 4 4 6 ...
 $ am  : Factor w/ 2 levels "Auto","Manual": 2 2 2 1 1 1 1 1 1 1 ...
 $ gear: num  4 4 4 3 3 3 3 4 4 4 ...
>
```

下列是查询验证前6个数据的结果。

```
> head(mycar)
                    mpg cyl      am gear
Mazda RX4          21.0   6  Manual    4
Mazda RX4 Wag      21.0   6  Manual    4
Datsun 710         22.8   4  Manual    4
Hornet 4 Drive     21.4   6    Auto    3
Hornet Sportabout  18.7   8    Auto    3
Valiant            18.1   6    Auto    3
>
```

16-2 了解数据的唯一值

对于某些数据框的变量字段的数据元素而言，到底是以数值呈现还是以因子呈现较好，完全视所需要分析的数据类型而定，基本原则是若数据可以当作分类数据，则可以考虑改成因子。另外，也可以由数据的唯一值的计数判断，一般计数值少的字段也适合改成因子。做这个分析之前，我们可以先了解数据框内每一个变量字段数唯一值的个数。

实例ch16_6：了解mycar对象各字段数据唯一值的个数 (counter)。

```
> sapply(mycar, function(x) length(unique(x)))
 mpg cyl  am gear
  25   3   2    3
>
```

由上述数据可知，尽管在实例ch16_5中，笔者只将am字段改成因子，但是cyl和gear字段其实也适合改成因子。例如，由上述数据我们可以直接求得自动挡(auto)或手动挡(manual)车的平均油耗(每加仑可跑多少距离)。若是我们将cyl字段改成因子，则可计算各汽缸数的车的平均油耗(每加仑可跑多少距离)。若是我们将gear字段改成因子，则可计算各挡位数的车的平均油耗(每加仑可跑多少距离)，但若是将mpg字段改成因子，则看不出有多少意义。

16-3 基础统计知识与R语言

坦白说R语言，主要是供统计学者做资料分析之用，其实如果各位到书店或图书馆参考R语言书籍时应可发现这个事实，因为大多数的R语言书籍中真正介绍R语言的内容并不多，大多数是只花一点内容讲解R语言，然后就直接讲解R语言在各种类别的大数据统计分析中的应用。笔者在撰写此书时，决定花许多篇幅介绍R语言，为的是希望读者能完全了解R语言后，再进入统计领域，但是笔者将尽量淡化统计专有名词，尽量以非统计学生也容易懂的语言解说。在本节中，笔者会将统计学的相关基础名词，用R语言呈现，同时用16-1的数据进行解说。

单一的数值数据，对我们而言参考价值并不是太高，但大量的数据集，则是数据分析师(data analyst)或大数据工程师(big data engineer)感兴趣的主题。对于大量的数据集我们多会研究两个基本性质，一个是集中趋势 (central tendency)，另一个是离散程度 (variability or dispersion)。

16-3-1　数据的集中趋势

通常数据会聚集在中位数附近，这样的模式就被称为集中趋势，中位数也可以看作是数据的中心代表。常被用来测量集中趋势的指标有以下三种：平均数（mean）；中位数（median）；众数（mode）。

1. 认识统计学名词 —— 平均数

所谓的平均数是指在一个数据集中，所有观察值的总和除以观察值总个数所得的数值。

在系列的数值数据中，你可能关心的是平均值是多少。例如，在一次考试中你考了75分，这时需要将平均数作为一个参考，如果你知道平均数是95，可能你是伤心的，因为你的分数低于平均数太多了，但如果你知道平均数是50，可能你会高兴，因为你知道你的分数高于平均数很多。所以平均数对于系列数据而言是一个非常好的参考数据。在R语言内，可以使用mean( )函数获得平均数。

实例ch16_7：使用crabs对象计算澳大利亚螃蟹甲壳宽度的平均值。

```
> mean(crabs$CW)
[1] 36.4145
>
```

有了上述数据，下回吃澳大利亚螃蟹时即可了解所吃螃蟹的等级了。

实例ch16_8：使用mycar对象计算所有汽车的平均耗油量。

```
> mean(mycar$mpg)
[1] 20.09062
>
```

实例ch16_9：使用stateUSA对象计算美国每州的平均人口数。

```
> mean(stateUSA$popu)
[1] 4246.42
>
```

其实使用数据做数据分析，也需要小心，因为有些数据是无意义的，例如，我们用mycar对象计算出的汽车的平均挡位数或汽缸数都是较无意义的参考值。

2. 认识统计学名词 —— 中位数

所谓的中位数是指在一组可排序的数据中，将数据切成后50%及前50%的值(或是最中间的值)，也就是将数据排序以后恰好有一半的数据大于中位数，也恰有一半的数据小于或等于中位数。简单说如果数据量是奇数，最中间的数字就是中位数；如果数据量是偶数，则最中间的两个数字的平均值就是中位数。在R语言内，可以使用median( )函数获得中位数。下列是median( )函数求中位数的测试结果。

```
> x <- c(100, 7, 12, 6)
> median(x)
[1] 9.5
> x <- c(100, 7, 8, 9, 10)
> median(x)
[1] 9
>
```

上述第一个测试实例有4个数据，排序后最中间的两个数字分别是7和12，取平均，所以中位数是9.5。第二个测试实例有5个数据，排序后最中间的数字就是中位数，此例是9。

如果计算mycar对象汽车挡位的平均数，得到结果如下所示。

```
> mean(mycar$gear)
[1] 3.6875
>
```

我们获得的mycar对象汽车挡位平均数是3.6875，其实这是一个无意义的值，但如果我们想了解mycar对象汽车挡位的中位数，那就有意义了。

实例ch16-10：使用mycar对象，了解汽车挡位的中位数。

```
> median(mycar$gear)
[1] 4
>
```

实例ch16_11：使用crabs对象计算澳大利亚螃蟹甲壳宽度的中位数。

```
> median(crabs$CW)
[1] 36.8
>
```

实例ch16_12：使用stateUSA对象计算美国每州人口数的中位数。

```
> median(stateUSA$popu)
[1] 2838.5
>
```

3. 认识统计学名词 —— 众数

所谓的众数是指在数据集中，出现次数最多的值。需特别注意的是，这并不是指数据的中心，我们可能面对有序数据与无序数据，对于无序数据而言，也就没有所谓的数据的中心。其实众数一般最常用于列出分类数据中最常出现的值，对于R语言而言，因子最适合应用在求众数，可惜R语言目前没有求众数的函数，但可以用其他方法实现该功能。

有关众数的实例解说，笔者将在讲解更多统计学名词及概念后进行说明。

16-3-2　数据的离散程度

单一数据的价值不高，但对于大量数据集而言，了解数据的离散程度是非常重要的。而用来衡量离散(变化)程度的标准有标准差(standard deviation)、方差(variance)、极差(range)、四分位数(quartile)、百分位数(percentile)等。

1. 认识统计学名词 —— 标准差、方差

其实标准差、方差均是用来了解数据的变化性的，有关这方面的真实统计定义，请参考相关的统计书籍。在R语言中使用的相关函数如下所示。

◀ sd( )：标准差函数
◀ var( )：方差函数

实例ch16_13：计算crabs对象，BD(相当于螃蟹身体的厚度)字段数据的标准差。

```
> sd(crabs$BD)
[1] 3.424772
>
```

实例ch16_14：计算crabs对象，BD(相当于螃蟹身体厚度)字段数据的方差。

```
> var(crabs$BD)
[1] 11.72907
>
```

实例ch16_15：计算mycar对象，mpg字段数据的标准差。

```
> sd(mycar$mpg)
[1] 6.026948
>
```

实例ch16_16：计算mycar对象，mpg字段数据的方差。

```
> var(mycar$mpg)
[1] 36.3241
>
```

2. 认识统计学名词 —— 极差

所谓极差是指数据集中最大观察值减掉最小观察值所得的数值，实际上可想成数据的范围，本书4-2节介绍的max( )函数可求得最大值，min( )函数可求得最小值，依照定义最大值减去最小值的所得值即为极差。事实上R语言提供了range( )函数，可以列出数据的最大值与最小值。

实例ch16_17：列出crabs对象螃蟹甲壳宽度的范围。

```
> range(crabs$CW)
[1] 17.1 54.6
>
```

实例ch16_18：列出stateUSA对象各州的人口数范围。

```
> range(stateUSA$popu)
[1]   365 21198
>
```

实例ch16_19：列出mycar对象每加仑汽油可行驶的距离范围。

```
> range(mycar$mpg)
[1] 10.4 33.9
>
```

3. 认识统计学名词 —— 四分位数

所谓的四分位数是指将数据集(由小到大排列)分成4等份的3个数值，其中第1个四分位数通常为第25%的数值，第2个四分位数也就是中位数(通常为第50%的数值)，而第3个四分位数通常为第75%的数值。我们可以用quantile( )函数取得这些值。我们可以通过下列实例观察quantile( )函数的基本操作方法。

```
> x <- c(1, 3, 5, 11, 23, 33, 66, 99)
> quantile(x)
   0%   25%   50%   75%  100%
 1.00  4.50 17.00 41.25 99.00
>
```

对上述实例而言，共有8个数据，所以第2个四分位数也就是中位数，序位的计算为(8+1)/2=4.5，也就是第4个数据和第5个数据的平均值，得到结果为(11+23)/2=17；第1个四分位数(也就是25%)的序位数是由序位的最小值1与中位数的序位数4.5取平均数，即

(1+4.5)/2=2.75，再由第2个数据和第3个数据取内插求得，所以是(3+0.75×(5−3))，得到的结果是4.5。相类似地，第3个四分位数(也就是75%)的序位数是由序位最大值的8与中位数的4.5取平均数，即(8+4.5)/2=6.25，再由第6个数据和第7个数据取内插求得，所以是(33+0.25 × (66−33))，得到的结果是41.25。

实例ch16_20：计算stateUSA对象中各州的人口数的四分位数。

```
> quantile(stateUSA$popu)
    0%     25%     50%     75%    100%
 365.0  1079.5  2838.5  4968.5 21198.0
```

实例ch16_21：计算crabs对象中，螃蟹甲壳宽度的四分位数。

```
> quantile(crabs$CW)
  0%  25%  50%  75% 100%
17.1 31.5 36.8 42.0 54.6
```

实例ch16_22：计算mycar对象中每加仑汽油可行驶距离的四分位数。

```
> quantile(mycar$mpg)
     0%      25%      50%      75%     100%
10.400  15.425  19.200  22.800  33.900
>
```

4. 认识统计学名词 —— 百分位数

所谓的百分位数是指将数据(由小到大)等分为100份的数值，我们一样是可以使用quantile( )函数计算此百分位数，笔者将直接以实例解说。

实例ch16_23：计算crabs对象螃蟹甲壳宽度10%和90%的值。

```
> quantile(crabs$CW, probs = c(0.1, 0.9))
   10%    90%
25.67  46.57
>
```

其实若和前一小节相比，我们会发现两者是用同样的函数，但是此例中我们获得的是指定的百分位数，主要的原因是前一小节的实例使用quantile( )函数时忽略了第2个参数"probs = …"，这个函数将直接用默认值处理，默认

值是如下所示。

```
probs = seq(0, 1, 0.25)
```

可想成：

```
probs = c(0, 0.25, 0.5, 0.75, 1)
```

实例ch16_24：计算stateUSA对象各州的人口数10%和90%的值。

```
> quantile(stateUSA$popu, probs = c(0.1, 0.9))
    10%      90%
  632.3  10781.2
>
```

实例ch16_25：计算mycar对象每加仑汽油可行驶距离10%的值。

```
> quantile(mycar$mpg, 0.1)
   10%
14.34
>
```

如果只想列出一个特定值，则可以省略"probs = "，直接输入值，如上述实例16_25所述。

16-3-3　数据的统计

当我们有了前2个小节的知识后，接下来我们需要执行数据的统计，当有了统计数据后，我们将对整个数据有一些基本的了解。

1. 计数值

计数主要应用在数据框内的因子中，计算某个因子元素的数据出现的次数或称频率。我们常用table( )函数执行这个任务，也可以将这个table( )函数的返回结果称频率表(frequency table)。

实例ch16_26：使用stateUSA对象，计算美国各区包括州的实际数量。

```
> table(stateUSA$region)

   Northeast    South North Central    West
           9       16            12      13
>
```

实例ch16_27：使用crabs对象，计算澳大利亚公或母螃蟹的实际数量。

```
> table(crabs$sex)

  F   M
100 100
>
```

实例ch16_28：使用mycar对象，计算自动挡或手动挡车的数量。

```
> table(mycar$am)

  Auto Manual
    19     13
>
```

2. table对象

在前一小节中，我们使用table( )函数产生了表格数据，到底这个表格数据是属于哪一种数据对象？如下图我们可以验证。

```
> regioninfo <- table(stateUSA$region)
> regioninfo              #验证结果

    Northeast       South North Central        West
            9          16           12          13
> class(regioninfo)       #了解对象的数据类型
[1] "table"
>
```

由上述执行结果可知，我们有了新的数据类型"表格(table)"，这个结果与一维数组相同，对于数组数据而言，可以有一到多维的表格，每个维度的表格又可以有各自的名称。

3. 计算占比

有了计数数据后，接下来可以计算各个因子元素数据的占比，计算占比很容易，只要将计数值除以总数即可。

实例 ch16_29：使用 stateUSA 对象，计算美国各区的实际州数的占比。

```
> regioninfo / sum(regioninfo)

    Northeast       South North Central        West
         0.18        0.32         0.24        0.26
>
```

实例 ch16_30：使用 crabs 对象，计算澳大利亚公或母螃蟹的占比。

```
> crabsinfo <- table(crabs$sex)
> crabsinfo / sum(crabsinfo)

  F   M
0.5 0.5
>
```

实例 ch16_31：使用 mycar 对象，计算自动挡或手动挡车的占比。

```
> carinfo <- table(mycar$am)
> carinfo / sum(carinfo)

   Auto  Manual
0.59375 0.40625
>
```

4. 再看众数

在16-3-1节我们介绍了众数，再解释一遍所谓众数是指在分类数据中最常出现的值，若由16-3-3节的实例可知：

stateUSA$region对象的众数是"South"；

mycar$am对象的众数是"Manual"

crabs$sex对象的众数是"M"或"F"。

有了之前的了解，现在我们可以直接以实例说明众数了。

实例 ch16_32：计算 stateUSA$region 对象的众数。

```
> index <- regioninfo == max(regioninfo)
> index                   #列出index逻辑向量

    Northeast       South North Central        West
        FALSE        TRUE        FALSE       FALSE
> names(regioninfo)[index]
[1] "South"
>
```

在上述实例第2行，笔者故意列出index内容，重点是希望读者了解执行第1行代码后，index的内容。

实例 ch16_33：计算 mycar$am 对象的众数。

```
> index <- carinfo == max(carinfo)
> index                 #列出index逻辑向量

 Auto Manual
 TRUE  FALSE
> names(carinfo)[index]
[1] "Auto"
>
```

在前面几小节，笔者一直用3个对象做解说，本节笔者故意先忽略crabs对象，因为我们已知螃蟹共200只，公、母各100只，那么它的众数到底是什么？看以下实例吧！

实例 ch16_34：计算 crabs$sex 对象的众数。

```
> index <- crabsinfo == max(crabsinfo)
> index                    #列出index逻辑向量

    F    M
TRUE TRUE
> names(crabsinfo)[index]
[1] "F" "M"
>
```

可以得知公或母均是众数，现在我们已经获得结论了，众数不是唯一的，如果发生出现次数相同情况，这些元素都将是众数。

5. which.max( )函数

其实R语言提供了which.max( )函数，可以求得对象的最大值，我们也可以使用这个函数的最大值求得众数。

实例 ch16_35：使用 which.max( ) 函数计算 stateUSA$region 对象的众数。

```
> which.max(regioninfo)
South
    2
>
```

实例 ch16_36：使用 which.max( ) 函数计算 mycar$am 对象的众数。

```
> which.max(carinfo)
Auto
   1
>
```

由上述结果可知which.max( )函数真的很好用，那为什么笔者在前一小节不直接使用该函数呢？最大的原因是，如果对象内有2个或更多个最大值，which.max( )函数将只传回第1个数据，可参考下列实例。

实例 ch16_37：使用 which.max( ) 函数计算 crabs$sex 对象的众数。

```
> which.max(crabsinfo)
F
1
>
```

理论上 "F" 和 "M" 皆是100只，但函数只返回 "F"，所以这个函数尽管好用，但使用时仍要小心。

16-4 使用基本图表认识数据

如果想要更进一步对数据有了解，R语言有提供图表绘制功能，这将是本节的重点。

16-4-1 绘制直方图

直方图(histogram)是根据数据分布情况，自动选择有利于表现数据的柱宽作为x轴间隔，以频数(或称计数)或者百分比作为y轴的一系列连接起来的数据分布图。直方图的优点是不论数据样本数量的多寡都能使用直方图。

注：使用R语言绘制数据图时，若使用PC的Windows系统则可以在数据图内加注中文字，但目前在数据图内加注中文字的功能并不支持macOS系统上的R语言环境。本书有些数据图有中文，那是笔者用PC的Windows系统测试的结果。

实例ch16_38：使用对象stateUSA$popu绘制美国各州人口数的直方图。

```
> hist(stateUSA$popu, col = "Green")
>
```

执行结果

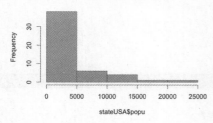

上述图形的主标题、x轴和y轴标题均是默认的，有了图表方便太多了，数据也更清楚了，可以看出，原来美国大多数的州人口数均在500万以下。

1. 设定直方图的标题

其实在hist( )函数中，可以加上下列参数。

◀ main：图表标题。
◀ xlab：x轴标题。
◀ ylab：y轴标题。

如果R语言是在Windows系统下执行，你可以设置中文标题，但上述功能目前并不支持在macOS系统下执行的R语言。

```
> hist(crabs$CW, col = "Gray", main = "Histogram of Crab", xlab = "Ca
rapace width", ylab = "Counter")
>
```

执行结果

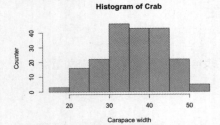

```
> hist(mycar$mpg, col = "Yellow", main = "Histogram of MPG", xlab = "
Mile per Gallon")
>
```

执行结果

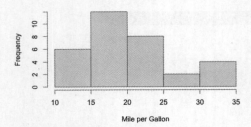

2. 设定直方图的矩形数

在hist( )函数内，可以直接指定直方图矩形的数量。

```
> hist(mycar$mpg, col = "Yellow", main = "Histogram of MPG", xlab = "
Mile per Gallon", breaks = 3)
>
```

执行结果

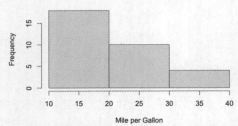

另外，你也可以直接使用breaks参数，设定矩形的区间。

```
> hist(crabs$CW, col = "Gray", main = "Histogram of Crab", xlab = "Ca
rapace width", ylab = "Counter", breaks = c(15, 25, 35, 45, 55))
>
```

执行结果

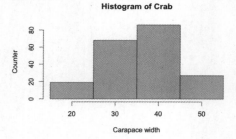

Histogram of Crab

16-4-2　绘制密度图

R语言有提供密度函数density( )，可以将欲建图表的数据利用这个函数转成一个密度对象列表，然后将这个对象放入plot( )函数内就可以绘制密度图。右图的程序代码是将crabs$CW对象转成密度对象列表，同时用str( )函数验证这个密度对象。

```
> dencrabs <- density(crabs$CW)
>
> str(dencrabs)
List of 7
$ x        : num [1:512] 9.77 9.87 9.97 10.07 10.18 ...
$ y        : num [1:512] 1.11e-05 1.27e-05 1.43e-05 1.63e-05 1.85e-05 ...
$ bw       : num 2.44
$ n        : int 200
$ call     : language density.default(x = crabs$CW)
$ data.name: chr "crabs$CW"
$ has.na   : logi FALSE
- attr(*, "class")= chr "density"
>
```

由上述执行结果可以看到我们已经将crabs$CW对象转成列表对象。只要将上述密度对象放入plot( )函数，即可绘制密度图。

```
> plot(dencrabs)
>
```

执行结果

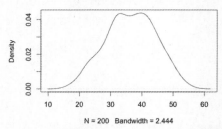

density.default(x = crabs$CW)

与hist( )函数一样，可以使用下列参数设置图的标题。

◀ main：图表标题
◀ xlab：x轴标题
◀ ylab：y轴标题

实例ch16_44：使用对象mycar $mpg绘制密度图。

```
> dencars <- density(mycar$mpg)
> plot(dencars, main = "Miles per Gallon")
>
```

执行结果

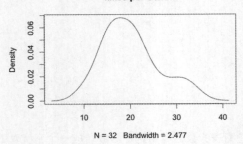

16-4-3　在直方图内绘制密度图

R语言允许在直方图内加上密度图，若想达到这个目标，在使用hist( )函数时，需增加下列参数。

```
freq = FALSE
```

然后执行下列函数。

```
lines( )
```

实例ch16_45：建立对象crabs$CW的直方图，再加上密度图。

```
> hist(crabs$CW, freq = FALSE)
> dencrabs <- density(crabs$CW)
> lines(dencrabs)
>
```

执行结果

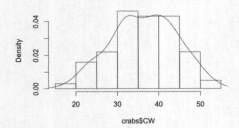

16-5 认识数据汇集整理函数summary( )

经过前面章节的学习，相信各位拿到数据后，可以很容易分析这个数据的基本情况，例如，可以使用输入对象名称了解其内容，可以使用str( )函数了解其数据结构。不过，对于数据分析师或大数据工程师而言这些资料是不够的，本节将讲解另一个函数summary( )，这个函数可以传回数据分布的信息。

实例ch16_46：使用summary( )函数了解mycar对象。

```
> summary(mycar)
      mpg             cyl               am              gear
 Min.   :10.40   Min.   :4.000   Auto  :19   Min.   :3.000
 1st Qu.:15.43   1st Qu.:4.000   Manual:13   1st Qu.:3.000
 Median :19.20   Median :6.000               Median :4.000
 Mean   :20.09   Mean   :6.188               Mean   :3.688
 3rd Qu.:22.80   3rd Qu.:8.000               3rd Qu.:4.000
 Max.   :33.90   Max.   :8.000               Max.   :5.000
>
```

实例ch16_47：使用summary( )函数了解stateUSA对象。

```
> summary(stateUSA)
       name         popu             area              region
 Alabama   : 1   Min.   :  365   Min.   :  1214   Northeast    : 9
 Alaska    : 1   1st Qu.: 1080   1st Qu.: 37317   South        :16
 Arizona   : 1   Median : 2838   Median : 56222   North Central:12
 Arkansas  : 1   Mean   : 4246   Mean   : 72368   West         :13
 California: 1   3rd Qu.: 4968   3rd Qu.: 83234
 Colorado  : 1   Max.   :21198   Max.   :589757
 (Other)   :44
>
```

由上述两个实例，我们可以获得下列信息：

（1）数值变量：会列出最小值、最大值、平均数、第1个四分位值、中位值(也可想成第2个四分位数)、第3个四分位值。如果有NA值，也会列出NA值的数量。

（2）因子：列出频率表，如果有NA值，也会列出NA值的数量。

（3）字符串变量：列出字符串长度。

在上述两个实例中，对stateUSA对象使用summary( )函数后所获得的结果是完美的。但仔细看对mycar对象使用summary( )函数后的输出结果，在cyl变量和gear变量中均可以发现最小值和第1个四分位数相同，为了避免这种状况，在以后碰上类似的数据时，只要将它们转成因子即可。

实例ch16_48：将mycar对象的cyl和gear变量转成因子。

```
> mycar$cyl <- as.factor(mycar$cyl)        #cyl对象转成因子
> mycar$gear <- as.factor(mycar$gear)       #gear对象转成因子
> summary(mycar)                           #验证结果
      mpg        cyl          am          gear
 Min.   :10.40   4:11   Min.   :0.0000   3:15
 1st Qu.:15.43   6: 7   1st Qu.:0.0000   4:12
 Median :19.20   8:14   Median :0.0000   5: 5
 Mean   :20.09          Mean   :0.4062
 3rd Qu.:22.80          3rd Qu.:1.0000
 Max.   :33.90          Max.   :1.0000
>
```

16-6 绘制箱形图

在16-4节所绘制的图表所使用的变量只有1个，虽然我们也获得了一些有用的信息，但是若想了解对象全面的信息，那是不够的，例如，如果我们想了解下列信息，只有一个变量是无法得到结果的：

● 汽缸数对油耗的影响。
● 自动挡与手动挡对油耗的影响。
● 挡位数对油耗的影响。

当然如果你已经熟悉R语言了，会立即想到可以使用tapply( )函数，其实R语言提供的功能不仅如此，我们可以使用本节介绍的绘制箱形图解决上述问题。这个绘制箱形图工具的原理，基本上是将因子变量的每个类别视为原始数据对象的子集，依照每一个类别的最小值、最大值、平均数、第1个四分位数(也有人称下四分位值)、中位值(也可想成第2个四分位数)、第3个四分位数(也有人称上四分位值)绘出箱形图。在此，笔者先介绍实例，最后再解说箱形图的意义。

实例ch16_49：使用mycar对象绘制汽缸数对油耗影响的箱形图。

```
> boxplot(mpg ~ cyl, data = mycar)
>
```

执行结果

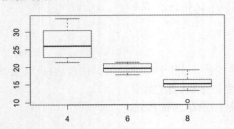

上述boxplot( )函数的第1个参数，如下所示，其实是一个公式。

```
mpg ~ cyl
```

其意义是与变量cyl类别(可想成汽缸数)相关的mpg数值，将被带入boxplot( )函数中运算，而箱形图各线条意义如下所示：

● 箱子上下边缘线条：代表上四分位数和下四分位数。
● 横向贯穿箱子粗线条：中位数。
● 纵向贯穿箱子的线条：是最大值与最小值或是上下四分位间距离的1.5倍。

之前使用的main参数仍可以用在这里，用于列出箱形图的标题，"col ="参数仍可用于产生彩色箱形图。

实例16_50：使用mycar对象绘制手动挡或自动挡对油耗影响的箱形图，图表标题是"am vs mpg"，箱形图用黄色绘制。

```
> boxplot(mpg ~ am, data = mycar, main = "am vs mpg", col = "Yellow")
>
```

执行结果

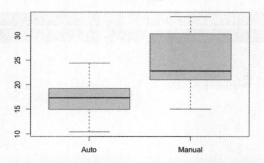

实例16_51：使用mycar对象绘制挡位对油耗影响的箱形图，图表标题是"gear vs mpg"，箱形图用蓝色绘制。

```
> boxplot(mpg ~ gear, data = mycar, main = "gear vs mpg", col = "Blue")
>
```

执行结果

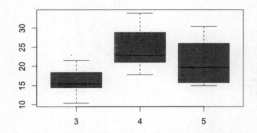

实例ch16_52：使用stateUSA对象绘制美国区域对人口数影响的箱形图，图表标题是"Region vs Population"，箱形图用绿色绘制。

```
> boxplot(popu ~ region, data = stateUSA, main = "Region vs Population",
col = "Green")
>
```

执行结果

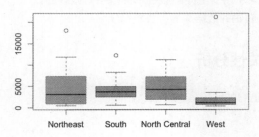

其实如果仔细看上述箱形图，可以看到Northeast、South和West上方有空心圆点，那才是真正的线段的最大值(在其他实例中也许会在线段下方看到空心圆点，此时是代表线段的最小值)，若是希望箱形图线段指向最大或最小值，可以在boxplot( )函数内加上参数"range = 0"。

实例ch16_53：在boxplot( )函数内加上参数"range = 0"，然后重新设计实例ch16_52，使用stateUSA对象绘制美国区域对人口数影响的箱形图，图表标题是"Region vs Population"，箱形图用绿色绘制。

```
> boxplot(popu ~ region, data = stateUSA, main = "Region vs Population",
col = "Green", range = 0)
>
```

执行结果

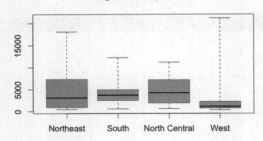

16-7 数据的相关性分析

对于两个数值向量变量来说，两个向量变量的线性变化也可以用量化来进行分析。当其中一个增加，另一个也会相对地增加，这样的相关关系就是正向相关。例如身高高的人往往体重也会比较重一些，就是符合正相关的概念。反之若是其中一个增加，另一个反之减少，这样就是负相关了。例如货车承载的货物越重则其每公升汽油可以行驶的距离也就越短，可以说是符合负相关的概念。

统计学中，用于反映两个向量变量的相关程度的指标称相关系数(correlation coefficient)，相关系数的数值是在-1至1之间；越靠近1的相关系数数值代表正相关越强，而越靠近-1的相关系数数值则表示负相关越强；而靠近在0附近则表示两变量间的线性相关是相对微弱的。

了解了以上概念，接下来我们将对R语言内建的数据集做相关性分析。

16-7-1 iris对象数据的相关性分析

先前已有多次使用iris对象了，下面先列出它的字段信息。

```
> names(iris)
[1] "Sepal.Length" "Sepal.Width"  "Petal.Length" "Petal.Width"  "Species"
>
```

上述是3个品种150朵鸢尾花的数据，包括以下字段。

◀ Sepal.Length：花萼长度。

◀ Sepal.Width：花萼宽度。

◀ Petal.Length：花瓣长度。

◀ Petal.Width：花瓣宽度。

◀ Species：品种名称。

如果我们想要了解上述iris数据Sepal.Length、Sepal.Width、Petal.Length、Petal.Width的相关性，我们可以使cor( )函数。

实例ch16_54：针对Sepal.Length和Sepal.Width做相关性分析。

```
> cor(iris$Sepal.Length, iris$Sepal.Width)
[1] -0.1175698
>
```

由上述执行结果可以发现，原来花萼长度和花萼宽度是负相关的关系。

实例ch16_55：针对Petal.Length和Petal.Width做相关性分析。

```
> cor(iris$Petal.Length, iris$Petal.Width)
[1] 0.9628654
>
```

由上述执行结果接近1可以发现，原来花瓣长度和花瓣宽度是强的正相关关系。接着，笔者将用相关系数矩阵列出Sepal.Length、Sepal.Width、Petal.Length、Petal.Width的相关性做此项数据的总结。

实例ch16_56：列出iris对象Sepal.Length、Sepal.Width、Petal.Length、Petal.Width的相关系数矩阵。

```
> cor(iris[-5])
             Sepal.Length Sepal.Width Petal.Length Petal.Width
Sepal.Length    1.0000000  -0.1175698    0.8717538   0.8179411
Sepal.Width    -0.1175698   1.0000000   -0.4284401  -0.3661259
Petal.Length    0.8717538  -0.4284401    1.0000000   0.9628654
Petal.Width     0.8179411  -0.3661259    0.9628654   1.0000000
>
```

上述执行结果中，其主对角线的相关系数是相同变量的关系，因此都是1，其他则是两两不同变量间的相关系数。其实我们也可以利用plot( )函数，绘出两两不同变量间的相关系数散点图。

实例ch16_57：绘出iris对象Sepal.Length、Sepal.Width、Petal.Length、Petal.Width，两两不同变量间的相关系数的散点图。

```
> plot(iris[-5])
>
```

执行结果

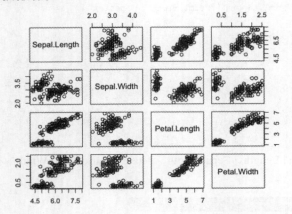

上述散点图中，由于主对角线的相关系数是相同变量的关系，结果是1，因此直接用数据名称取代。其实数据名称也同时指出x轴和y轴所代表的意义，当然x轴和y轴所代表的意义也和实例ch16_55相同。此外，在这个实例中，笔者使用plot( )函数执行绘制散点图的任务，这个函数其实和print( )函数类似，是一个很有弹性的函数，当它发现所传入的参数是数据框时，调用pairs( )函数执行绘制上述散点图。所以，你也可以使用下列方式绘制上述散点图，获得一样的结果。

```
> pairs(iris[-5])
>
```

最后使用cor( )函数时需考虑数据中有NA值的情形，此时需使用参数"use ="，其基本方式如下所示：

● 参数use = "everything" 是默认值，若是向量变量元素中有NA，则该元素的计算结果也是NA。
● 参数use = "complete"，不处理NA值，此时只计算非NA值的部分。
● 参数use = "pairwise"，对变量内有NA值的向量不予计算。

16-7-2　stateUSA对象数据的相关性分析

stateUSA对象的字段名称如下所示。

```
> names(stateUSA)
[1] "name"   "popu"   "area"   "region"
>
```

接着笔者想了解在美国各州人口数量与该州面积大小的相关性。

实例ch16_58：执行美国各州人口数量与该州面积大小的相关性分析。

```
> cor(stateUSA$popu, stateUSA$area)
[1] 0.02156692
>
```

由上述执行结果可知，结果数值接近0，原来美国各州的人口数与州面积相关性不大。

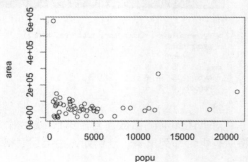

实例ch16_59：为美国各州人口数量与该州面积大小的相关性分析绘制散点图。

```
> plot(stateUSA[2:3])
>
```

16-7-3　crabs对象数据的相关性分析

crabs对象包括的字段如下所示。

```
> names(crabs)
[1] "sp"    "sex"   "index" "FL"    "RW"    "CL"    "CW"    "BD"
>
```

上述第4字段至第8字段是200只澳大利亚螃蟹身体各部位的测量值。

实例ch16_60：列出crabs对象FL（甲壳额叶区域的宽度）、RW（甲壳后方宽度）、CL（甲壳长度）、CW（甲壳宽度）和BD（身体厚度）的相关系数矩阵。

```
> cor(crabs[4:8])
           FL        RW        CL        CW        BD
FL 1.0000000 0.9069876 0.9788418 0.9649558 0.9876272
RW 0.9069876 1.0000000 0.8927430 0.9004021 0.8892054
CL 0.9788418 0.8927430 1.0000000 0.9950225 0.9832038
CW 0.9649558 0.9004021 0.9950225 1.0000000 0.9678117
BD 0.9876272 0.8892054 0.9832038 0.9678117 1.0000000
>
```

由上述矩阵可以看到所有相关系数数值均在0.84以上，所以上述螃蟹身体各部位大小均存在很强的正相关。

16-8　使用表格进行数据分析

在本章前几节我们已经多次使用table( )函数，针对一个变量的情况进行数据汇总，当然表格也适合为多个变量的数据进行汇总。

16-8-1　简单的表格分析与使用

本章已经使用多次mycar对象了，假设我们想了解3挡、4挡和5挡数车子各有多少种是属于自动挡车或手动挡车，对数据分析而言，此时有2个变量，一个是挡数，另一个是自动挡或手动挡，我们用下列实例解说。

```
> mycartable <- with(mycar, table(am, gear))
> mycartable
        gear
am         3  4  5
  Auto    15  4  0
  Manual   0  8  5
>
```

对上述table( )函数而言，第1个参数作为行名称，第2个参数则作为列名称。这个表已经将所有组合都列出来了，例如，由上述表格可以得知4个挡的车有8种是手动挡车，4种是自动挡车。

16-8-2 从无到有建立一个表格数据

前一个小节我们利用了现有的数据框对象建立了一个表格数据，本节笔者将从最基础开始从无到有一步一步讲解如何建立表格。

在医学研究中，发现常吃某种食物可能造成某些疾病，例如，常吃鸡鸭的颈部，可能造成身体疾病，或常抽烟可能造成肺癌。这时会有下列4种可能：

- 抽烟，患肺癌。
- 抽烟，身体仍保持健康。
- 不抽烟，仍有肺癌。
- 不抽烟，身体保持健康。

假设目前我们抽样调查数据如右表示。

	肺癌	健康
不抽烟	20	80
抽烟	72	28

接下来，笔者将讲解如何一步一步用上述数据建立表格。

```
> myresearch <- matrix(c(20, 72, 80, 28), ncol = 2)
> rownames(myresearch) <- c("No.Smoking", "Smoking")
> colnames(myresearch) <- c("Lung.Cancer", "Health")
>
```

下列是验证这个矩阵myresearch的输出结果。

```
> myresearch
            Lung.Cancer Health
No.Smoking           20     80
Smoking              72     28
>
```

在上述实例中笔者先建立矩阵myresearch，接着为这个矩阵的行和列建立名称。接下来我们可以使用上述矩阵建立表格。

```
> mytable <- as.table(myresearch)
>
```

我们已经成功地将实验收集的数据转成表格数据了，由上述执行结果来看，矩阵myresearch对象和表格

执行结果

```
> mytable
            Lung.Cancer Health
No.Smoking           20     80
Smoking              72     28
>
```

mytable对象好像相同，其实不然，若是我们使用str( )函数，如下程序代码所示，可以发现它们彼此是有差别的，在下一个小节中笔者会介绍它们之间的差别。表格建立好了以后，如果想要存取数据，与其他数据类似，其实很容易，下列是实例。

```
> str(myresearch)
 num [1:2, 1:2] 20 72 80 28
 - attr(*, "dimnames")=List of 2
  ..$ : chr [1:2] "No.Smoking" "Smoking"
  ..$ : chr [1:2] "Lung.Cancer" "Health"
> str(mytable)
 table [1:2, 1:2] 20 72 80 28
 - attr(*, "dimnames")=List of 2
  ..$ : chr [1:2] "No.Smoking" "Smoking"
  ..$ : chr [1:2] "Lung.Cancer" "Health"
>
```

实例ch16_64：在数据中了解抽烟的人中患肺癌的人数。

```
> mytable["Smoking", "Lung.Cancer"]
[1] 72
>
```

实例ch16_65：在数据中提取不抽烟的人中健康的人数。

```
> mytable["No.Smoking", "Health"]
[1] 80
>
```

16-8-3　分别将矩阵与表格转成数据框

前面笔者已讲解矩阵与表格数据虽然看起来相同，但使用str( )函数后，可以看到不同之处，如果我们分别将myresearch矩阵对象和mytable表格对象转成数据框则可以更明显地看出彼此的差别。

实例ch16_66：将myresearch矩阵对象转成数据框。

```
> myresearch.df <- as.data.frame(myresearch)
> str(myresearch.df)
'data.frame':   2 obs. of  2 variables:
 $ Lung.Cancer: num  20 72
 $ Health     : num  80 28
>
```

由上述执行结果可以看出，myresearch中有两个变量，每个变量有两个实验的数据。

实例ch16_67：将mytable表格对象转成数据框。

```
> mytable.df <- as.data.frame(mytable)
> str(mytable.df)
'data.frame':   4 obs. of  3 variables:
 $ Var1: Factor w/ 2 levels "No.Smoking","Smoking": 1 2 1 2
 $ Var2: Factor w/ 2 levels "Lung.Cancer",..: 1 1 2 2
 $ Freq: num  20 72 80 28
>
```

此时的数据框有3个变量，其中Var1和Var2均是因子，另一个变量是Freq，Freq包含Var1和Var2各种组合的实验数据。

16-8-4 边际总和

在数据分析过程中，我们很可能会对表格的行或列进行加总运算，所得值我们称为边际总和(marginal totals)。我们可以使用下列函数。

```
addmargins(A, margin)
```

◀ A：表格数据或数组。
◀ margin：若省略则列与行皆计算，若为1则计算"列"，所以"行"会增加Sum字段，若为2则计算"行"，所以"列"会增加Sum字段。

实例ch16_68：使用mytable对象，计算参与研究的抽烟者和不抽烟者的总人数。

```
> addmargins(mytable, margin = 2)
           Lung.Cancer Health Sum
No.Smoking          20     80 100
Smoking             72     28 100
>
```

由于是要将Smoking和No.Smoking这2行数据分别相加，然后增加Sum这一字段，所以设定"margin = 2"。

实例ch16_69：使用mytable对象，计算参与研究的健康和不健康的总人数。

```
> addmargins(mytable, margin = 1)
           Lung.Cancer Health
No.Smoking          20     80
Smoking             72     28
Sum                 92    108
>
```

实例ch16_70：使用mytable对象，同时计算参与研究的抽烟者和不抽烟者的总人数和参与研究的健康和不健康的总人数。

```
> addmargins(mytable)
           Lung.Cancer Health Sum
No.Smoking          20     80 100
Smoking             72     28 100
Sum                 92    108 200
>
```

16-8-5 计算数据的占比

在分析表格的过程中，如果只是分析表格中的数据，并不直观，例如以mytable为例，我想了解在实验的抽样调查中，抽烟同时有肺癌者的占比是多少？或是不抽烟同时身体健康者的占比是多少？R语言提供的prob.table( )函数可以很轻易给出答案。

实例 ch16_71：计算 mytable 表格对象的数据占比。

```
> prop.table(mytable)
          Lung.Cancer Health
No.Smoking        0.10   0.40
Smoking           0.36   0.14
>
```

由上述执行结果我们获得了下列信息：
- 不抽烟而罹患肺癌者在全部受测者中占比是0.1。
- 抽烟而罹患肺癌者在全部受测者中占比是0.36。
- 不抽烟而健康者在全部受测者中占比是0.40。
- 抽烟而健康者在全部受测者中占比是0.14。

16-8-6　计算行与列的数据占比

假设我们现在只想要了解实验数据中抽烟者中罹患肺癌或是健康者的占比，以及不抽烟者中罹患肺癌或是健康者的占比，此时在利用prob.table( )函数时，也可以通过增加参数margin，实现只针对行或列做计算。

实例 ch16_72：计算抽烟者中罹患肺癌或是健康者的占比，以及不抽烟者中罹患肺癌或是健康者的占比。

```
> prop.table(mytable, margin = 1)
          Lung.Cancer Health
No.Smoking        0.20   0.80
Smoking           0.72   0.28
>
```

由上述执行结果可以获得下列信息：
- 不抽烟而罹患肺癌者在全部不抽烟受测者中占比是0.20。
- 不抽烟而健康者在全部不抽烟受测者中占比是0.80。
- 抽烟而罹患肺癌者在全部抽烟受测者中占比是0.72。
- 抽烟而健康者在全部抽烟受测者中占比是0.28。

本章习题

一. 判断题

(　　) 1. 我们可以使用install( )函数来下载所需要的扩展包。

(　　) 2. 常被用来获得数据集中趋势指标的R语言函数有三种:mean( ), median( )与mode( )。

(　　) 3. R程序求取标准差的函数为stdev( )。

(　　) 4. 有如下两个命令。

```
> x<- c(3,3,3,2,2,1)
> unique(x)
```

上述命令的执行结果如下所示。

[1] 3 2 1

（　　）5. 我们可以用quantile( )函数同时取得第1个四分位数、第2个四分位数以及第3个四分位数

（　　）6. 有如下命令。

```
> quantile(1:7)
```

上述命令的执行结果如下所示。

```
  0%  25%  50%  75% 100%
 1.0  2.5  4.0  5.5  7.0
```

（　　）7. R语言可以使用table( )函数去取得数据出现的次数或称频率。

（　　）8. R语言可以使用hist( )函数去绘制直方图，若使用参数nbreaks =10，表示指定柱状的数量为10。

（　　）9. R语言有提供密度函数density( )，可以利用这个函数将欲建图表的数据转成一个密度对象列表，未来可将这个对象放入plot( )函数内绘制密度图。

（　　）10. mycar对象的前6行数据内容如下所示。

```
                   mpg cyl      am gear
Mazda RX4          21.0   6 Manual    4
Mazda RX4 Wag      21.0   6 Manual    4
Datsun 710         22.8   4 Manual    4
Hornet 4 Drive     21.4   6   Auto    3
Hornet Sportabout  18.7   8   Auto    3
Valiant            18.1   6   Auto    3
```

若使用mycar数据框对象绘制汽缸数对油耗影响的箱形比较图。可以使用以下的R命令。

```
> boxplot(mpg ~ cyl, data = mycar)
```

二. 单选题

（　　）1. 以下哪个不是正确的求取数据集中趋势的函数？

A. mean( )　　　　　　　　　　　　B. median( )

C. mode( )　　　　　　　　　　　　D. 所列3个函数都是

（　　）2. R语言程序求取标准差的函数为哪个？

A. stdev( )　　　　　B. std( )　　　　　C. sd( )　　　　　D. dev( )

（　　）3. 以下命令会得到哪种数值结果？

```
> x<- c(3,3,3,2,2,1)
> length(unique(x))
```

A. [1] 1　　　　　B. [1] 6　　　　　C. [1] 3　　　　　D. [1] 0

（　　）4. 以下命令会得到哪种执行结果？

```
> x <- c(1,1,1,1,2,2,3)
> table(x)
```

A. [1] 1 2 3

B.
```
x
1 2 3
4 2 1
```

C.
```
x
1 2 3
1 2 3
```

D. [1] 1 4 2 2 3 1

(   ) 5. 以下命令会得到哪种数值结果？

```
> x <- c(1,1,1,1,2,2,3,4)
> tx <- table(x)
> index <- tx == max(tx)
> names(tx[index])
```

A. [1] "1"   B. [1] "2"   C. [1] "3"   D. [1] "4"

(   ) 6. 以下命令会得到哪种数值结果？

```
> x <- c(1,1,1,1,2,2,3,4)
> which.max(x)
```

A. [1] 1   B. [1] 4   C. [1] 8   D. [1] 6

(   ) 7. 给定x向量内容为(1, 2, 2, 3, 3, 3, 4, 4, 4, 4, 5, 5, 5, 6, 6, 7)，使用以下哪个命令可以得到以下的统计图？

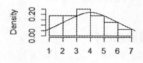

A.
```
> hist(x)
> density(x)
```
B.
```
> hist(x,freq=FALSE)
> lines(density(x))
```
C.
```
> plot(density(x))
> hist(x)
```
D.
```
> hist(x)
> lines(density(x))
```

(   ) 8. mycar对象的前6行数据如下所示。

```
                    mpg cyl      am gear
Mazda RX4          21.0   6  Manual    4
Mazda RX4 Wag      21.0   6  Manual    4
Datsun 710         22.8   4  Manual    4
Hornet 4 Drive     21.4   6    Auto    3
Hornet Sportabout  18.7   8    Auto    3
Valiant            18.1   6    Auto    3
```

若使用mycar数据框对象绘制汽缸数对油耗影响的箱型图。应该使用以下的哪一个命令？

A. `> boxplot(mpg | cyl,data=mycar)`

B. `> boxplot(mpg ~ cyl, data = mycar)`

C. `> boxplot(mycar$mpg + mycar$cyl)`

D. `> boxplot(~mpg+cyl,data=mycar)`

(   ) 9. 若对两个向量x与y执行了以下的命令，并且结果如下所示。

```
> length(x)
[1] 10
> cor(x,y)
[1] -0.9006627
```

可知两向量之间的关系为哪一个？

A. 轻微的正线性相关   B. 很强的正线性相关

C. 很强的负线性相关   D. 无法判断线性相关性

(   ) 10. 若给定1个table对象，它的内容如下所示。

```
> tab1
    C D
 A  1 3
 B  2 4
```

使用以下哪个命令可以得到下列加总的结果?

```
  C D Sum
A 1 3   4
B 2 4   6
```

A. > addrow(tab1)

B. > addmargins(tab1,margin=1)

C. > addmargins(tab1,margin=2)

D. > addmargins(tab1)

三. 多选题

(   ) 1. 以下哪些命令可以用来下载MASS扩充包? (选择两项)

A. > load(MASS)

B. > install.packages(MASS)

C. > download(MASS)

D. > library(MASS)

E. > install(MASS)

(   ) 2. summary( )函数所提供的结果中不包含以下哪种统计值? (选择两项)

A. mean

B. 3rd. Qu.

C. median

D. mode

E. var

四. 实际操作题(如果题目有描述不详细时,请自行假设条件)

1. 使用x <- rnorm(100,mean=60,sd=12)产生100个平均数为60、标准偏差为12的正态分布随机数向量x,并计算出x的平均数、中位数、众数、方差、标准差、极差、最大值、最小值、第1个四分位数、第3个四分位数等各项统计值。

注: rnorm( )函数的第一个参数是表示产生100个数据。

```
> source('~/Documents/Rbook/ex/ex16_1.R')
$quartiles
      0%      25%      50%      75%     100%
28.84666 49.48792 59.15335 70.79765 84.25616

$mean
[1] 59.82622

$std
[1] 13.09589

$var
[1] 171.5023

$mode
numeric(0)

$range
[1] 55.4095
```

2. 参考实例ch16-44建立上题中的向量x的直方图并加上密度图。

Histogram of 100 normals

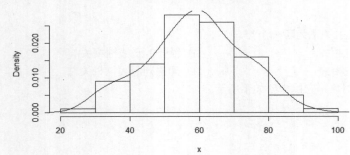

3. 使用summary( )函数以了解前题中的向量x的各项数据分布情况并绘制其箱形图。

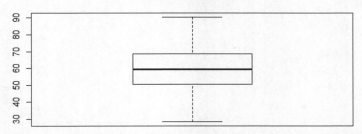

Boxplot of 100 normals

4. 以y <- rchisq(100, df=8)产生包含100个自由度为8，卡方分布的随机向量y，并重复前面三题的操作，求取各项统计值，绘制直方图与密度图，调用summary( )函数并绘制箱形图。

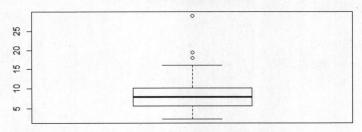

Boxplot of 100 chisq(df=8)

5. 求上述题目所产生的x与y两向量间的线性相关系数。

```
> source('E:/20201102-1/ex16_5.R')
[1] -0.00950611
```

所谓的正态分布(normal distribution)又称高斯分布(Gaussian distribution)，许多统计学的理论都是假设所使用的数据服从正态分布，这也是本章的主题。

数据分析师或大数据工程师在研究数据时，首先要做的是确定数据是否合理，也就是确定数据是否正态分布，接下来我们将举一系列实例做说明。

17-1 用直方图检验crabs对象

检验数据是否服从正态分布，很简单的方法是可以用histogram( )函数将数据导入，直接了解数据的分布而做推断。由于这个函数是在扩展包lattice内，所以使用前须先加载lattice包。

```
> library(lattice)
>
```

在前面章节我们已经多次使用了crabs对象，本节笔者将用该对象的CW字段(甲壳宽度)为例做说明。

实例ch17_1：使用histogram( )函数绘出crabs对象CW字段（螃蟹甲壳宽度）的直方图。

```
> histogram(crabs$CW)
>
```

执行结果

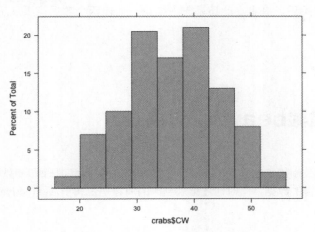

由上图判断crabs $CW数据是否服从正态分布，可能不同的数据分析师有不同的看法，不过没关系，因为接下来笔者还会介绍直接用数据做检验。但是笔者在此还是先下结论，上述数据是服从正态分布的。其实我们也可以使用crabs对象的sex字段，对公的螃蟹和母的螃蟹分开检验其CW数据，从而了解是否符合正态分布。

实例 ch17_2：绘出公螃蟹和母螃蟹 CW 数据的直方图。

```
> histogram(~CW | sex, data = crabs)
>
```

执行结果

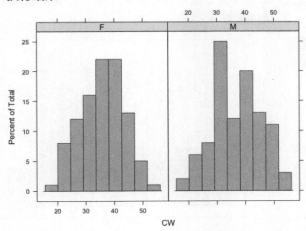

在上述histogram( )函数中，我们在第1个参数中使用了如下公式。

~CW | sex

~：左边没有数据，右边有下列两个变量。

◀ CW：绘图是使用CW变量内容。

◀ sex：这是一个因子变量，F表示母螃蟹，M表示公螃蟹。

sex参数左边有"｜"，这是统计学符号，表示"基于……条件"，由此可以分开处理公螃蟹和母螃蟹的数据。得到上述结果后，笔者在此还是先下结论，上述两个数据均服从正态分布。

17-2 用直方图检验beaver2对象

beaver2这组数据是美国威斯康星州的生物学家Reynolds在1990年11月3日和4日两天每隔10分钟记录一次海狸(beaver)的体温所得的数据，同时他还记录当时的海狸是否属于活跃(active)状态，右图是这个对象的数据。

```
> str(beaver2)
'data.frame':   100 obs. of  4 variables:
 $ day  : num  307 307 307 307 307 307 307 307 307 307 ...
 $ time : num  930 940 950 1000 1010 1020 1030 1040 1050 1100 ...
 $ temp : num  36.6 36.7 36.9 37.1 37.2 ...
 $ activ: num  0 0 0 0 0 0 0 0 0 0 ...
> head(beaver2)
  day time  temp activ
1 307  930 36.58     0
2 307  940 36.73     0
3 307  950 36.93     0
4 307 1000 37.15     0
5 307 1010 37.23     0
6 307 1020 37.24     0
>
```

上述temp字段记录的是海狸的体温；activ字段记录的是海狸是否处于活跃状态，1表示"是"，0表示"否"。

实例ch17_3：使用histogram( )函数绘出beaver2对象海狸体温temp的直方图。

```
> histogram(beaver2$temp)
>
```

由上述结果可以发现数据的高峰有两处，同时中间部分往下凹，笔者在此还是先下结论，上述海狸数据与正态分布相比有较大的偏差。但是在上述数据中部分海狸是属活跃状态，部分是属非活跃状态，接下来我们分别处理这两种状态的海狸。

执行结果

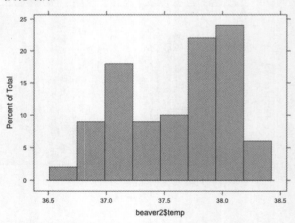

实例ch17_4：绘出活跃和不活跃海狸体温temp数据的直方图。

```
> histogram(~temp | factor(activ), data = beaver2)
>
```

执行结果

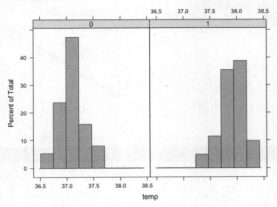

与实例ch17_2相同的是，笔者在histogram( )函数的第一个参数，输入了一个如下公式。

~temp | factor(activ)

由于在beaver2对象内activ是一个数值向量，所以笔者使用factor( )函数将activ对象转成因子。当然由上图看来，活跃的海狸体温数据和不活跃的海狸体温数据不拒绝服从正态分布的假设。

17-3 用QQ图检验数据是否服从正态分布

R语言提供的qqnorm( )函数可以绘制QQ图，我们可以通过所绘制的QQ图是否呈现一直线判断数据是否服从正态分布。另外，R语言还提供了一个qqline( )函数，这个函数会在QQ图中绘一条直线，如果QQ图的点越接近这条直线，表示数据越接近正态分布。

实例ch17_5：使用qqnorm( )函数绘出crabs对象CW字段（螃蟹甲壳宽度）的QQ图，然后判断是否服从正态分布。

```
> qqnorm(crabs$CW, main = "QQ for Crabs")
>
```

执行结果

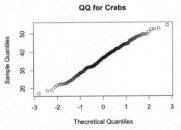

由上图可以发现，数据趋近直线，所以上述数据是服从正态分布的。接下来我们可以使用qqline( )函数为上述QQ图增加一条直线，再观察结果。

实例 ch17_6：使用 qqline( ) 函数为实例 ch17_5 的结果增加直线，再判断其是否服从正态分布。

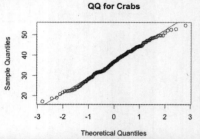

```
> qqline(crabs$CW)
>
```

由上述执行结果可以看到QQ图的确是非常趋近一条直线，所以更加确定上述数据是服从正态分布的。接下来我们看看海狸的实例。

实例 ch17_7：使用 qqnorm( ) 函数绘出 beaver2 对象海狸体温 temp 的 QQ 图，再判断是否服从正态分布。

```
> qqnorm(beaver2$temp, main = "QQ for Beaver")
>
```

执行结果

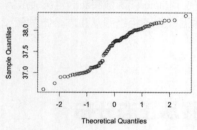

由上图数据可以发现，数据没有趋近直线，所以上述数据是不服从正态分布的。接下来我们可以使用qqline( )函数为上述QQ图增加一条直线，再观察结果。

实例 ch17_8：使用 qqline( ) 函数为实例 ch17_7 的结果增加直线，再判断其是否服从正态分布。

执行结果

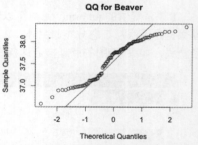

```
> qqline(beaver2$temp)
>
```

由上图数据可以发现，上述数据偏离直线许多，所以更加确定上述海狸体温的数据是不服从正态分布的。

17-4 shapiro.test( )函数

在前两节中，笔者使用直方图显示了数据的分布，但是对于数据是否服从正态分布的判断难免受到主观因素的干扰，因此我们可能需使用更客观的方法来检验数据是否正态分布，一般最广泛使用的是本节所要介绍的Shapiro Wilks检验，这个方法非常容易，只需要将要检验的数据当作shapiro.test( )函数的参数即可。

```
> nortest1 <- shapiro.test(crabs$CW)
> str(nortest1)
List of 4
 $ statistic: Named num 0.991
  ..- attr(*, "names")= chr "W"
 $ p.value  : num 0.254
 $ method   : chr "Shapiro-Wilk normality test"
 $ data.name: chr "crabs$CW"
 - attr(*, "class")= chr "htest"
>
```

上述R语言程序将传回一个列表对象，笔者使用str( )函数列出结果对象，当然对于上述传回的列表数据最重要的元素是p.value，所以笔者将在下列单独列出其值。

```
> nortest1$p.value
[1] 0.2541548
>
```

p.value主要是反映数据样本服从正态分布的概率，p.value值越小服从正态分布的概率越小，通常用0.05做临界标准，如果值大于0.05(此例是0.2541548)，表示此数据服从正态分布。

```
> nortest2 <- with(crabs, tapply(CW, sex, shapiro.test))
> str(nortest2)
List of 2
 $ F:List of 4
  ..$ statistic: Named num 0.988
  .. ..- attr(*, "names")= chr "W"
  ..$ p.value  : num 0.526
  ..$ method   : chr "Shapiro-Wilk normality test"
  ..$ data.name: chr "X[[i]]"
  ..- attr(*, "class")= chr "htest"
 $ M:List of 4
  ..$ statistic: Named num 0.983
  .. ..- attr(*, "names")= chr "W"
  ..$ p.value  : num 0.237
  ..$ method   : chr "Shapiro-Wilk normality test"
  ..$ data.name: chr "X[[i]]"
  ..- attr(*, "class")= chr "htest"
 - attr(*, "dim")= int 2
 - attr(*, "dimnames")=List of 1
  ..$ : chr [1:2] "F" "M"
>
```

上述传回的列表内又有2个列表，我们可以使用下列方法分别了解其p.value值。

```
> nortest2$F$p.value        #母螃蟹的p.value值
[1] 0.5256088
> nortest2$M$p.value        #公螃蟹的p.value值
[1] 0.2368288
>
```

由上述数据可以得知，p.value(母螃蟹)和p.value(公螃蟹)的值皆远大于0.05，所以crabs对象公螃蟹和母螃蟹的CW(甲壳宽度)数据是服从正态分布的。

```
> nortest3 <- shapiro.test(beaver2$temp)
> nortest3$p.value
[1] 7.763623e-05
>
```

由于最后p.value值小于0.05，表示此数据不服从正态分布。

```
> nortest4 <- with(beaver2, tapply(temp, activ, shapiro.test))
> nortest4$`0`$p.value
[1] 0.1231222
> nortest4$`1`$p.value
[1] 0.5582682
>
```

由于最后不论是活跃的或非活跃的海狸的p.value值皆大于0.05，表示两个数据均服从正态分布。

17-5 应用R语言正态分布相关函数

R软件内建了各种常用的概率分布函数，例如：离散分布的二项分布、泊松分布、连续分布的正态分布、T分布、均等分布等。这些函数可以很方便地计算各项分布的概率、密度、累计概率、百分位数值或者产生随机变量。以正态分布为例，以下列出这些函数实例说明规则，并提供应用实例供参考应用。

R 正态分布函数语法：

```
dnorm(x, mean = 0, sd = 1, log = FALSE)
pnorm(q, mean = 0, sd = 1, lower.tail = TRUE, log.p = FALSE)
qnorm(p, mean = 0, sd = 1, lower.tail = TRUE, log.p = FALSE)
rnorm(n, mean = 0, sd = 1)
```

参数说明如下所示。

◀ x, q：所需计算位置的数值向量用来计算概率或密度。
◀ p：所需给定的概率向量，用来计算出位置。
◀ mean：正态分布的平均数，默认为0。
◀ sd：正态分布的标准差，默认为1。
◀ log, log.p：逻辑变量，默认为FALSE、若改为TRUE表示概率为log(p)。
◀ lower.tail：逻辑变量，默认为TRUE，为左尾概率$P[X \le x]$；FALSE为右尾$P[X > x]$。

这四个函数都具有共同的英文字母norm，表示正态分布，而最前面的d、p、q、r的含义分别如下：d函数在连续分布时为密度，而在离散分布时表示单点的概率；p函数为分布的累积概率；q函数为计算此分布的百分位数值；r函数则表示产生此分布的随机数。这套概率分布的各项规则也适用于其他各种常用的概率分布。例如，以U(min, max)均匀分布为例，则使用dunif( )、punif( )、qunif( )与runif( )等四个R函数。

以下列出R语言的各离散分布函数英文代号：binom(二项分布)、geom(几何分布)、hyper(超几何分布)、multinom(多项分布)、nbinom(负二项分布)、poi(泊松分布)。连续分布函数的各英文代号如下：beta(贝塔分布)、cauchy(柯西分布)、chisq(卡方分布)、exp(指数分布)、f(F分布)、gamma(伽玛分布)、lnorm(对数正态分布)、t(T分布)、unif(均匀分布)以及weibull(韦伯分布)。接下来笔者使用应用实例对dnorm( )、pnorm( )、qnorm( )与rnorm( )四种R正态分布函数加以解说。

实例ch17_13：给定不同的平均数与标准差绘制并比较各种正态分布。

```
1  #ch17_13 给定不同的平均数与标准偏差绘制比较各种正态分布。
2
3  curve(dnorm(x,mean=3,sd=2),xlim = c(-5,10),ylim=c(0,0.5),
4       yaxs ="i",lwd=1 , col="red",lty=1,ylab="机率密度")
5  axis(side=1,at=c(-5:10))
6  curve(dnorm(x,mean=2,sd=1),xlim = c(-5,10),ylim=c(0,0.5),
7       yaxs ="i",lwd=2 , col="green",add=T,lty=2)
8  curve(dnorm(x,mean=0,sd=1),xlim = c(-5,10),ylim=c(0,0.5),
9       yaxs ="i",lwd=3 , col="blue",add=T,lty=3)
10 legend(6,0.4,c("N(3,2)","N(2,1)","N(0,1)"),
11       lty=c(1,2,3),lwd=c(1,2,3),
12       col = c("red","green","blue"))
13 title(main="不同的平均數与标准偏差绘制比较各种常态分布")
```

本实例中的dnorm( )函数通过xlim可以求解出给定平均数与标准差的正态分布所有密度值；curve( )为曲线高阶绘图函数，若搭配了参数add=T可以在原曲线图上增加曲线；legend( )可以在原图中加入图例；title( )则可以加入图形标题。curve( )函数中的xlim与ylim分别设定水平与垂直间数值的范围；lwd设定绘图线条的宽度；lty设定线条的形式；col可以设定曲线的颜色；yaxs用于设定y轴的间隔计算样式；ylab设定y轴的标签。详细的说明与应用可以参考本书的第19章实例。以下是实例ch17-13的结果。实例中的第一条曲线为红色实线，宽度为1，该绘图函数更改y轴的标签，绘制出x取值为-5至10的平均数为3，标准差为2的正态分布曲线，并在x轴下方绘制从-5到10所有的整数坐标；实例中的第二条曲线为绿色形态2的虚线，宽度为2，x取值为-5至10的平均数为2，标准差为1的正态分布曲线；实例中的第三条曲线为蓝色形态3的虚线，宽度为3，x取值为-5至10的平均数为0，标准差为1的标准正态分布曲线。接着在相对坐标(6, 0.4)的位置加上相对应的图例，也在图形的上方加上本图的标题。

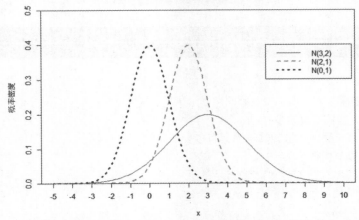

接下来我们利用dnorm( )函数与pnorm( )函数来绘制在起始与终止点间的正态图形并计算概率且将此概率贴在图形的标题中。

```
1   #ch17-14 Given X~N(mean=5 , sd=10)，Find P(-8.1< X < 16.2)=?
2
3   curve(dnorm(x,mean=5,sd=10),xlim = c(-25,35),ylim=c(0,0.05),
4         yaxs ="i",xaxt = "n",lwd=2 , col="black")
5   at=seq(-25,35,5)
6   axis(side=1,at=c(at))
7
8   cord.x=c(-8.1,seq(-8.1,16.2,0.1),16.2)
9   cord.y=c(0,dnorm(seq(-8.1,16.2,0.1),mean=5,sd=10),0)
10  polygon(cord.x,cord.y,col = "red")
11
12  ans <- pnorm(16.2, mean=5, sd=10)-pnorm(-8.1,5,10)
13  title(main=paste("X~N(5,10), P(-8.1< X <16.2) = ",ans))
```

本实例中dnorm( )函数通过xlim可以求解出平均数为5且标准差为10的所有正态分布密度值。curve( )为曲线高阶绘图函数，curve( )函数中的xlim与ylim分别设定水平与垂直间数值的范围；lwd设定绘图线条的宽度为2；col可以设定曲线的颜色为黑色；yaxs用于设定y轴的间隔计算样式；xaxt取值为"n"表示取消绘制x轴。axis( )函数绘制水平轴在下方，seq(-25,35,5)表示坐标刻度为从-25至35间隔为5。polygon( )函数绘制多边形图，除了使用dnorm( )函数求出平均数为5且标准差为10，从-8.1至16.2间隔0.1所有正态分布密度值外，多加入起始点(-8.1, 0)以及终点(16.2, 0)，藉以形成完整的多边形图并将内部填满红色。详细的说明与应用可以参考本书的第19章实例。以下是实例ch17-14的结果。本实例利用了pnorm( )函数，带入两个端点16.2与-8.1即可轻易计算出所需要的概率，并应用paste( )函数带入title即可形成所绘出图形的标题。

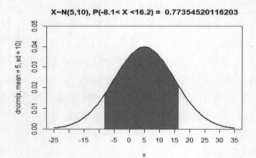

(a) 26千克以上的概率是多少？

(b) 介于14千克和25千克的概率是多少？

(c) 有5%的垃圾袋少于某承受力，欲知其承受力有多少千克？

以下为R语言程序的计算与执行结果：

```
> #ch17_15 Given X~N(mean=20 , sd=4)，Use pnorm and qnorm to find
> #(a) P(X > 26)
> pnorm(26,mean=20,sd=4,lower.tail = F)
[1] 0.0668072
> #(b) P(14 < X < 25)
> pnorm(25, 20, 4) - pnorm(14, 20, 4)
[1] 0.827543
> #(c) P(X < c) = 0.05
> qnorm(0.05, 20, 4)
[1] 13.42059
```

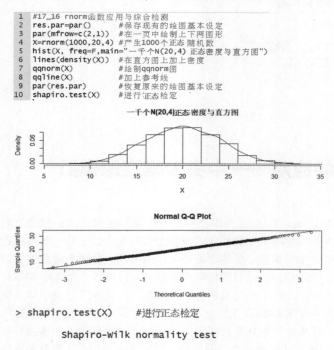

```
1  #17_16 rnorm函数应用与综合检测
2  res.par=par()              #保存现有的绘图基本设定
3  par(mfrow=c(2,1))          #在一页中绘制上下两图形
4  X=rnorm(1000,20,4) #产生1000个正态 随机数
5  hist(X, freq=F,main="一千个N(20,4)正态密度与直方图")
6  lines(density(X))          #在直方图上加上密度
7  qqnorm(X)                  #绘制qqnorm图
8  qqline(X)                  #加上参考线
9  par(res.par)               #恢复原来的绘图基本设定
10 shapiro.test(X)            #进行正态检定
```

一千个N(20,4)正态密度与直方图

Normal Q-Q Plot

```
> shapiro.test(X)        #进行正态检定

        Shapiro-Wilk normality test

data:  X
W = 0.99899, p-value = 0.8691
```

以上的实例经过了直方图与QQ图的对照并参考shapiro.test( )函数所得到的p.value为0.8691，可以得知所产生的1000笔随机数符合所预期的正态分布N(mean=20, sd=4)。

另外为了得知所产生的随机数向量的各项常用参数，可以利用R语言所提供的相关函数加以细节比较。通过实例ch17_17的细节计算便可以轻易比较出所得到的结果。

```
1  #ch17_17   给定一组数值向量，返回出此向量的各个参与统计量
2  # 结果是有名称的向量。藉此可以比较随机产生的正态分布结果
3  my.stat<-function(x=1:20){
4      statALL<-round(c(summary(x),
5                  sd(x),max(x)-min(x),IQR(x)),2)
6      names(statALL)<-c("min","Q1","median","mean","Q3","max",
7                  "s","range","IQR")
8      return(statALL)
9  }
10 X=rnorm(1000,20,4)
11 my.stat(X)
12 qnorm(c(0.001,0.25, 0.5, 0.75, 0.999),mean=20, sd=4)
13 paste("IQR=",qnorm(0.75,20,4)-qnorm(0.25,20,4)) #IQR作为对照
```

笔者随机进行了两次模拟实验，均能够得到样本平均数接近20、样本标准差接近4的数据；因为本实例选择1000笔数据，因此特别选择0.1与99.9百分位数去估计可能得到的最小值与最大值；详细比对描述统计中的最小值、第1个四分位数、中位数、第3个四分位数、最大值与四分位距，这些数据均能够符合理论预期。将结果列在下面。如此也充分说明了所产生的1000笔随机数符合所预期的N(mean=20, sd=4)正态分布。

```
> X=rnorm(1000,20,4)
> my.stat(X)
    min    Q1 median    mean    Q3    max     s  range    IQR
   6.90 17.21  19.84   19.95 22.64  30.99  3.98  24.09   5.43
> qnorm(c(0.001,0.25, 0.5, 0.75, 0.999),mean=20, sd=4)
[1]  7.639071 17.302041 20.000000 22.697959 32.360929
> paste("IQR=",qnorm(0.75,20,4)-qnorm(0.25,20,4))
[1] "IQR= 5.39591800156865"
> X=rnorm(1000,20,4)
> my.stat(X)
    min    Q1 median    mean    Q3    max     s  range    IQR
   7.15 17.38  20.13   19.96 22.61  31.17  3.95  24.02   5.24
> qnorm(c(0.001,0.25, 0.5, 0.75, 0.999),mean=20, sd=4)
[1]  7.639071 17.302041 20.000000 22.697959 32.360929
> paste("IQR=",qnorm(0.75,20,4)-qnorm(0.25,20,4))
[1] "IQR= 5.39591800156865"
```

17-6 正态分布的应用——中央极限定理模拟

中央极限定理(central limit theorem，CLT)是概率论中的一个重要定理。中央极限定理说明，在适当的条件下，充分大量相互独立随机变量的平均数经适当标准化后依分布情形趋近于标准正态分布。这个定理是数理统计学和误差分析的理论基础，指出了大量随机变量的平均数近似服从正态分布的条件。另外，独立抽样所得到的样本平均数的期望值等于母体平均数；而样本平均数的方差恰缩减为母体方差的n分之一，n是取样的样本数。中央极限定理中样本平均数的抽样分布趋向于正态分布的条件为样本数n要充分大。若母体是正态分布，任何样本数均可适用；若母体为单峰或者对称的，样本数达到10个已经可以适用；母体为最极端的连续分布例如指数分布，通常在n达到30以上时即可适用此中央极限定理。以下笔者设计程序实例来充分应用与体验中央极限定理。

首先我们扩充实例ch17_17建立更加完整的描述统计函数如下：

案例ch17_18(A) 建立较为完整的描述统计计算函数。

```
1  #ch17_18
2  #(A) 笔立较为完整的描述统计计算函数
3  # 给定一组数字向量，即传出此向量的所有统计量
4  # 结果为有相关统计名称的向量
5  # 下载套件TSA启计算出：偏性:skewness()与峰度:kurtosis()
6  install.packages("TSA"); library("TSA")
7  my.stat<-function(x=1:20){
8      statALL<-round(c(summary(x),
9                  as.numeric(names(which.max(table(x)))),
10                 sd(x),max(x)-min(x),IQR(x),sd(x)/mean(x)*100,
11                 skewness(x), kurtosis(x),  sd(x)/sqrt(length(x))), 4)
12      names(statALL)<-c("min","Q1","median","mean","Q3",
13                 "max","mode","s","range","IQR","变异系数","偏性系数",
14                 "峰度系数","标准误")
15      return(statALL)
16  }; my.stat(1:10)
```

在此实例(A)中我们需要加载并套用TSA程序包以便计算出数据的样本偏性与峰度系数，本描述统计函数my.stat( )可以同时展示出最小值(min)、第1个四分位数(Q1)、中位数(median)、平均数(mean)、第3个四分位数(Q3)、最大值(max)、众数(mode)、标准差(s)、极差(range)、四分位距(IQR)、变异系数、偏性系数、峰度系数与标准误。标准误为标准差除以样本数的平方根。我们接下来就可以使用此函数来快速对不同的样本数的各描述统计值进行比较。以下是离散均等分布U(10)应用所创建的my.stat函数得到的描述统计结果。

```
> my.stat(1:10)
    min      Q1  median    mean      Q3     max    mode
 1.0000  3.2500  5.5000  5.5000  7.7500 10.0000  1.0000
      s   range     IQR  变异系数 偏性系数 峰度系数 标准误
 3.0277  9.0000  4.5000 55.0482  0.0000 -1.2242  0.9574
```

接着我们开始使用连续均等分布U(0, 1)进行六种样本数：1、4、9、16、25与36独立抽样1000次的中央极限定理体验。请参看实例ch17_18 (B)，过程描述如下：

(1) 在R程序的19行，我们首先使用runif( )函数来产生36*1000个U(0, 1)随机变量，并将其保存在36*1000的矩阵Umat内。

(2) R语言程序的第20行定义六种情形下的样本数，分别是1、4、9、16、25与36，形成向量供后续循环参照使用。

(3) R程序的第21至23行使用循环与apply( )函数去计算矩阵Umat第1行、前4行、前9行、前16行、前25行与所有36行的平均数，并将结果置于CLT.U这个6*1000矩阵内。

(4) R语言程序的第24至25行将CLT.U这个6*1000矩阵转换为数据框，并套用boxplot( )函数绘制出六种样本数情况下的箱形比较图，并加上图形标题。

(5) R语言程序的第26至28行将apply( )函数套用自行设计的my.stat( )函数于CLT.U这个6*1000矩阵的六个行向量，汇集整理并展示出所有统计结果比较窗体。

(6) R语言程序的第29至32行将CLT.U这个6*1000矩阵的六个行向量以循环在同一页中以2*3排列绘制出六个直方图的形式以供参考比较。绘制前先保留绘图的各项默认参数(程序第26行)，绘制完成后将原始预设绘图参数还原(程序第32行)。

```
18  #(B) 均匀分布U(0, 1)中心 极限定理
19  Umat<-matrix(runif(36*1000),nrow=1000)
20  n<-c(1,2*2,3*3, 4*4, 5*5, 6*6);
21  CLT.U<-matrix(numeric(1000*length(n)),nrow=1000)
22  for(i in 2:6){CLT.U[ ,i]<-apply(Umat[, 1:n[i]],1,mean)};
23  CLT.U[,1]<-Umat[,1]
24  boxplot(as.data.frame(CLT.U),
25          main="均匀分布U(0, 1)中心 极限定理箱形图BOXPLOT")
26  resultU<-apply(CLT.U,2,my.stat);
27  colnames(resultU)<-paste(n,"个随机数平均得来");
28  View(resultU);
29  save.par<-par(); par(mfrow=c(2,3))
30  for(i in 1:6) hist(CLT.U[,i],xlim=c(0,1),xlab="",
31          main=paste(n[i],"个U(0,1)随机数平均数的直方图"))
32  par(save.par)
```

程序的结果共分为三部分，说明如下：

(1) 从第一项的箱形图BOXPLOT可以看出：随着样本数从1逐渐增加到36，极差不断地缩减。Q1与Q3四分位的切点也由n=1时偏长变化为中间50%数据不断缩减。

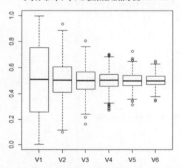

均匀分布U(0, 1)中心极限定理箱形图BOXPLOT

(2) 第二项描述统计的比较方面可以参考以下的结果窗口，说明如下：

● 连续分布U(0, 1)的理论母数如下：最小值为0，第1个四分位数Q1为0.25，中位数为0.5，平均数为0.5，第3个四分位数Q3为0.75，最大值为1，所有的密度均相同为1并无众数，也可以认为所有的值都可能是众数，标准差约为0.2886751，极差为1，四分位距

IQR为0.5，方差为 57.73503%，偏性系数为0，峰度系数为-1.2。

- 中位数、平均数均稳定地维持在理论母体平均数0.5附近。连续分布中的众数是随机的，较不具有解释上的意义。

- 明确列出六种情形下的最小值、最大值、极差、四分位距IQR。最小值随着样本数的增加会越来越大，向母体理论平均数0.5趋近；而最大值随着样本数的增加会越来越小，向母体理论平均数0.5趋近；也因此极差与四分位距会随着样本数的增加越来越小。

- 均等分布U(0, 1)的理论标准差s为1/sqrt(12)约为0.2886751，模拟的结果在n=1时得到0.2877与预期结果相一致，在n=4、9、16、25与36时，样本平均数的标准差也约为母体标准差的1/2、1/3、1/4、1/5与1/6。这个结果与理论相符合也说明了最小值、最大值、极差、四分位距IQR会随着样本数变化的规则。此表中的标准误仅为s/sqrt(1000)，结果与标准差s预期一致。

- 均等分布原始为对称分布，因此偏性系数大致维持在0附近；峰度系数则随着样本数增加会由-1.1944缩小至正态分布标准峰系数0。

▲	1个随机数平均得来	4个随机数平均得来	9个随机数平均得来	16个随机数平均得来	25个随机数平均得来	36个随机数平均得来
min	0.0014	0.0979	0.1627	0.2710	0.3136	0.3444
Q1	0.2570	0.4095	0.4354	0.4580	0.4614	0.4706
median	0.5104	0.5044	0.5013	0.5053	0.4989	0.4991
mean	0.5052	0.5041	0.5019	0.5027	0.5008	0.5014
Q3	0.7542	0.6059	0.5677	0.5487	0.5394	0.5339
max	0.9993	0.9381	0.8077	0.7053	0.7252	0.6526
mode	0.0014	0.0979	0.1627	0.2710	0.3136	0.3444
s	0.2877	0.1458	0.0963	0.0706	0.0576	0.0481
range	0.9979	0.8401	0.6450	0.4343	0.4117	0.3081
IQR	0.4972	0.1964	0.1323	0.0908	0.0781	0.0633
变异系数	56.9601	28.9310	19.1921	14.0538	11.5092	9.5867
偏性系数	-0.0077	-0.0054	-0.0259	-0.0696	0.0762	0.0252
峰度系数	-1.1944	-0.2064	-0.1211	0.0950	0.0110	0.0026
标准误	0.0091	0.0046	0.0030	0.0022	0.0018	0.0015

(3) 从第三项六种样本数情形下直方图的比较，可以清楚看出样本平均数的抽样分布直方图约在n=9时，已经趋于单峰对称，类似于正态分布了。在此即能够充分阐明中央极限定理。

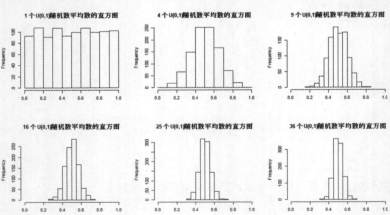

接着我们开始再次使用连续分布中的指数分布，选择平均数为6，进行六种样本数：1、4、

9、16、25与36独立抽样1000次的中央极限定理体验。过程描述如下：

(1) R语言程序的35行首先列出平均数为6的指数分布理论最小值、第1个四分位数Q1、中位数、第3个四分位数Q3与最大值以供后续比较参考。

(2) R语言程序的第36行使用rexp( )函数来产生36*1000个E(μ=6)指数随机变量保存在36*1000的矩阵Emat内。

(3) R语言程序的第37行定义六种情形下的样本数，分别为1、4、9、16、25与36，形成向量供后续循环参照使用。

(4) R语言程序的第38至第40行使用循环与apply( )函数去计算矩阵Emat第1行、前4行、前9行、前16行、前25行与所有36行的平均数并将结果置于CLT.E这个6*1000矩阵内。

(5) R语言程序的第41至第42行将CLT.E这个6*1000矩阵转换为数据框并套用boxplot( )函数即可绘制出六种样本数情况下的箱形比较图，并加上图形标题。

(6) R语言程序的第43至45行将apply( )函数套用自行设计的my.stat( )函数于CLT.E这个6*1000矩阵的六个行向量，汇集整理并展示出结果比较窗口。

(7) R语言程序的第46至第49行将CLT.E这个6*1000矩阵的六个行向量循环在同一页中，以2*3排列的形式绘制出六个直方图以供参考比较。绘制前先保留绘图的各项默认参数(程序第46行)，绘制完成后将原始 (程序第49行)。

实例 ch17_18 (C) 指数分布 E(6) 的中心极限定理。

```
34  #(C) 指数分布E(6)的 中心极限定理
35  qexp((0:4)/4,rate=1/6) #列出指数分布平均数6的5点描述
36  Emat<-matrix(rexp(36*1000,rate=1/6),nrow=1000)
37  n<-c(1,2*2,3*3, 4*4, 5*5, 6*6);
38  CLT.E<-matrix(numeric(1000*length(n)),nrow=1000)
39  for(i in 2:6){CLT.E[ ,i]<-apply(Emat[, 1:n[i]],1,mean) };
40  CLT.E[,1]<-Emat[,1]
41  boxplot(as.data.frame(CLT.E),
42          main="指数分布E(6)的 中心极限定理箱形图BOXPLOT")
43  resultE<-apply(CLT.E,2,my.stat);
44  colnames(resultE)<-paste(n,"个随机数平均得来")
45  View(resultE)
46  save.par<-par(); par(mfrow=c(2,3))
47  for(i in 1:6) hist(CLT.E[,i],xlim=c(0,30),xlab="",
48              main=paste(n[i],"个指数分布E(6)随机数平均数的直方图"))
49  par(save.par)
```

程序的结果共分为三部分，说明如下：

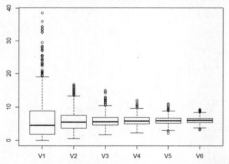

指数分布E(6)的中心 极限定理箱形图BOXPLOT

(1) 从第一项箱形图BOXPLOT可以看出：随着样本数从1逐渐增加到36，极差与中央的50%IQR长度不断地缩减并越来越趋于对称，离群值也越来越少。

(2) 第二项描述统计的比较可以参考以下的结果窗口，说明如下：

● 连续指数分布E(μ=6)的理论母数如下：最小值为0，第1个四分位数Q1约为1.726092，中位数为4.158883，平均数为6，第3个四分位数Q3为8.317766，最大值为Inf，众数为0，

标准差为6，极差为Inf，四分位距IQR为6.591674，变异系数为100%，偏性系数为2，峰度系数为6。有关E(6)的五点描述可以由程序的第35行所得到的结果得知。结果如下：

```
> qexp((0:4)/4,rate=1/6) #列出指数分布平均数6的5点描述
[1] 0.000000 1.726092 4.158883 8.317766      Inf
```

- 不论样本数的多寡，平均数均稳定地维持在理论母体平均数6附近，但是样本数多时会比较稳定。中位数则会从样本数n=1时的4.4906，随样本数逐步增加越来越趋向于平均数6。连续分布中的众数是随机的，较不具有解释上的意义，但是从数值的变化看来会由0.0088变化至3.2644，越来越趋向于理论的平均数6。

- 描述统计汇集整理表明确列出六种样本情形下的最小值、最大值、极差、四分位距IQR。最小值随着样本数的增加会从0.0088逐步增加至3.2644，不断往母体理论平均数趋近；而最大值随着样本数的增加会从38.4961逐步减小至9.2292，并往母体理论平均数趋近；也因此极差会逐步缩减至5.9648也就是大约6倍的标准误。四分位距也会随着样本数的增加越来越小。

- 指数分布E(6)的理论标准差s为6，模拟的结果在n=1时为6.1872，与预期结果相一致，在n=4、9、16、25与36时，样本平均数的标准差也约为母体标准差的1/2、1/3、1/4、1/5与1/6，也就是3、2、1.5、1.2与1。这些结果与理论相符合也说明了最小值、最大值、极差、四分位距IQR会随着样本数变化的规则。此表中的最后一栏标准误仅为s/sqrt(1000)，结果与标准差s变化预期一致。

- 指数分布原始为极端的右偏分布，偏性系数为2，表中当n=1时偏性系数为1.8003，随着样本数的逐步增加偏性系数缩减至n=36时的0.2940，表示越来越趋向对称。峰度系数则也是随着样本数增加会越加缩小至标准峰系数0。

	1个随机数平均得来	4个随机数平均得来	9个随机数平均得来	16个随机数平均得来	25个随机数平均得来	36个随机数平均得来
min	0.0088	0.5691	1.6922	2.2915	2.1839	3.2644
Q1	1.8966	3.7155	4.5932	4.9537	5.2044	5.3605
median	4.4906	5.4754	5.6365	5.8302	5.8947	5.9790
mean	6.3337	5.9221	5.9176	5.9403	5.9766	6.0102
Q3	8.7844	7.5549	6.9281	6.8286	6.6727	6.5932
max	38.4961	16.7173	15.0418	12.0346	10.9939	9.2292
mode	0.0088	0.5691	1.6922	2.2915	2.1839	3.2644
s	6.1872	2.9534	1.9037	1.4536	1.1654	0.9487
range	38.4873	16.1482	13.3496	9.7432	8.8100	5.9648
IQR	6.8878	3.8394	2.3349	1.8749	1.4683	1.2327
变异系数	97.6859	49.8713	32.1706	24.4702	19.4993	15.7850
偏性系数	1.8003	0.9793	0.9400	0.4889	0.4623	0.2940
峰度系数	4.1091	0.9557	1.6103	0.5210	0.8705	0.2476
标准误	0.1957	0.0934	0.0602	0.0460	0.0369	0.0300

(3) 从第三项六种样本数情形下直方图的比较，可以清楚看出样本平均数的抽样分布直方图在n=1时是极端的右偏分布，数值分布在0至30间，超过的部分被切除，越靠近0的分组区段出现次数越多。当n=4、9、16、25可以看出已经形成了单峰，峰的最高点大约在平均数6附近，分布

的范围也越来越小，但仍然有些右偏，也会随着样本数增加而偏性越来越不明显。当n=36大致上已经形成单峰对称，类似于正态分布了。此应用实例充分阐明中央极限定理。

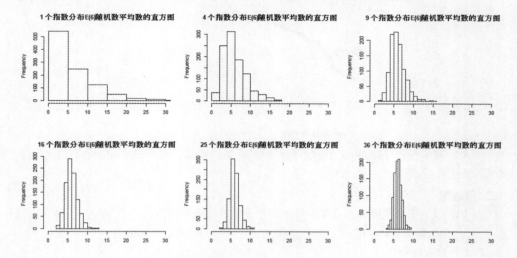

一. 判断题

（　　）1. 我们可以用histogram( )函数将数据导入，直接了解数据的分布以做推断。由于这个函数是在扩展包lattice内，所以使用前先以library(lattice)加载该扩展包。

（　　）2. histogram( )函数已经在R语言的基本设定中，因此不需要下载任何扩展包，可以直接执行，不会有任何错误信息。

（　　）3. shapiro.test( )函数已经在R语言的基本设定中，因此不需要下载任何扩展包，可以直接执行检测，不会有任何错误信息。

（　　）4. 我们想要对数据框x中的数值变量y在不同的因子变量sex下分别进行检验，了解其是否服从正态分布。在我们已经下载了相关的扩展包后，可以使用以下代码来完成检测。

```
> histogram( ~ y | sex, data=x)
```

（　　）5. 我们可以仅使用qqnorm( )函数绘制出以下的统计图。

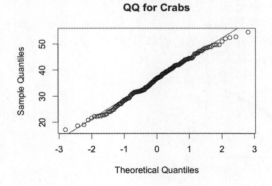

(　　) 6. 以下的QQ图可以看出Beaver变量大致是服从正态分布的。

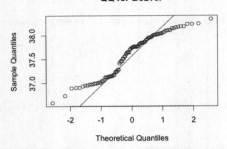

QQ for Beaver

(　　) 7. 我们使用了shapiro( )函数对数值变量x进行检验，结果x\$p.value的数值为0.12。表示有强烈证据显示x服从了正态分布。

二. 单选题

(　　) 1. 以下哪个函数必须在使用前下载扩充包才能够顺利执行，否则会产生错误信息？

    A. histogram( )　　　　　　　　　　　　B. shapiro.test( )

    C. qqnorm( )　　　　　　　　　　　　　D. qqline( )

(　　) 2. 我们想要对数据框x中的数值变量y在不同的因子变量sex下分别进行检验，从而了解是否服从正态分布。我们已经加载了相关的扩展包后，可以使用以下哪一个histogram( )命令来正确完成检验？

    A. `> histogram( ~ y | sex, data=x)`　　　　　B. `> histogram(y | sex, data=x)`

    C. `> histogram( x$y | sex)`　　　　　　　　D. `> histogram( ~ y | sex)`

(　　)3. 以下的统计图是使用哪一个函数绘制得到的？

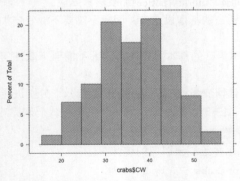

    A. histogram( )　　　　B. qqline( )　　　　C. boxplot( )　　　　D. plot( )

(　　) 4. 以下的统计图是使用以下哪一个函数绘制得到的？

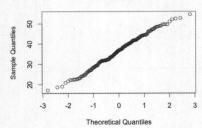

QQ for Crabs

                    A. qqline( )   B. qqnorm( )   C. qqpoints( )   D. histogram( )

（   ）5. 我们使用了shapiro.test( )函数对数值变量x进行检验，以下哪一个x\$p.value数值结果表示有很强的证据显示x不服从正态分布？
                    A. 0.12   B. 0.58   C. 0.001   D. 0.95

（   ）6. 我们使用了shapiro.test( )分别对nortest2\$F与nortest2\$M进行了检验得到如下的结果。以下的结论哪一个是正确的？

```
> nortest2$F$p.value
[1] 0.5256088
> nortest2$M$p.value
[1] 0.0068288
```

                    A. nortest2\$F与nortest2\$M均服从正态分布
                    B. nortest2\$F与nortest2\$M均不服从正态分布
                    C. nortest2\$F不服从正态分布而nortest2\$M服从正态分布
                    D. nortest2\$F服从正态分布而nortest2\$M不服从正态分布

（   ）7. 以下是在不同的条件下temp变量的直方图，它们是由以下哪一个绘图函数所绘制出来的？

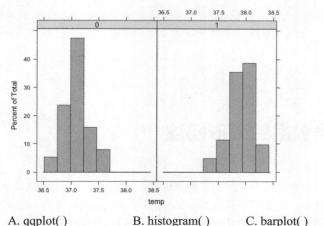

                    A. qqplot( )   B. histogram( )   C. barplot( )   D. polygon( )

三. 多选题

（   ）1. 以下哪几种函数可以将数据导入，且不需要加载扩充包，直接了解数据的分布从而作推断？(选择3项)
                    A. hist( )   B. qqnorm( )   C. shapiro.test( )
                    D. dotplot( )   E. histogram( )

（   ）2. 以下何种函数可以用来检验数值数据是否服从正态分布？(选择3项)
                    A. histogram( )   B. qqnorm( )   C. shapiro.test( )
                    D. boxplot( )   E. dotchart( )

四. 实际操作题(如果题目有描述不详细时，请自行假设条件)

1. 使用histogram( )函数绘制crabs数据框的FL变量的直方图，使用sex因子变量作为条件变量再绘制直方图，并解说你所得到的结果。

2. 使用qqnorm( )函数与qqline( )函数绘制crabs数据据框的FL变量的QQ图，并解说你所得到的结果；再使用shapiro.test( )函数检验crabs\$FL变量是否服从正态分布。

18-1 分类数据的图形描述

在进行数据分析时，如果能够有相关的图形做辅助，分析更令人印象深刻。分类(质化)数据的描述绘图，相对比较简单，主要有条形图(barplot)与饼图(pie chart)，均可以直观地进行各个类别间次数或者量化多寡的比较。之前我们使用table( )函数已经能够以汇总表的方式呈现，在此我们以两种统计图的方式来呈现各类别数据间的相互比较。

18-1-1   条形图barplot( )函数

条形图又可分为垂直条形图与水平条形图，主要是用来标示某变量的数据变化，我们可以使用barplot( )函数轻易完成此项工作。有关于barplot( )绘图函数的使用格式如下所示。

```
barplot(height, width = 1, space = NULL, horiz = FALSE,
        xlim = NULL, ylim = NULL, legend.text = NULL,
        main = NULL, xlab = NULL, ylab = NULL)
```

◀ height：可以为向量或者矩阵提供长条的高度值。
◀ width：直方图每一长条的宽度。
◀ space：直方图两相邻长条的间隔。

- ◀ horiz：逻辑值，若为FALSE绘制的是直立式，反之则绘制水平式。
- ◀ legend.text：一个文字向量作为图例说明。
- ◀ main：绘图的抬头文字及副抬头文字。
- ◀ xlab，ylab：x轴及y轴的标签。
- ◀ xlim，ylim：x轴及y轴的数值界限。

其他参数及说明请使用"?barplot"命令查询。

实例ch18_1：使用barplot( )函数绘制出islands数据前5大岛屿的面积垂直条形图，以下是先前建立前5大岛屿的面积向量。

```
> big.islands <- head(sort(islands, decreasing = TRUE), 5)
>
```

以下是验证big.islands向量对象的内容。

```
> big.islands
        Asia         Africa North America South America      Antarctica
       16988          11506          9390          6795            5500
>
```

以下是绘制垂直条形图的程序代码。

```
> barplot(big.islands, width = 1, space = 0.2, main = "Land area of islands")
>
```

执行结果

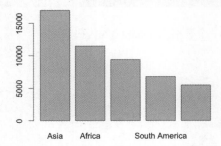

可以看到部分岛屿的名称未显示，加大宽度即可显示，如下图所示。

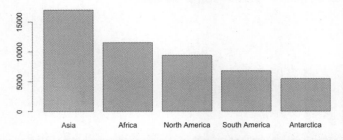

实例ch18_2：建立一个血型数据向量，同时依据此血型数据绘出条形图。

以下是建立此血型数据向量以及给此数据向量的各元素命名的代码。

```
> blood.info <- c(23, 40, 38, 12)
> names(blood.info) <- c("A", "B", "O", "AB")
>
```

以下是验证此向量数据的代码。

```
> blood.info
 A  B  O AB
23 40 38 12
```

以下是建立水平条形图的代码。

```
> barplot(blood.info, horiz = TRUE, width = 1, space = 0.2, legend.text = names
(blood.info), main = "Blood Statistics")
>
```

执行结果

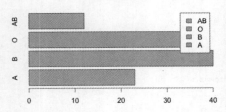

上述代码中的参数"horiz = TRUE",表示建立水平条形图,"legend.text"参数表示建立图例。

下列是为stateUSA数据框对象的region字段建立一个表格(state.table)的代码。

```
> state.table <- table(stateUSA$region)
>
```

下列是验证state.table表格内容的代码。

```
> state.table

    Northeast         South North Central          West
            9            16            12            13
>
```

下列是建立条形图的代码。

```
> barplot(state.table, xlab = "Region", ylab = "Population", col = "Green")
>
```

执行结果

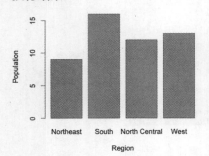

在上述建立条形图过程中,我们建立了x轴和y轴的标签,同时也将条形图的颜色设为绿色。

18-1-2 饼图pie( )函数

饼图(也称圆瓣图)适合表示分类数据中各个不同类别的数据占总数的比例，因此可以说是分类数据下相对次数分布表的图示。在饼图中显示所有类别及各类实际出现的相对次数或比例，以面积表达相对差异。面积大小的比例计算即化为角度大小的比例，可以使用(360度)* (所占百分比)得到。有关于pie( )绘图函数的使用格式如下所示。

```
pie(x, labels = names(x),  radius = 0.8,
    clockwise = FALSE, main = NULL, ...)
```

◀ x：一个非负值向量，决定饼图每一部分面积大小的比例。
◀ labels：一个文字向量，决定饼图每一部分的名称说明。
◀ radius：饼图的半径长度，数值在-1与1之间，超过1时会有部分图被切割。
◀ clockwise：逻辑值，表示将所给数值按顺时针或逆时针绘图。
◀ col：一组向量，表达饼图每一部分的颜色。
◀ main：饼图的标题文字。

其他参数及说明请使用 "?pie" 命令查询。

实例ch18_4：重新设计实例ch18_1，使用pie( ) 函数，依据big.islands数据 (实例ch18_1所建)，绘制出前5大岛屿的面积饼图。

```
> pie(big.islands, main = "Land area of islands")
>
```

执行结果

实例ch18_5：重新设计实例ch18_2，建立一个血型数据向量，同时依此血型数据绘出饼图，所有数据均使用实例ch18_2的数据。

```
> pie(blood.info, main = "Blood Statistics")
>
```

执行结果

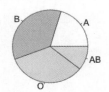

实例ch18_6：重新设计实例ch18_3，使用pie( )函数为美国各区的州数量建立饼图，同时设定每个对应区域的颜色。

```
> pie(state.table, col = c("Yellow", "Green", "Gray", "Red"))
>
```

执行结果

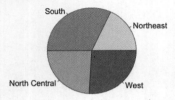

18-2 量化数据的图形描述

一般常见的单变量量化数据的统计图形有点图(dotchart)、直方图(histogram)、箱形图等。它们都能够清楚地表达数据的分布情况。以下将分别使用点图、直方图与箱形图来描述量化数据。

绘图函数内部的参数，例如xlim、ylim、xlab、ylab以及main均已经在上一节分类数据绘图函数barplot( )中说明，它们的使用方法均是一样的，因此也就不加以赘述了。

18-2-1　点图与dotchart( )函数

R语言中的点图是使用dotchart( )函数来绘制的。水平轴是用来表示数值出现的次数；垂直轴则是用来表示数值数据变量值的范围，每一个点代表某一个数值出现了几次。所以由点图就能够了解数据实际出现在哪些数值即隐含的分配情形，也能够迅速地得到数值数据的众数。关于pie( )绘图函数的使用格式如下所示。

```
dotchart(x, labels = NULL, groups = NULL, gdata = NULL,
         cex = par("cex"), pch = 21, gpch = 21, bg = par("bg"),
         color = par("fg"), gcolor = par("fg"), lcolor = "gray",
         xlim = range(x[is.finite(x)]),
         main = NULL, xlab = NULL, ylab = NULL, ...)
```

◀ x：可以是向量或者矩阵(使用列)。
◀ labels：数据的标签。
◀ groups：列出数据如何分组，若为矩阵，则以列进行分组。
◀ gdata：标示出使用什么样的统计方式作为绘图的依据。
◀ cex：绘图字符的大小。

◀ pch：绘图字符，默认是21，代表空心圆。
◀ gpch：不同的分组分别使用什么字符绘图。
◀ bg：背景颜色。
◀ color：标签与绘图点的颜色。
◀ gcolor：分组标签与值的颜色。
◀ lcolor：绘制水平线的颜色。

其他参数及说明请使用"?dotchart"命令查询。

实例ch18_7：使用dotchart( )函数，绘出美国人口最少的5个州的数据的点图，程序代码如下所示。

```
> state.po <- state.x77[, 1]          #取得各州人口数向量
> small.st <- head(sort(state.po), 5) #取得最小5个州资料
>
```

下列是验证small.st对象数据内容的代码。

```
> small.st
  Alaska  Wyoming  Vermont Delaware   Nevada
     365      376      472      579      590
>
```

下列是建立点图的程序代码。

```
> dotchart(small.st)
>
```

执行结果

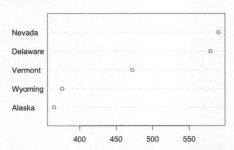

在R语言系统中有一个系统内建的矩阵对象VADeaths，这个对象记录1940年美国Virginia州每1000人的死亡率，其中年龄层的划分为50～54、55～59、60～64、65～69、70～74。同时区分乡村(rural)男性与女性，城市(urban)男性和女性。下列是了解其结构的程序代码。

```
> str(VADeaths)
 num [1:5, 1:4] 11.7 18.1 26.9 41 66 8.7 11.7 20.3 30.9 54.3 ...
 - attr(*, "dimnames")=List of 2
  ..$ : chr [1:5] "50-54" "55-59" "60-64" "65-69" ...
  ..$ : chr [1:4] "Rural Male" "Rural Female" "Urban Male" "Urban Female"
>
```

下列是列出VADeaths内容的程序代码。

```
> VADeaths
      Rural Male Rural Female Urban Male Urban Female
50-54       11.7          8.7       15.4          8.4
55-59       18.1         11.7       24.3         13.6
60-64       26.9         20.3       37.0         19.3
65-69       41.0         30.9       54.6         35.1
70-74       66.0         54.3       71.1         50.0
>
```

```
> dotchart(VADeaths, main = "Death Rates in Virginia(1940)")
>
```

执行结果

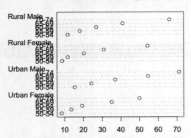

适度增加高度，可以得到下图结果。

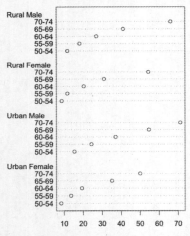

上述dotchart( )函数，通过设定参数pch可设定点的形状，默认是"pch = 19"，代表实心圆，其他几个常用的数值及意义如下所示：

pch = 20：项目符号，小一点的实心圆(约2/3大小)。

pch = 21：空心圆。

pch = 22：空心正方形。

pch = 23：空心菱形。

pch = 24：空心箭头向上的三角形。

pch = 25：空心箭头向下的三角形。

此外通过xlim参数可以设定x轴的区间大小。

```
> dotchart(VADeaths, main = "Death Rates in Virginia(1940", xlim = c(0, 100),
pch = 23, col = "Blue")
>
```

执行结果

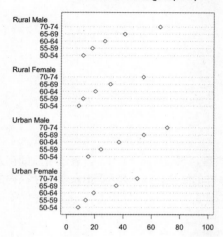

Death Rates in Virginia(1940)

18-2-2　绘图函数 plot( )

plot( )函数其实是一个通用函数，它会依据所输入的对象，自行分配适当的绘图函数执行需要的任务。此函数可绘制两数值变量的散点图，可以从中观察出两数值变量间的线性相关性。当然plot( )函数也被用来绘制table、factor以及ts等对象的统计图，只是应用于不同的对象时绘制出来的图形也会有所不同。我们先来介绍plot( )函数的语法与所需要的参数，并举出各种不同对象的实例来加以说明与应用。有关于plot( )绘图函数的使用格式如下所示。

```
plot(x, y, ...)
```

要传送给plot方法的参数，例如图形参数，请参见第19章par，列举常见的参数如下。

◀ x：x数值向量数据，不同的对象可以绘制出不同的结果。
◀ y：y数值向量数据，视x有无情况而定。
◀ type：绘图的形式。"p"为点；"L"为线；"b"为两者；"o"为重叠；"h"为直方图；"s"为阶梯形；"n"为不绘图。
◀ main, sub, xlab, ylab：标题、次标题、x轴标签、y轴标签。
◀ asp：y/x(y对比于x)的比值。

1. 绘制时间数列对象
我们首先绘制的是时间序列(ts)图，也就是在图上依时间序列绘出唯一提供的数值向量。

实例ch18_10：使用实例ch10_25所建的中国台湾出生人口的时间序列对象 num.birth，然后利用 plot( ) 函数绘制只有一个变量的时间序列图。

```
> plot(num.birth, xlab = "Year", ylab = "Born Population", type = "l", main =
"type = l -- Default")
>
```

执行结果

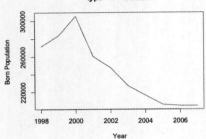

上述参数"type = "，将直接影响所绘制图的类型，预设type = "1"，表示各点间用直线连接，所以上述实例若省略参数 "type ="将获得一样的结果，以下是不同type参数所获得的图形，请留意笔者在标题标注了所用的type类型。

1) type = p：点

```
> plot(num.birth, xlab = "Year", ylab = "Born Population", type = "p", main =
"type = p")
>
```

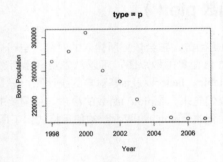

2) type = b：点和线

```
> plot(num.birth, xlab = "Year", ylab = "Born Population", type = "b", main =
"type = b")
>
```

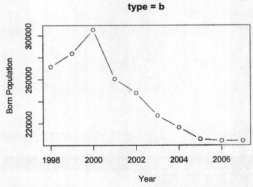

3) type = c： "type = b" 的线部分

```
> plot(num.birth, xlab = "Year", ylab = "Born Population", type = "c", main =
"type = c")
>
```

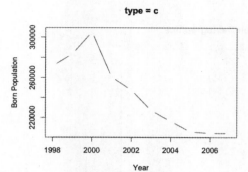

4) type = o：重叠"type = a"和"type = b"两种图

```
> plot(num.birth, xlab = "Year", ylab = "Born Population", type = "o", main =
"type = o")
>
```

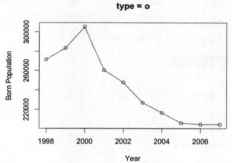

5) type = h：垂直线图

```
> plot(num.birth, xlab = "Year", ylab = "Born Population", type = "h", main =
"type = h")
>
```

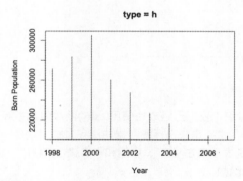

2. 向量数据与plot()函数

接下来，笔者想用plot( )函数绘制向量数据图。

实例ch18_11：以实例ch18_7所建的向量数据 state.po 为例，说明如何使用 plot( ) 函数，绘制美国人口数最少的5个州的数据图。

```
> plot(small.st, xlim = c(0, 6), ylim = c(200, 650), ylab = "Population", main =
"American Demographics")
>
```

执行结果

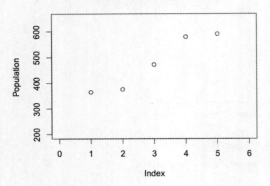

在上述实例中，我们设定x轴显示区间是0～6，目的是接下来有空间放置文字，y轴显示区间是200～600(20万至60万人口)，也是为了接下来有空间放置文字。我们将y轴标题设为"Population"，主标题设为"American Demographics"。

实例ch18_12：为数据标签加上州名。

```
> text(small.st, labels = names(small.st), adj = c(0.5, 1))
>
```

执行结果

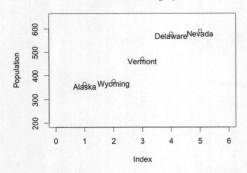

由上述执行结果可以看到，我们已经成功使用text( )函数为数据标签加上州名称了。另外在text( )函数内，参数adj的作用主要是指出标签数据的对齐方式。这是一个含两个元素的向量，它的可能值是0、0.5和1，分别表示靠左/靠下、中间和靠右/靠上对齐。

3. 数据框数据与plot()函数

在前几章节笔者已经多次使用crabs对象，在此我们也继续使用此对象，这是一个数据框对象。

实例ch18_13：使用plot( )函数绘制crabs对象的FL(前额叶长度)和CW(甲壳宽度)的数据关系图。

```
> plot(crabs$CW, crabs$FL)
>
```

执行结果

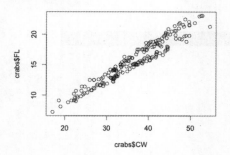

由上述图形的趋势，可以发现螃蟹的前额叶长度(FL)较长则甲壳宽度(CW)也将较宽，前额叶长度(FL)较短则甲壳宽度(CW)也将较窄。

美国黄石国家公园(Yellow Stone)有一个著名的景点老实泉(Old Faithful Geyser)，它会按固定时间喷发温泉。在R语言系统内有一个数据集faithful，这个数据集记录每次温泉喷发的时间长短(eruptions)和两次喷发之间的时间间隔(waiting)，两个数据的单位均是分钟。下列是这个对象的数据结构。

```
> str(faithful)
'data.frame':  272 obs. of  2 variables:
 $ eruptions: num  3.6 1.8 3.33 2.28 4.53 ...
 $ waiting  : num  79 54 74 62 85 55 88 85 51 85 ...
>
```

由以上图可以知道faithful对象有两个字段，共有272笔数据，下列是此数据框的前6行数据。

```
> head(faithful)
  eruptions waiting
1     3.600      79
2     1.800      54
3     3.333      74
4     2.283      62
5     4.533      85
6     2.883      55
>
```

实例ch18_14：使用plot( )函数绘制faithful对象的数据图。同时笔者参考18-2-1节，使用"pch = 24"将标注符号设为箭头朝上三角形，同时设此符号为绿色。

```
> plot(faithful, pch = 24, col = "Green")
>
```

执行结果

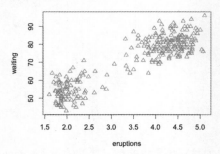

其实也可以设定标记符号的背景色，此时可以使用"bg ="参数，以类似"col ="的方式设定符号的背景色。

```
> plot(faithful, pch = 23, col = "Green", bg = "Red")
>
```

执行结果

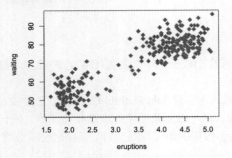

从上述数据图趋势可以发现，温泉喷发时间越短，等待时间也越短。若温泉喷发时间越长，则等待时间也越长。在设计图表时，可以将不同的数据区域以不同颜色显示。

在设计这个实例之前，我们必须先将温泉喷发时间大于4分钟(long.eru)和小于3分钟(short.eru)的数据提取出来，可参考下列代码。

```
> long.eru <- with(faithful, faithful[eruptions > 4, ])
> short.eru <- with(faithful, faithful[eruptions < 3, ])
>
```

接下来使用plot( )函数绘制faithful的数据图，然后再用points( )函数标注符号的外形和颜色。

```
> plot(faithful)
> points(long.eru, pch = 19, col = "Blue")
> points(short.eru, pch = 19, col = "Red")
>
```

执行结果

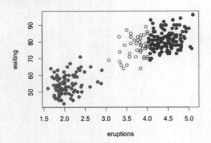

4. 因子型数据与plot( )函数
另外一个常用的对象格式是factor，如果我们提供的数据是原始的类别，并使用了as.factor()

函数,则plot( )函数会自动汇总因子变量的数据分布,并绘制成为条形图,这对于分类数据的分析与绘图也是相当有帮助的。

实例ch18_17:因子与plot( )函数的应用。

```
> #create factor variable then plot it
> y <- c(1:3, 2:4, 3:5,4:6)
> yf<-as.factor(y)
> plot(yf,main="Using plot to graph factor variable")
```

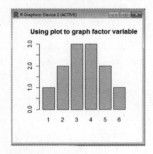

当我们提供的x向量为因子变量,而y向量为数值向量,则所绘制的plot图形为各个因子变量的箱形图。

实例ch18_18:在这个实例中,我们将crabs数据集内的前面两个字段以paste()函数链接起来,并将其重新定义为因子变量,之后将所需要提供的y数值变量以该数据集的FL变量带入了plot()函数,就能够绘制出4种群组的箱形图以供进一步的图形比较。

```
> #FL numeric variable VS ss factor variable to create boxplot
> crabs$ss <- as.factor(paste(crabs$sp, crabs$sex, sep="-"))
> plot(crabs$ss,crabs$FL,main='plot(boxplot) FL vs ss')
```

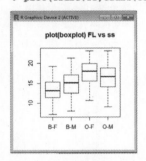

5. 使用lines( )函数绘制回归线

当我们了解如何绘制上述数据图后,也可以使用上述数据图绘制回归线,步骤如下:

(1) 使用lm( )函数可以建立一个最简单的线性模型。此例使用lm( )函数建立喷发温泉的等待模型,如下所示。

```
> model.waiting <- lm(waiting ~ eruptions, data = faithful)
>
```

上述model.waiting是lm( )的一个返回结果,同时上述代码会将waiting作为eruptions的一个函数。

(2) 接着我们可以使用fitted( )函数,从回归模型中获得拟合值。

```
> model.value <- fitted(model.waiting)
>
```

实例 ch18_19：为 faithful 数据图增加回归线。

```
> plot(faithful)
> lines(faithful$eruptions, model.value, col = "Green")
>
```

6. 使用abline( )函数绘制线条

若在abline( )函数内加上参数"v ="则可以绘制垂直线。

实例 ch18_20：在"v = 3.5"的位置为 faithful 数据图增加垂直线。

```
> plot(faithful)
> abline(faithful, v= 3.5, col = "Blue")
>
```

若在abline( )函数内加上参数"h = "则可以绘制水平线。

实例 ch18_21：在 waiting 变量的四分位数位置绘制水平线。

```
> plot(faithful)
> abline(faithful, h = quantile(faithful$waiting), col = "Blue")
>
```

执行结果

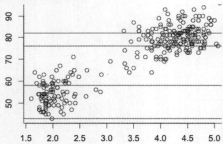

执行结果

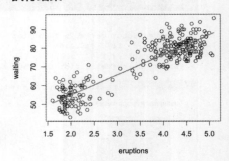

执行结果

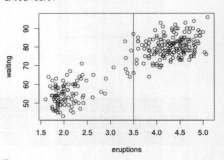

其实abline( )函数也是一个通用函数，如果传递18-2-2节所建的model.waiting，也可以直接绘出faithful数据图的回归线。

实例 ch18_22：使用 abline( ) 函数绘制 faithful 数据图的回归线。

```
> plot(faithful)
> abline(model.waiting, col = "Blue")
>
```

执行结果

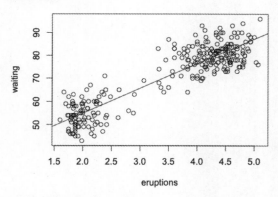

7. 控制其他绘图的参数说明

在正式讲解本小节实例前，笔者先介绍另一个对象LakeHuron，这是一个时间序列对象，其数据结构如下所示。

```
> str(LakeHuron)
 Time-Series [1:98] from 1875 to 1972: 580 582 581 581 580 ...
>
```

上述对象记录了1875年至1972年美国休伦湖(Huron)的湖面平均高度，单位是英尺。接下来的图形将以这个对象为实例进行说明。

1) las参数

las(label style)，可用于设定坐标轴的标签角度，它的可能值如下所示。

◀ 0：默认值，坐标轴的标签与坐标轴平行。

◀ 1：坐标轴的标签保持水平。

◀ 2：坐标轴的标签与坐标轴垂直。

◀ 3：坐标轴的标签保持垂直。

实例ch18_23：测试las参数，了解其应用。

```
> plot(LakeHuron, las = 0, main = "las = 0 -- default")
>
```

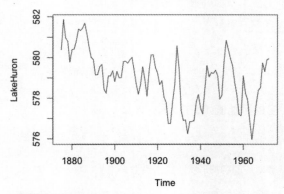

```
> plot(LakeHuron, las = 1, main = "las = 1")
>
```

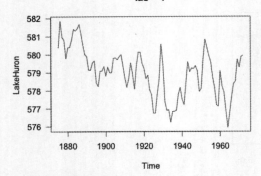

las = 1

```
> plot(LakeHuron, las = 2, main = "las = 2")
>
```

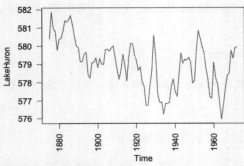

las = 2

```
> plot(LakeHuron, las = 3, main = "las = 3")
>
```

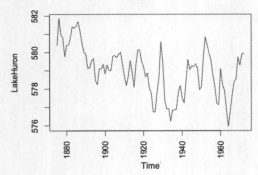

las = 3

2) bty参数

bty(box type)，可用于设定外框类型，它的可能值如下所示。

◄ "o"：默认值，绘出完整的图表外框。
◄ "n"：不绘制图表外框。
◄ "l" "7" "c" "u" "]"：可根据这些参数对应的字符形状，绘出边框。

接下来的实例，将使用实例ch10_26所建的时间序列变量water.levels(石门水库的水位数据)。

```
> plot(water.levels, bty = "n", main = "bty = n")
>
```

执行结果

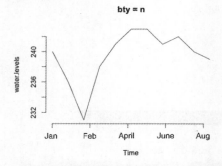

```
> plot(water.levels, bty = "7", main = "bty = 7")
>
```

执行结果

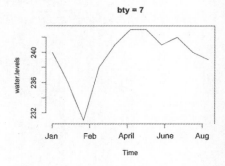

3) cex参数

cex(character expansion ratio)，这个参数可用于设定图表标签、坐标轴标签和坐标轴刻度的文字大小。它的默认值是1，若此值小于1则字缩小，若此值大于1则字放大。它的使用方式如下。

◀ cex.main：设定图表标签大小。

◀ cex.lab：设定坐标轴标签。

◀ cex.axis：设定坐标轴刻度。

实例 ch18_26：下列是笔者随意建立一个数据图，使用默认的字号。

```
> x <- seq(0, 10, 2)
> y <- rep(1, length(x))
> plot(x, y, main = "Cex on Text Size")
> .
```

执行结果

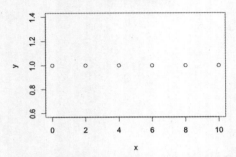

实例ch18_27：使用cex参数调整图表标签、坐标轴标签和坐标轴刻度的文字大小。

```
> plot(x, y, main = "New Cex on Text Size", cex.main = 2, cex.lab = 1.5, cex.axis
= 0.5)
> .
```

执行结果

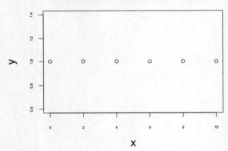

18-3 在一个页面内绘制多张图表的应用

如果想要在单张页面放置多张图表，需使用两个参数，分别是mfrow和mfcol，由此设定一个页面要放置多少张图，mfrow可控制1行的图表数，mfcol可控制1列的图表数，这两个参数将接收一个含两个元素的向量，由此判断应该如何安排图表。两个参数的使用情况如下所示。

如果想要设定1行有2张图，则其设定如下所示。

```
mfrow = c(1, 2)
```

如果想要设定1列有2张图，则其设定如下所示。

```
mfcol = c(2, 1)
```

如果想要设定一张页面有4张图，可以设定如下所示。

```
mfrow = c(2, 2)
```

另外，我们还需使用par( )函数，将上述设定放入par( )函数，若想结束目前单个页面放置多张图的状态，也需将上述设定放入par( )函数。

实例 ch18_28：单个页面并排放置2张图表。

```
> x.par <- par(mfrow = c(1, 2))
> plot(water.levels, main = "ShihMen")
> plot(LakeHuron, main = "Lake Huron")
> par(x.par)
>
```

执行结果

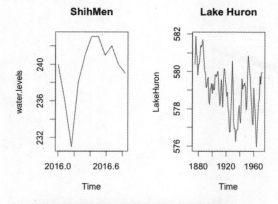

实例 ch18_29：单张页面上下放置2张图表。

```
> y.par <- par(mfcol = c(2, 1))
> plot(water.levels, main = "ShihMen")
> plot(LakeHuron, main = "Lake Huron")
> par(y.par)
>
```

执行结果

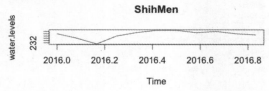

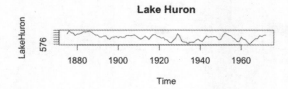

```
> x.par <- par(mfrow = c(2, 2))
> plot(water.levels, main = "ShihMen")
> plot(LakeHuron, main = "Lake Huron")
> plot(faithful, main = "faithful")
> plot(crabs$FL, crabs$CW, main = "Crabs")
> par(x.par)
>
```

执行结果

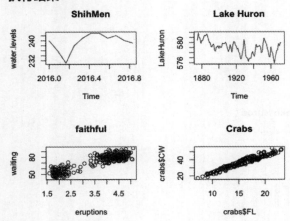

18-4 将数据图存盘

我们可以将所建的图片存入磁盘内，在RStudio环境中，这个工作非常简单。在RStudio窗口右下方的绘图区有Export功能钮，可单击此按钮，如下图所示。

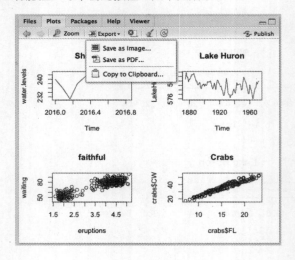

在下拉菜单中有3个菜单项。

◀ Save as Image：存成图形文件，会出现对话框，输入文件名即可。
◀ Save as PDF：可以存成PDF文件。
◀ Copy to Clipboard：可以将图文件复制至剪贴板。

下图是将实例ch18_30的执行结果存至ch18文件夹，以ch18_30为文件名。在该窗口中笔者执行"Save as Image"命令。

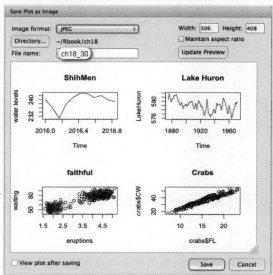

在上图中主要设置下列3个字段。

◀ Image format：选择文件格式，此例笔者选择JPEG。
◀ Directory：可单击，然后选择要将图片文件存至哪一个文件夹(directory)。
◀ File name：要存储的文件名。

上述设置完成后可以单击Save按键进行存盘。

18-5 新建窗口

本书至今所绘制的图均是在RStudio右下方的窗口显示，其实R语言系统也允许新建一个窗口显示所建的数据文件，可以使用dev.new( )函数，代码如下所示。

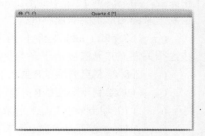

```
> dev.new()
NULL
>
```

上述代码执行后，将新建立一个窗口，如右图所示。

```
> plot(LakeHuron)
>
```

执行结果

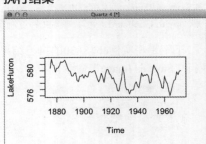

如果没有关闭上述窗口，则所有绘图均在此窗口显示。例如笔者再绘制一张数据图，代码如下所示。

```
> plot(faithful)
>
```

执行结果

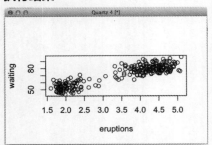

新建上述窗口后，如果想关闭上述窗口，可以使用下列函数。

```
> dev.off( )
RStudioGD
        2
>
```

此时之前所建窗口将被关闭，未来又将在RStudio右下方窗口显示所建的数据图。

本章习题

一. 判断题

(   ) 1. barplot( )与pie( )两个函数主要是用来绘制分类数据统计图。

(   ) 2. dotchart( )与plot( )两个函数主要是用来绘制分类数据统计图。

(   ) 3. 设定barplot( )函数的参数"horiz=TRUE"将会绘制水平式的条形图。

(   ) 4. 如果想要在单个页面放置多张图片，必须使用参数mfrow。

(   ) 5. 如果想要设定在一张页面放置2行3列共6张图，可以如下命令。

```
> par(mfrow=c(2, 3))
```

(   ) 6. plot ( )函数主要是绘制两数值变量的散点图，可以从中观察出两数值变量间的线性相关性。当然plot( )也被用来绘制table、factor以及ts等对象的统计图，只是应用于不同的对象时绘制出来的图形也会有所不同。

(   ) 7. plot ( )函数绘制仅用来绘制两数值变量的散点图，可以从中观察出两数值变量间的线性相关性，并无法应用于分类变量，绘制出箱形图。

(   ) 8. 绘制直方图的R语言基本默认命令为hist(x)。

(   ) 9. 绘制箱形图的R语言基本默认命令为plot(x)。

(   ) 10. 绘制x与y散点图的R语言命令为plot(x, y)。

(   ) 11. 绘制箱形图的R语言基本默认命令为boxplot(x)。

（　　）12. 绘制直方图的R语言基本默认命令为barplot(x)。

二. 单选题

（　　）1. 以下哪个函数主要是用来绘制分类数据的统计图？
    A. boxplot( )   B. dotchart( )   C. barplot( )   D. hist( )

（　　）2. 以下哪个函数主要是用来绘制数值数据统计图？
    A. boxplot( )   B. pie( )   C. barplot( )   D. points ( )

（　　）3. 以下哪种类型的统计图是plot( )函数无法绘制的？
    A. 成对的散点图   B. 时间序列图
    C. 箱形比较图   D. 所列三种都可以达成

（　　）4. 当以下的命令被执行后，我们可以得到以下哪种的统计图形？

```
> plot(as.factor(x))
```
    A. 散点图   B. 时间序列图   C. 箱形图   D. 直方图

（　　）5. 使用哪个函数可以建立一个最简单的线性模型？
    A. abline( )   B. anova( )   C. lines( )   D. lm( )

（　　）6. 绘制以下图形的R语言命令可能为哪个？

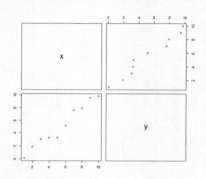

    A. plot(matrix(x, y))   B. matrix(plot(x, y))
    C. pairs(cbind(x, y))   D. pair(cbind(x, y))

（　　）7. 绘制以下图形的R语言命令可能为哪个？

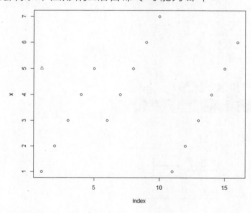

    A. plot(x)   B. plot(x)
      points(5, col = “red”)   points(5, pch = 2)

C. plot
  (x)points(5)

D. plot(x)
  points(5, col = "red" ,pch = 2)

(   ) 8. 哪种R语言命令会产生以下图形？

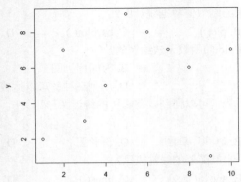

A.

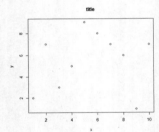

B.

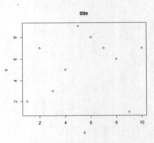

C.

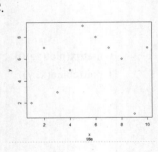

D.

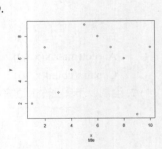

(   ) 9. 以下哪种R语言命令会产生以下图形？

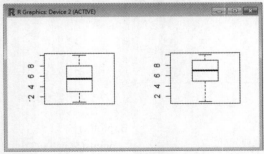

A.
```
1  boxplot(x)
2  boxplot(y)
3  par(mfrow=c(1,2))
```

B.
```
1  par(mfrow=c(1,2))
2  boxplot(x)
3  boxplot(y)
```

C.
```
1  par(mfrow=c(boxplot(x),boxplot(y)))
```

D. 以上皆非

(   ) 10. 以下R语言命令执行结果为以下哪个?

```
1  x=c(1:5,3:7,1:6)
2  hist(x)
```

A.

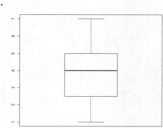

B.

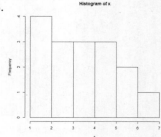

C.

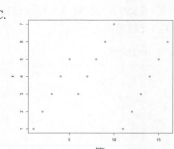

D.

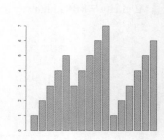

(   ) 11. 绘制以下图形的R命令可能为以下哪个?

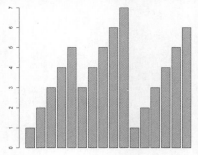

    A. hist(x)   B. boxplot(x)   C. barplot(x)   D. stem(x)

三. 多选题

(   ) 1. 以下哪些函数是用来绘制分类数据统计图的? (选择两项)

    A. hist( )   B. pie( )   C. barplot( )

    D. dotplot( )   E. stem( )

(   ) 2. 以下哪些函数是用来绘制数值数据统计图的? (选择3项)

    A. hist( )   B. pie( )   C. barplot( )

    D. plot( )   E. pairs( )

四. 实际操作题(如果题目有描述不详细时，请自行假设条件)

1. 下载软件包MASS并使用其中的数据框Cars93(在1993年销售93汽车数据)。将其中的汽车分类变量type转换成为table变量，并使用"mfcol=c(1,2)"设定在单个页面中并排绘制1张直条图与另1张饼图。

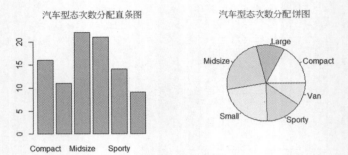

2. 下载软件包MASS并使用其中的数据框Cars93(在1993年销售93汽车数据)。使用2个耗油量数值变量MPG.city与MPG.highway绘制散点图，并加上趋势线与标题。

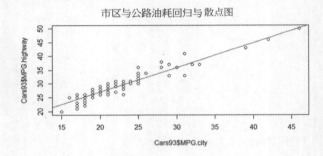

第 **19** 章　再谈R语言的绘图功能

R语言内建了许多的绘图工具函数以供参考使用，对于初学者来说，可以先使用demo(graphics)或者demo(image)两个命令来参考R语言所提供的绘图实例。

R语言的绘图语句可以分成以下3个基本类型：

(1) 高阶绘图(high-level plotting functions)：主要用来建立一个新的图形，在第16至18章我们所介绍的各种统计绘图，基本上都是属于高阶绘图。

(2) 低阶绘图(low-level plotting functions)：在一个已经绘制好的图形上加上其他的图形元素，例如加上说明文字、直线或点等。

(3) 交互式绘图(interactive graphics functions)：允许使用者以互动的方式使用其他的设备，例如鼠标，在一个已经存在的图形上加入绘图的相关信息。

19-1　绘图的基本设置

用R软件制作统计图时可以新建单个窗口，新建多个绘图窗口，也可以设计成单个窗口内含多个图形的方式，甚至可以将图形存储为对象以备后续的参照修改与使用。当然也需要设置图形区域的大小范围与纸张的边缘尺寸等参数，以使图形更加完整。

19-1-1　绘图设备

用R语言绘图时会涉及各种相关环境及设备，例如窗口、打印机、屏幕环境等，也需要考虑所使用的操作系统。例如在UNIX操作系统中，绘图窗口的新建是使用X11( )命令，但是在Windows操作系统环境中，新建绘图窗口则是使用windows( )命令。以下介绍几个常用的设置绘图设备的命令。

◀ dev.cur( )：查询当前设备。

◀ dev.list( )：所有设备列表。

◀ dev.next( )：选择向后方向打开的下一设备。

◀ dev.prev( )：选择向前方向打开的上一设备。

◀ dev.off(which = dev.cur())：关闭设备。

◀ dev.set(which = dev.next())：设置当前设备。

◀ dev.new( )：新建设备。

◀ graphics.off( )：关闭所有绘图设备。

在当前设备中，只有一个设备是正在工作中(active)的，这是所有图形绘制时的实际绘图的设备。还有一种始终是开启的"空设备"(null device)，它只是一个占位符。尝试使用"空设备"将打开一个绘图的新设备，并且设置该绘图设备的参数。我们在前几章做的任何绘图，因为都没有实际打开任何绘图设备，因此R语言系统就自动替我们打开了一个新的窗口，并且嵌入了默认的绘图环境参数。

所有的设备都有相关联名称(例如"X11""windows"或"postscript")和一个从1到63范围内的数值作为简单参照，"空设备"始终是设备1。一旦有绘图设备被打开，则"空设备"将不被视为工作中的设备。我们可以使用dev.list()列出打开的绘图设备清单。dev.next()和dev.prev()可选择在所需的方向打开下一或者上一设备，除非没有设备是开放的。

dev.off()的作用是关闭指定的设备，若未指定的话，在默认情况下是关闭当前设备。如果关闭的是当前设备而还有其他设备是打开的，则下一个已打开的设备将被设置为工作中的当前设备。当所有的绘图设备已经被关闭仅剩下唯一的"空设备"也就是设备1时，若再继续尝试关闭设备1将会产生一个错误的信息。而graphics.off() 将关闭所有打开的绘图设备。

dev.set()可以设置特定的设备成为运作中的当前设备。如果没有与这一数值相同的设备，它等同于执行轮回设置该数值的下一个设备为当前设备。如果参数设为which=1，它将打开一个新的设备。

dev.new()将新建一个设备。通常 R语言系统会自动在需要时新建设备，这使我们能够以独立于绘图平台的方式打开更多设备。对于文件类型的设备，例如 PDF格式等文件，R 语言会自动以Rplots1.pdf，Rplots2.pdf，Rplots3.pdf，...，Rplots999.pdf来依次命名。新建文件型的绘图设备的命令有许多，例如jpeg( )、png( )、bmp( )、tiff( )、pdf( )与postscript( )等。

下面我们设计了一系列的绘图命令，能够让读者迅速有效地掌握R语言的绘图设备与应用。在窗口环境中我们使用了三种新建设备的方式：windows( )(这个函数适用于Windows操作系统)、dev.new( )，以及打开被绘图文件的方式。R语言也会依照我们所给予的命令返回相应的结果。下图是笔者用macOS 系统新建的一个绘图窗口的实例说明。

```
> #新增一个绘图设备，多开启一个绘图窗口
> dev.new()
NULL
> #查询所有的绘图设备，列表
> dev.list()
        RStudioGD quartz_off_screen                    quartz
                2                        3                   4
> #查询运作中的目前绘图设备
> dev.cur()
quartz
      4
>
```

上述RStudioGD是RStudio Graphics Device；quartz是笔者使用dev.new( )新建的绘图设备。接下来笔者将用Windows操作系统执行测试。右图是实例。

以下笔者将返回macOS系统测试与执行，如果我们在绘图时并未打开任何绘图设备的话，R语言系统会自动新建一个绘图窗口并将图绘制在该新建的窗口。如果已经打开唯一绘图设备，则图自然会被绘制至此绘图设备内。如右图所示，若有多个绘图设备被打开时，我们可以以dev.set( )命令先设置工作中的当前设备，也可以用dev.cur( )函数确认当前打开的设备确实是我们希望将图绘入的设备。

```
> #查询系统所有的绘图设备，列表
> dev.list()
RStudioGD            png
        2              3
> #开启一个绘图窗口
> windows()
> #再度查询系统所有的绘图设备，列表
> dev.list()
RStudioGD         png     windows
        2            3           4
> #查询运作中的目前绘图设备
> dev.cur()
windows
      4
>
```

```
> #设定第4个绘图设备为目前设备
> dev.set(4)
quartz
      4
> #关闭目前预设的设备
> dev.off()
RStudioGD
        2
> #查询所有的绘图设备，列表
> dev.list()
        RStudioGD quartz_off_screen
                2                        3
> #关闭所有的绘图设备
> graphics.off()
> #查询系统所有的绘图设备，列表。NULL表示所有的绘图设备均已关闭
> dev.list()
NULL
> dev.off()
Error in dev.off() : cannot shut down device 1 (the null device)
```

```
> #设定第2个绘图设备为目前设备
> dev.set(2)
RStudioGD
        2
>
```

通过以上的命令我们知道，如果当前绘图，将绘在RStudio窗口。在左图实例中，笔者先将当前绘图窗口改为编号为4的quartz窗口，然后再关闭此窗口并列出所有绘图设备，让读者了解其变化，最后再关闭所有绘图设备。

当需要关闭当前的绘图设备时，可以使用dev.off( )函数，R语言系统会告诉我们关闭后工作的当前绘图设备，若没有任何绘图设备被打开，则会返回错误的信息。另外我们可以使用graphics.off( )函数去关闭所有的绘图设备。

实例ch19_1：新建一个图形文件，之后所绘的图将在此图形文件内。

```
> getwd()                        #了解目前工作目录
[1] "/Users/cshung"
> #开启一个 图形文件,以供绘图使用及存盘
> jpeg(filename = "mypict.jpg")        #在目前工作目录下建立此图形文件
> pie(4:1)                           #所建的图文件
> dev.off()                          #关闭此文件
RStudioGD
        2
>
```

然后可以在当前工作目录看到mypict.jpg文件，如下图所示。

| | | mypict.jpg | 15.3 KB | Sep 9, 2015, 10:27 PM |

需特别留意，必须在执行dev.off( )函数后，才可以打开文件，因为如果不关闭此绘图设备(此时，图形文件也被视为存图文件设备)，R语言系统认为还可能要绘图，即使打开文件也将看不到任何内容。在这里，最后可以得到mypict.jpg内容，如右图所示。

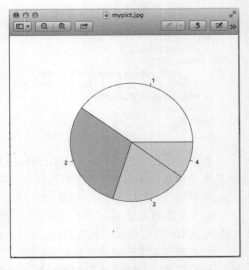

19-1-2　绘图设置

其实前3章已对本节部分内容做过解说，在此则做完整的说明。R语言的绘图相关的参数有许多，我们可以使用"?par"命令来加以了解。而了解后就可以使用par( )函数来查询当前设置并进行相关的设置了。我们可以使用par( )或par(no.readonly = TRUE)来获取当前所有图形参数的设置值，总计有72个。也可以使用"graphics:::.pars"命令来获取这些参数的名称。

> **实例ch19_2**：获得当前的所有图形参数。

```
> graphics:::.Pars
 [1] "xlog"      "ylog"      "adj"       "ann"       "ask"
 [6] "bg"        "bty"       "cex"       "cex.axis"  "cex.lab"
[11] "cex.main"  "cex.sub"   "cin"       "col"       "col.axis"
[16] "col.lab"   "col.main"  "col.sub"   "cra"       "crt"
[21] "csi"       "cxy"       "din"       "err"       "family"
[26] "fg"        "fig"       "fin"       "font"      "font.axis"
[31] "font.lab"  "font.main" "font.sub"  "lab"       "las"
[36] "lend"      "lheight"   "ljoin"     "lmitre"    "lty"
[41] "lwd"       "mai"       "mar"       "mex"       "mfcol"
[46] "mfg"       "mfrow"     "mgp"       "mkh"       "new"
[51] "oma"       "omd"       "omi"       "page"      "pch"
[56] "pin"       "plt"       "ps"        "pty"       "smo"
[61] "srt"       "tck"       "tcl"       "usr"       "xaxp"
[66] "xaxs"      "xaxt"      "xpd"       "yaxp"      "yaxs"
[71] "yaxt"      "ylbias"
>.
```

每个设备都有自己的图形参数集合，如果当前设备是空设备(null device)，par( )函数将根据之前设置的参数新建一个设备。设备所需要的参数是由函数options(device)来提供的，通过一个或多个特征向量的参数名称给予par( )函数所需要的各项参数。我们首先介绍par( )函数的使用格式，如下所示。

```
par(...,<tag> = <value>, <tag> = <value>, no.readonly = FALSE)
<highlevel plot> (\dots, <tag> = <value>)
```

参数标签<tag>必须符合图形参数名称。设定时使用的方式为参数标签"<tag>= 参数值"，所有的参数值在设定后就形成一组向量参数清单，作为绘图参数的依据。

no.readonly是一个逻辑值参数，如果为真(TRUE)或者所有的参数都为空白，则返回所有当前的图形参数值。R.O.代表只读参数，这些只能在查询中使用，是不能加以设置的，例如"cin" "cra" "csi" "cxy" 以及"din" 等均为只读参数。

此外，只能使用通过 par( )来设置的参数，如下所示。

"ask""fig""fin""lheight""mai""mar""mex""mfcol""mfrow""mfg" "new""oma""omd""omi""pin""plt""ps""pty""usr""xlog""ylog"以及 "ylbias"。

其余的参数还可以作为高级或者低级绘图函数的参数使用。例如：plot.default()、plot. window( )、points( )、lines( )、abline( )、axis( )、title( )、text( )、mtext( )、segments( )、symbols( )、 arrows( )、polygon( )、rect( )、box( )、contour( )、filled.contour( ) 以及image( )等，这种设置功 能，只在执行过程中被启动。然而"bg""cex""col""lty""lwd"和"pch"只能作为某 些特定绘图函数的参数。

以下尽可能详细地对图形参数加以说明，部分参数辅以实例，以便读者理解其应用。

◂ adj：设置文字的对齐方式。值为 0 是左对齐；1 则是右对齐；0.5 (默认值)为居中对齐。任何在[0, 1] 区间的数值都是可以使用的，因此也做相对位置的对应。也可以用向量adj = c(x, y) 分别表示文字在x 轴与y轴方向的对齐方式。

◂ ann：此为注释的逻辑值，默认值是TRUE，表示加上注释，若设定为FALSE，则表示不加上坐标轴 的标签也不加标题。

◂ ask：此为逻辑值，如果为TRUE (与R语言系统会话是交互式)，则在绘制新图之前系统将要求使用 者输入参数。对于不同的设备，该参数值有不同的效果。这不是真的图形参数且它的使用也不支持 devAskNewPage。

◂ bg：用于设置设备区域的背景颜色。当从 par( )函数调用新的图形文件时，它的起始值会设置为 FALSE，图形的背景色会自动设为合适的值。许多设备的初始值的设置会遵从bg参数，其余通常设置 为"白色"。请注意，对于某些图形功能，如plot.default( )和点参数此名称具有不同的含义。

◂ bty：确定关于框的绘制类型的字符。如果是"o"(默认值)，"l""7""c""u"或"]"则图形的 边框类似于相应的字符。值为"n"则代表取消框。

◂ cex：所绘制的文字和符号相对于默认值的数值应放大的倍数，当设备被打开时默认值是1，如果设为 2，则为原先的2倍，如果设为0.75，则为原先的0.75倍。当我们对图片的版面(layout)进行改动时，会 对该参数进行设置，例如:设置mfrow时，即会开启设置。有些绘图功能，如plot.default( )使用这个参 数设置值，表示此图形乘以该参数的数值；点(points)和文字(text)等一些绘图函数接收一组向量值并 可以重复使用。cex具体分为以下几个参数。

cex.main：设置图表标签的大小。

cex.lab：设置坐标轴标签。

cex.axis：设置坐标轴刻度。

cex.sub：副标签相对应放大的倍数。

◂ cin：文字的宽与高(width, height)，尺寸使用英寸为单位。与cra为不同单位的描述方式。

◂ col：绘图的默认颜色，以正整数来表示。常用的颜色有黑色(1)、红色(2)、绿色(3)、蓝色(4)、浅蓝 (5)、紫红(6)、黄色(7)与灰色(8)等。我们可以通过pie(rep(1,8),col=1:8)绘得知详细信息。另外我们 也常使用rainbow()函数去选用红、橙、黄、绿、蓝、靛、紫等色彩。如果对各种色彩的英文单词有把 握的话，也可以直接使用，例如笔者在前几章使用颜色的英文直接设置颜色。有些函数例如线(lines) 和文字(text)会接收一组向量值，其数值可供重复使用。

实例ch19_3：使用pie( ) 函数和col参数，列出绘图的8种颜色。

```
> pie(rep(1,8), col = 1:8, main = "Colors")
>
```

执行结果

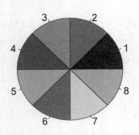

Colors

```
> pie(rep(1, 16), col = rainbow(16), main = "Rainbow Colors")
>
```

执行结果

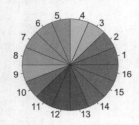

Rainbow Colors

```
> colors( )
 [1] "white"           "aliceblue"       "antiquewhite"    "antiquewhite1"
 [5] "antiquewhite2"   "antiquewhite3"   "antiquewhite4"   "aquamarine"
 [9] "aquamarine1"     "aquamarine2"     "aquamarine3"     "aquamarine4"
[13] "azure"           "azure1"          "azure2"          "azure3"
[17] "azure4"          "beige"           "bisque"          "bisque1"
[21] "bisque2"         "bisque3"         "bisque4"         "black"
[25] "blanchedalmond"  "blue"            "blue1"           "blue2"
[29] "blue3"           "blue4"           "blueviolet"      "brown"
[33] "brown1"          "brown2"          "brown3"          "brown4"
[37] "burlywood"       "burlywood1"      "burlywood2"      "burlywood3"
[41] "burlywood4"      "cadetblue"       "cadetblue1"      "cadetblue2"
[45] "cadetblue3"      "cadetblue4"      "chartreuse"      "chartreuse1"
[49] "chartreuse2"     "chartreuse3"     "chartreuse4"     "chocolate"
```

共计有657个英文颜色的单词，上图仅列出前52种颜色。

◀ col.axis：坐标轴的颜色，默认为黑色。

◀ col.lab：坐标轴标签的颜色，默认为黑色。

◀ col.main：标题的颜色，默认为黑色。

◀ col.sub：副标题的颜色，默认为黑色。

◀ cra：文字的宽与高(width, height)的尺寸，使用像素(pixel)为单位。

◀ crt：字母旋转的角度，通常使用90度、180度、270度。

◀ csi：只读参数，默认的字母高度，以英寸为单位。与par("cin")[2]设置相同。

◀ cxy：只读参数，用户自定义默认的字母大小。par("cxy")的值可以理解为par("cin")/ par("pin")。

◀ din：只读参数，设备的尺寸(宽与高)，以英寸为单位。

◀ err：错误时回报的程度，通常有点超出范围，R语言系统既不绘出也不回报。

◀ family：用于绘制文本的字体系列名称，最大允许长度为200字节。此名称获取映射到特定于设备的字体描述每个图形设备。默认值是""(空字符串)，这意味着，默认将使用设备字体。标准值是"serif" "sans"和"mono"，"Hershey"字体系列也可以。(不同的设备可以定义不同的字体，而某一些设备会完全忽略此设置)。

◀ fg：绘图的前景色，例如绘制坐标轴，方框等，默认是黑色。

◀ fig：数值向量形式，c (x₁, x₂, y₁, y₂) 给出了设备的显示图形区域在绘图区相对坐标的数值向量。例如：par(fig=c(0.5, 1, 0, 0.5))表示实际图形仅绘制在绘图区的右下方1/4大小。

注：在笔者撰写此书时，RStudio在macOS系统运行时，绘图区仍无法处理中文，所以下列所有程序均是在Windows操作系统下完成。

实例 ch19_6：控制图形在绘图区的右下方1/4大小处。

```
> #绘图参数fig的使用，图形仅绘制在绘图区的右下方1/4大小处
> par(mfrow=c(1,1),mai=c(0.4,0.5,1.2,0.2), fig=c(0.5, 1, 0, 0.5))
> plot(1:5,main="图形仅绘制在绘图区 \n 的右下方1/4大小处")
```

执行结果

若想恢复图形在原绘图区位置，可重新调整上述par( )函数，或是可参考第18章的实例ch18_26。

◀ fin：实际图形区域的尺寸(宽与高)，单位为英寸。

◀ font：使用整数值表达使用的文字选取的字体。1为默认值；2为粗体；3为斜体；4为粗斜体；5为选用符号字体等。

◀ font.axis：坐标轴注释所使用的字体。

◀ font.lab：坐标轴标签所使用的字体。

◀ font.main：标题所使用的字体。

◀ font.sub：副标题所使用的字体。

◀ lab：数值向量形式c(x, y, len)，修改坐标轴被注释的默认方式。x和y值给出x轴和y轴的刻度(近似)数目，而len指定标签的长度，默认值是c (5，5，7)。注意这只在用户建立坐标系统时才影响参数xaxp和yaxp，并不影响已建立的坐标轴参数。

◀ las：数值型，轴标签的表示方式。0为默认值，平行于坐标轴；1为水平方式；2为垂直于坐标轴；3为垂直方式。也适用于mtext低级绘图。

◀ lend：线条端点的形式，可以用整数或描述两种方式来表达。0或"round"为默认值，表示圆形的线端点；1或"butt"表示对接的线端点；2或"square"表示方形的线端点。

◀ lheight：行高度的乘数。用于多行文字间的空间距离，文字行的高度是当前字符高和此行高度乘数的乘积。默认值是1。

◀ ljoin：线条连接的样式，可以用整数或描述两种方式来表达。0或"round"为默认值，表示圆形的连

接；1或"mitre"表示斜接的连接；2或"bevel"表示斜角的连接。

- ◀ lmitre：行斜接限制。此参数控制线条连接时自动转换成斜面线条连接。其值必须大于1，默认值是10。并非所有设备都将履行此设置。

- ◀ log：字符串参数，表明坐标单位是否用log10函数调整。如果是"x"表示x轴方向数值的单位用log10函数调整；如果是"y"表示y轴方向数值的单位用log10函数调整；如果是"xy"则表示两轴方向数值的单位均用log10函数调整；如果是" "表示两轴方向数值均为原始数值，不做调整。我们以下列实例呈现此结果。

实例ch19_7：log参数的应用。

```
> #绘制四合一图说明log参数
> x <- 1:10;y <- 1:10;ex <- 10^x; ey <- 10^y
> # mai 设定 留空(其寸)：下0.3 左0.5 上0.3 右0.2
> par(mfrow=c(2,2), mai=c(0.3,0.5,0.3,0.2))
> plot(cbind(x,y),log="", main="标准单位系统")
> plot(cbind(x,ey),log="y",main="x标准单位，ey取log10单位")
> plot(cbind(ex,y),log="x",main="ex取log10单位，y标准单位")
> plot(cbind(ex,ey),log="xy",main="ex与ey均取log10单位")
```

执行结果

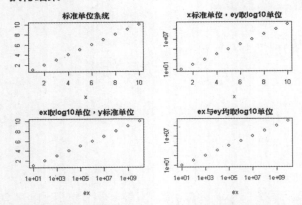

- ◀ lty：直线的样式，默认值为1。以整数表达(0=空白, 1=实线, 2=虚线, 3=点线, 4=点虚线, 5=长虚线, 6=两虚点线)，也可以使用与上列数值对应的英文描述字"blank""solid""dashed""dotted""dotdash""longdash"或"twodash"。其中空白或"blank"指的是绘制看不见的线。
- ◀ lwd：线条的宽度，默认值是1。通常使用不小于1的数值。
- ◀ mai：一个含4个数值的向量c(底、左、顶、右)给定边界的尺寸，单位是英寸。
- ◀ mar：一个含4个数值的向量c(底、左、顶、右)给定边界的尺寸，单位是文字高或宽度的数值，默认数值为c(5, 4, 4, 2) + 0.1，如下图所示。

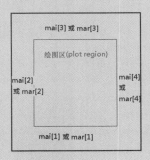

- ◀ mex：用来描述影响坐标系的页边距和坐标字符大小，它的默认值是1。如果将该参数设定为其他值，则会依比例影响上图中mar或mai的大小。
- ◀ mfcol、mfrow：以一个有两数值的向量c(nr, nc)表达一张页面上绘制的总图数，等于nr*nc；mfcol是依照列优先排列，mfrow是依照行优先排列。若一个布局，恰好是两个行和列，则"cex"的数值减少到0.83；如果有三个或更多的行或列，则"cex"系数会减少到0.66，默认的cex值为1。
- ◀ mfg：在mfcol或mfrow已设置的前提下，c (i,j)向量表示下一步要被绘制的是哪一个图形。其中i和j表示是在多图布局下的第i行第j列的图框内绘制，为了与S相容，也接受c (i, j, nr, nc)的形式，nr和nc应该是当前多图布局下的总行数和总列数。若不匹配将被忽略。
- ◀ mgp：边缘线 (在mex单位系统)与坐标轴标题、坐标轴标签和坐标轴线的距离。mgp[1]影响标题，mgp[2:3]影响坐标轴标签和坐标轴线，默认值是c (3，1，0)。
- ◀ mkh：当pch的值是一个整数时，绘制符号的高度以英寸为单位。
- ◀ new：默认的逻辑值为FALSE。如果设置为TRUE，则下一个高级绘制命令不清除已经绘制的图，直接在新设备上绘制。如果当前设备不支持高阶绘图，使用new= TRUE会产生错误信息。

实例ch19_8：了解fig与mai参数的使用。

```
> #使用par与fig参数，绘出对应的三种图形
> #左下角绘制0.75×0.75的直方图，并设定边界之留空
> par(fig=c(0, 0.75, 0, 0.75),mai=c(0.4,0,0.3,0.1),new=TRUE)
> plot(crabs[,3:4],main="FL对CL的散点图")
> #左上角绘制0.75*0.25的散点图，并设定边界之留空
> #new=TRUE在原图形上继续绘制
> par(fig=c(0, 0.75, 0.75, 1),mai=c(0,0,0.3,0.1),new=TRUE)
> hist(crabs$CL,axes=FALSE, main="CL的直方图")
> #右下角绘制0.25×0.75的箱形图，并设定边界之留空
> par(fig=c(0.75, 1, 0, 0.75),mai=c(0.4,0,0.3,0),new=TRUE)
> boxplot(crabs$FL,main="FL的箱形图")
```

执行结果

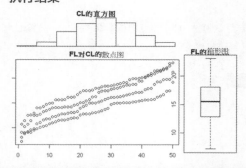

- ◀ oma：以几个字母宽或高的向量设置外围边界的尺寸，c(下，左，上，右)。
- ◀ omd：以一个向量的形式 c (x1, x2, y1, y2) 在绘图区内边缘的区域放置标准单位坐标，4个数值都是在[0, 1]区间内的。
- ◀ omi：以向量形式设置外围边界的尺寸，c(下，左，上，右)，单位为英寸。
- ◀ page：只读逻辑参数，TRUE表示在下一次调用时新建一个新页面。
- ◀ pch：表示绘图使用的字母或特殊符号，仅能是数值或单一字母，在有些状况下，可以使用重复的数值向量。
- ◀ pin：当前绘图区的尺寸(宽与高)，以英寸为单位。
- ◀ plt：以向量c(x1, x2, y1, y2)表达的当前绘图区。
- ◀ ps：文字的大小，以整数值表示，单位是bp。不同的设备可能略有差异，在多数的设备中，单位是1bp=1/72英寸。

◀ pty：以单一字母表示绘图的区域，"s"产生正方形区域，而"m"则产生利用率最高的图形区域。

◀ smo：以数值表达圆弧或圆形的平滑程度。

◀ srt：字母旋转的角度，不是使用角度而是使用文字描述。

◀ tck：刻度线的长度，将标记为较小的一部分的宽度或高度的图形区域。tck＝1表示完整绘制网格线；0＜tck＜1表示绘制部分的网格线；tck=0表示不绘制网格线。

实例 ch19_9：使用四合一图说明 tck 参数的使用。

```
> #绘制四合一图说明tck参数
> par(mfrow=c(2,2))
> plot(1:10,tck=1,main="tck=1完整网格线")
> plot(1:10,tck=0.6,main="tck=0.6长宽6成网格线")
> plot(1:10,tck=0.2,main="tck=0.2长宽2成网格线")
> plot(1:10,tck=0,main="tck=0无网格线")
```

执行结果

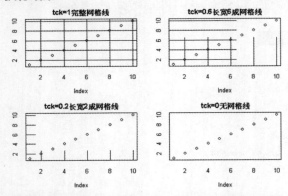

◀ tcl：刻度标示线的长度为文本行的高度的一小部分。默认值是-0.5，表示方向为指向图外。设置tcl＝1则表示长度为文字的全高度并指向图内。

实例 ch19_10：使用四合一图说明 tcl 参数的使用。

```
> #绘制四合一图说明tcl参数
> par(mfrow=c(2,2))
> plot(1:10,tcl=-0.5,main="tcl=-0.5，标示线向外0.5字高")
> plot(1:10,tcl=-1,main="tcl=-1，标示线向外1字高")
> plot(1:10,tcl=0.5,main="tcl=0.5，标示线向内0.5字高")
> plot(1:10,tcl=1,main="tcl=1，标示线向内1字高")
```

执行结果

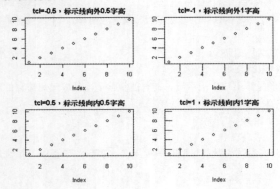

实例ch19_11：使用四合一图说明xlog和ylog参数的使用。

```
> #绘制四合一图说明xlog和ylog参数的使用
> x <- 1:10;y <- 1:10;ex <- 10^x; ey <- 10^y
> # mai 设定 留空(英寸): 下0.3 左0.5 上0.3 右0.2
> par(mfrow=c(2,2), mai=c(0.3,0.5,0.3,0.2))
> plot(cbind(x,y), main="标准单位系统")
> plot(cbind(x,ey),ylog=TRUE,usr=c(1,10,1,10),
+       main="x标准单位，ey取log10单位")
> plot(cbind(ex,y),xlog=TRUE,usr=c(1,10,1,10),
+       main="ex取log10单位，y标准单位")
> plot(cbind(ex,ey), xlog=TRUE, ylog=TRUE,
+       usr=c(1,10,1,10), main="ex与ey均取log10单位")
>
```

执行结果

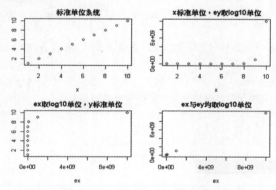

实例ch19_12：绘图各种参数的混合使用说明。

```
> #下留空1.2英寸 左留空1.5英寸 上留空1.5英寸 右留空0.5
> par(mfcol=c(1,1),mai=c(1.2,1.5,1.5,0.5))
> plot(1:16,pch=1:16,cex=1+(1:16)/8,xlim=c(-6,16),xlab="")
> abline(h=1:16, lty=1:16, col=1:16,lwd=1+(1:16)/4)
> text(1:16,16:1,labels=as.character(16:1),font=1:8)
> legend(-6,16.5,legend=16:1,col=16:1,lty=16:1,
+        lwd=seq(5,1.25, -0.25), cex=0.8,bty="o",bg="white")
> title(main="绘图的各项主要参数参照 \n
+        留空(英寸): 下1.2 左1.5 上1.5 右0.5",
+        sub="col:颜色 lty,lwd:线条种类、宽度,legend:图例")
>
```

执行结果

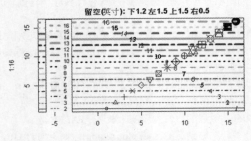

19-1-3 layout( )函数的设置

layout( )函数主要用来设置较复杂，且不对称的绘图，其使用格式如下所示。

```
layout(mat, widths = rep.int(1, ncol(mat)),
       heights = rep.int(1, nrow(mat)), respect = FALSE)
layout.show(n = 1)
lcm(x)
```

◀ **mat**：为一个矩阵，代表绘制图形的顺序指定下一个N矩阵对象的数字在输出设备中的位置。矩阵中的每个值必须是0或正整数。如果N是矩阵中最大的正整数，那么整数 {1，…，N-1}也必须在矩阵中至少出现一次。数字也可以重复，代表同一个图，面积扩大。

◀ **widths**：设置设备中的列的宽度值的向量。可以指定相对宽度的数值，也可以使用lcm( )函数来指定绝对宽度(厘米)。

◀ **heights**：设置设备中的行的高度值的向量。可以指定相对高度的数值，也可以使用 lcm( )函数来指定绝对高度(厘米)。

◀ **respect**：逻辑值或一个矩阵对象，若为TRUE表示x轴与y轴所使用的长度单位一致，默认为FALSE。如果是矩阵，那么它必须与前面的mat矩阵具有相同的维度且矩阵中的每个值必须是 0 或 1。

◀ **n**：绘图图形的数目。

◀ **x**：以厘米为单位的长度。

实例 ch19_13：layout( ) 函数呈现三种布局的应用。

```
> #ch19_13
> # 将图分割成2×2的4块
> # 图1与图2绘制在第一行
> # 图3重复两次表示为同一图在第2行
> layout(matrix(c(1,2,3,3), 2, 2, byrow = TRUE))
> #显示此三图的布局
> layout.show(3)
```

执行结果

```
> # 将图分割成2×2的4块
> # 图1重复两次表示为同一图在第1行
> # 第二行0表示不绘图,2要绘图
> # x轴与y轴所使用的长度单位一致
> #列两图宽度比为1:3;行两图高度比为1:2
> nf <- layout(matrix(c(1,1,0,2), 2, 2, byrow = TRUE),
+                 widths=c(1,3) , heights= c(1,2),respect = TRUE)
> #显示此三图的布局
> layout.show(nf)
```

```
> ## 产生单一图形长与宽均为 5cm显示出一个 正方形
> nf <- layout(matrix(1), widths = lcm(5), heights = lcm(5))
> #显示此图的布局
> layout.show(nf)
```

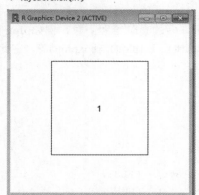

接下来我们以MASS包内的crabs数据框内的FL与CL两个变量来绘制相对应的散点图，并在此图上方将所对应的CL变量绘制为一张直方图，同时在散点图的右方，也绘制相对应的FL的箱形图。

```
> library(MASS) #载入R套件
> #设定绘图的布局；共绘出对应的 三种图形
> layout(matrix(c(2,0,1,3), 2, 2, byrow = TRUE),
+         widths=c(3,1) , heights= c(1,3),respect = TRUE)
> plot(crabs[,3:4],main="FL对CL的 散点图")
> hist(crabs$CL,main="CL的直方图")
> boxplot(crabs$FL,main="FL的箱形图 ")
```

执行结果

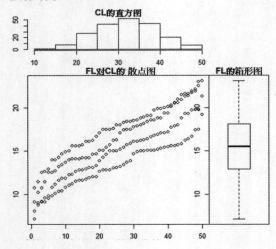

19-2 高级绘图

我们在前一章常用的统计绘图中已经讲解并使用了许多的高阶绘图函数，例如plot()、pie()、pairs()、qqnorm()、qqplot()、qqline()、hist()、dotchart()、barplot()与boxplot()等。在此我们再列出其他相关的高级绘图函数。

19-2-1　曲线绘图：curve( )函数

curve()函数主要用于绘制给定函数的曲线图。

```
curve(expr, from = NULL, to = NULL, n = 101, add = FALSE,
      type = "l", xname = "x", xlab = xname, ylab = NULL,
      log = NULL, xlim = NULL, ...)
```

◀ expr：函数名称、表达式或者自定义函数名称，能够通过计算得到数值向量的R对象。

◀ from、to：绘图的起点与终点。

◀ n：所绘制的点数的总数。

◀ add：逻辑参数，若为TRUE，则将会在已存在的图内绘图；若为NA，则将会绘制新图，也会延续之前所规定的范围与log参数等设置。

◀ xname：字符串，给予所使用变量的坐标名称，但无法与表达式共同使用。

◀ xlim、xlab、ylab、log等：x界限、x标签、y标签、坐标值的log调整等，之前已叙述过。

实例ch19_15：以下面四合一图形来呈现curve()函数各项参数的使用方式。

```
> par(mfcol=c(2,2),mai=c(0.9,0.9,0.9,0.9))
> #自定义标准正态函数
> mynorm <- function(x){exp(-1/2*x^2)/sqrt(2*pi)}
> curve(sin,from=0,  to= pi,  n=100,xname="正弦")
> curve(x^2-2*x,0,   3, xlab="x^2-2*x")
> curve(mynorm,  -3, 3,  main="自定义正态")
> curve(exp(x+5),0, 10,  log="y",xlab="exp(x+5)，值经log调整")
```

执行结果

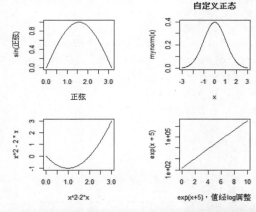

实例ch19_16：使用crabs数据框的5个数值变量对象，在同一张图内，根据变量所计算出来的平均数mu与标准差s，利用curve()函数来绘制5张正态分布的密度函数图，在这里我们使用了参数add=TRUE，能够在绘制好的曲线图内继续增加曲线。我们仍然使用前面所提到的legend()与title()两函数。

```
1   #
2   # 实例ch19_16
3   #
4 - mynorm2 <- function(x,XX){
5       mu <- mean(XX)
6       s <- sd(XX)
7       exp(-1/2*(x-mu)^2)/sqrt(2*pi)/s
8   }
9 - ch19_16 <- function ( ) {
10  #计算出crabs数据框的最小与最大值
11  min <- min(crabs[,4:8]); max <-max(crabs[,4:8])
12  #绘出第一个变量FL的常态分配密度函数图
13  curve(mynorm2(x,crabs$FL),min, max,ylim=c(0,0.15),
14          lty=1,col=1,add=FALSE)
15  #在图上持续加上RW,CL,CW BD等四个变量的常态分配密度函数图
16  curve(mynorm2(x,crabs$RW),min, max,lty=2,col=2,add=TRUE)
17  curve(mynorm2(x,crabs$CL),min, max,lty=3,col=3,add=TRUE)
18  curve(mynorm2(x,crabs$CW),min, max,lty=4,col=4,add=TRUE)
19  curve(mynorm2(x,crabs$BD),min, max,lty=5,col=5,add=TRUE)
20  #加上图例说明，以便于比较了解
21  legend(35,0.15,legend=names(crabs)[4:8],col=1:5,lty=1:5,
22          cex=1)
23  title(main="crabs数据框5个数值变量的比较",sub="大小(mm)")
24  }
```

执行结果

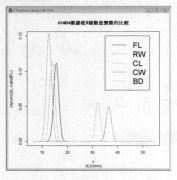

19-2-2 绘图函数coplot( )

coplot( )函数绘制条件式散点图，在散点图中加入了第3个因子变量，可以很容易区分并比较因子之间的分布情况。它的使用格式如下所示。

```
coplot(formula, data, given.values, panel = points, rows, columns,
       show.given = TRUE, col = par("fg"), pch = par("pch"),
       bar.bg = c(num = gray(0.8), fac = gray(0.95)),
       xlab = c(x.name, paste("Given :", a.name)),
       ylab = c(y.name, paste("Given :", b.name)),
       subscripts = FALSE,
       number = 6, xlim, ylim, ...)
```

◀ formula：以公式形式 "y ~ x | b" 表示x与y两个变量对应于提供的因子变量b。以公式形式 "y ~ x | a*b" 表示x与 y 两个变量对应于提供的两个因子变量，a与 b。
◀ data：所使用数据框的名称，可以使公式变得简单。
◀ given.values：使用列表给条件变量再增加筛选条件。
◀ panel：以一个函数 (x, y, col, pch, ...) 给出要在显示器中的每个面板进行的操作。
◀ rows, columns：规定每一个面板的行数与列数。
◀ show.given：逻辑值参数，表示所对应的因子变量是否显示。
◀ col、pch：绘图使用的颜色与字母或符号。
◀ bar、bg：向量内含两种对象 "num" (数值)和 "fac" (因子)，用来设定条件变量的条块背景颜色。
◀ xlab、ylab、xlim、ylim：x轴的标签、y轴的标签、x轴的范围、y轴的范围。
◀ subscripts：逻辑值，若为TRUE，则面板函数将被给予第三个参数，将下一个目标数据传递到该面板。
◀ number：当条件变量不为因子变量时，指定一个整数以规定条件变量的分类数。

接下来我们以一因子条件、两因子条件与再筛选来呈现coplot( )函数绘制的条件式散点图。

实例 ch19_17：使用 coplot( ) 函数执行单一因子条件散点图。

```
> #根据不同的sp与sex值产生一个一维因子变量
> crabs$ss <- as.factor(paste(crabs$sp, crabs$sex, sep="-"))
> #coplot单一条件因子 散点图vs ss
> coplot(CL~FL|ss,data=crabs,bar.bg=c(fac="red"))
> title("coplot单一条件因子 散点图vs ss")
```

执行结果

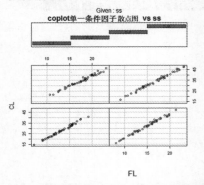

实例ch19_18：使用coplot( )函数绘制两因子条件散点图。

```
> #两因子条件式散点图 vs sp*sex
> coplot(CL~FL|sp*sex,data=crabs, col=3, pch=21)
> title("coplot两因子条件式散点图 vs sp*sex")
```

执行结果

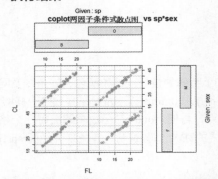

实例ch19_19：使用coplot( )函数绘制再按given.values筛选的散点图。

```
> # coplot条件式散点图 vs ss 再按given.values筛选
> coplot(CL~FL|ss,data=crabs, given.values=list(c("B-F","O-M","O-F")))
> title("coplot条件式散点图 vs ss 再依given.values筛选")
```

执行结果

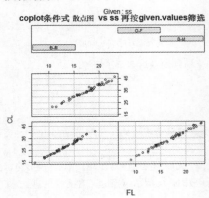

```
> # coplot条件式散点图 vs sp*sex 再按given.values筛选
> coplot(CL~FL|sp*sex,data=crabs, given.values=list(c("B"),c("M","F")))
> title("coplot条件式散布图 vs sp*sex 再按given.values筛选")
```

执行结果

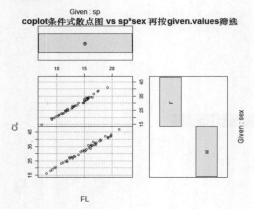

19-2-3　3D绘图函数

我们想要在2D平面上来呈现3D的效果，就必须加上特殊的技巧，例如颜色、线条以及网格线明暗等。R语言绘制3D图形的函数主要有3个：persp( )、contour( )与image( )。这3个3D绘图函数都需要使用两组数值向量来定义两个方向上的格点，再使用outer( )函数求解出每一个格点的高度，以确定所有格点的坐标位置，才能够进行正式的3D立体图绘制。首先来介绍persp( )函数，它的使用格式如下所示。

```
persp(x = seq(0, 1, length.out = nrow(z)), y = seq(0, 1, length.out = ncol(z)),
      z, xlim = range(x), ylim = range(y), zlim = range(z, na.rm = TRUE),
      xlab = NULL, ylab = NULL, zlab = NULL, main = NULL, sub = NULL,
      theta = 0, phi = 15, r = sqrt(3), d = 1, scale = TRUE, expand = 1,
      col = "white", border = NULL, ltheta = -135, lphi = 0, shade = NA,
      box = TRUE, axes = TRUE, nticks = 5, ticktype = "simple", ...)
```

◀x、y：x、y两个方向网格线排序的数值向量。

◀z：z为一个矩阵，列数与x向量相同，行数与y向量相同。

◀xlim、ylim、zlim、xlab、ylab、zlab：x、y、z三个方向的坐标轴向量与字符串标签。

◀main、sub：主标题与副标题。

◀theta、phi：定义查看立体图方向的角度与转动的角度。

◀r：从绘制框的中心至观察点的距离。

◀d：一个数值，可以用于变换不同的透视强度。大于1的d值会减弱透视效果，而小于1的d值会增强透视效果。

◀scale：在查看之前，将表面点x、y和z坐标转换到[0，1]区间。如果逻辑值为TRUE，则x、y和z坐标的转换各自分开进行。如果逻辑值为FALSE，则对坐标进行缩放时，会保留纵横比，方便信息的呈现。

◀ expand：适用于z坐标的缩放比例。经常用0 < expand < 1 的数值以便缩小z方向图框中的格点。

◀ col：立体图表面的颜色。

◀ border：表面线条的颜色。默认值为NULL，对应于 par("fg")。若为NA值将禁用绘图边框，这样有利于表面着色。

◀ ltheta、lphi：如果指定ltheta和lphi为有限值，则表面的阴影由指定的方位ltheta和纬线lphi方向的照明产生。

◀ shade：表面格点的阴影计算为 $((1+d)/2)$ ^shade，其中 d 是该方向的单位向量与在光源的方向的单位向量的点积。值接近1时，表示类似于一个点光源模型；而值为0则表示没有阴影产生；0.5 至 0.75 范围的值则表示提供一个近似的日光照明。

◀ box：逻辑值，是否显示定界框的表面。默认值为 TRUE。

◀ axes：逻辑值，是否将刻度和标签添加到框中。默认值为 TRUE，如果逻辑值是FALSE，则不绘制刻度或标签。

◀ ticktype：字符串值。若为"simple"，则绘制平行于坐标轴的箭头来表示方向的延伸；若为"detailed"，则按正常2D刻度绘制。

◀ nticks：在坐标轴上绘制刻度线的大约数目。如果 ticktype 是"simple"，则该参数不起任何作用。

接着我们介绍如何使用contour( )函数绘制等高线，它的使用格式如下所示。与persp( )函数相同的参数部分，我们就不再列出来了。

```
contour(x = seq(0,1,length.out= nrow(z)),y =seq(0,1,length.out= ncol(z)),
        z, nlevels = 10, levels = pretty(zlim, nlevels), labels = NULL,
        xlim = range(x, finite = TRUE), ylim = range(y, finite = TRUE),
        zlim = range(z, finite = TRUE), labcex = 0.6, drawlabels = TRUE,
        method = "flattest",vfont, axes = TRUE, frame.plot = axes,
        col = par("fg"), lty = par("lty"), lwd = par("lwd"), add = FALSE, ...)
```

◀ nlevels, levels：等高线的数量，两者择一使用。

◀ labels：给出等高线标签的向量，如果为NULL，则将水平高度作为标签。

◀ labcex：等高线标签的绝对值，不同于相对值的par("cex")。

◀ drawlabels：逻辑值，若为TRUE，则绘制等高线标签，若为FALSE，则不绘制。

◀ method：字符串，指定标签绘在哪里。可能的值为"simple""edge""flattest"(默认值)。

◀ vfont：默认为NULL，则目前使用的字体被用于等高线标签。

◀ axes、frame.plot：逻辑值，表示是否应绘制轴或框。

◀ col、lty、lwd：等高线的颜色、样式与线宽度。

◀ add：逻辑值，若add = TRUE，则表示将绘图至已经绘好的图内。

我们要介绍的第3个函数是image()函数，它的使用格式如下所示。 与persp( )函数相同的参数部分，我们就省略不再列出来了。

```
image(x, y, z, zlim, xlim, ylim, col = heat.colors(12),
      add = FALSE, xaxs = "i", yaxs = "i", xlab, ylab,
      breaks, oldstyle = FALSE, useRaster, ...)
```

◀ col：颜色，由例如rainbow()、heat.colors()、topo.colors()、terrain.colors() 或类似的函数生成的列表。

◀ xaxs、yaxs：x 和 y 轴的形式。

◀ breaks：一套代表颜色的按递增顺序排列的有限数字断点，断点数量必须比使用到的颜色多一个。若使用未排序的向量，则会产生一个警告。

◀ oldstyle：逻辑值，如果为TRUE，则颜色间隔的中点是均匀分布的。默认设置是颜色间隔之间的长度是相等的。

◀ useRaster：逻辑值，如果为TRUE，则用位图光栅代替多边形绘制图像。

实例ch19_21：以四合一的4个图形套用以上三种3D绘图函数，并配合使用相关的参数绘制出以下的立体图。我们自己定义了产生服从正态分布的双变量 (x, y) 的概率密度函数，并将两者的标准差设为1，期望设为0，相关系数参数 tho 设为0.5。

```
1   #
2   # 实例ch19_21
3   #
4   #bivariate normal pdf with tho=0.5
5 ▾ f <- function(x,y){
6     exp(-2/3*(x^2-x*y+y^2))/pi/sqrt(3)
7   }
8 ▾ ch19_21 <- function ( ){
9     x<-seq(-3,3,0.1); y <- x  #设定 x与y在-3与3倍标准偏差内
10    z <- outer(x,y,f)         #使用外积函数产生 z 值
11    #绘制2*2四合一图 设定下左右上留空
12    par(mfrow=c(2,2),mai=c(0.3,0.2,0.3,0.2))
13    persp(x,y,z,main="透视图")  #透视图(左上) : 下一张图调整角度与方向(右上)
14    persp(x,y,z,theta=60,phi=30,box=T,main="theta=60,phi=30,box=T")
15    contour(x,y,z,main="等高线图")  #等高线图(左下)
16    image(x,y,z,main="色彩影像图")  #色彩影像图(右下)
17  }
```

执行结果

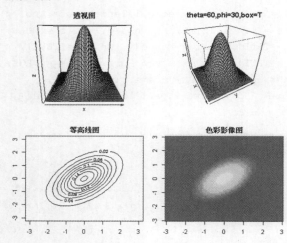

19-3 低级绘图 —— 附加图形于已绘制完成的图形

所谓的低级绘图就是辅助高级函数，在已经绘制好的高级图形中，再加入各种的点、线、说明文字与图形等。其实我们在前一章节已做过相当多的实例说明，下面我们就将对这些低级绘图函数加以补充实例说明。

19-3-1 points( )函数与text( )函数

points( )函数是在已经绘制好的图上加上点(字母、符号)。而text( )函数则是在选定的位置上加入说明文字。points()的使用格式如下所示。

```
points(x, y = NULL, type = "p", ...)
```

◀ x,y：绘图点的坐标位置，也可以用两个数值的n维向量表示n个坐标点。
◀ type：使用字母表示绘图的形式，默认是用 "p" 代表点。

也可以使用绘图参数，例如 "pch" "col" "bg" "cex" 和 "lwd" 等。

实例ch19_22：将"1"至"25"所对应的符号及颜色以4倍于正常大小的点绘制在5×5的格点上。我们使用了plot()与grid()两个绘图函数先将图形的格点与线绘制出来，再以for循环中的try()函数将25个点依序绘制在5×5的格点上。try()函数是用来包装运行表达式的，如果遇到了失败或错误，可以允许使用者修改代码来处理错误以修复函数。在此我们也使用了"%%"进行取余数的计算与"%/%"进行整数除法的计算，以便于我们将坐标点正确定位在5×5的矩阵格点上。程序实例及绘图结果如下所示。

```
1   #
2   # 实例ch19_22
3   #
4   ch19_22 <- function ( )
5 ▾ {
6     #绘出六个不显示的点不加入两轴标题；两轴的风格"i" (internal)
7     #是查找原始数据范围内适合最佳卷标与坐标轴。
8     plot(c(0,6), c(0,6), type = "n", xlab = "", ylab = "",
9          xaxs = "i", yaxs = "i")
10    #绘出6×6 36个格点及线
11    grid(6, 6, lty = 1)
12    title("plot 25 points from 1 to 25")
13    #在相对位置上以25种符号与颜色；文字放大4倍
14    for(i in 0:24) try(points(1+i%%5, 1+i%/%5,
15                       pch = i+1,col=i+1,cex=4))
16  }
```

执行结果

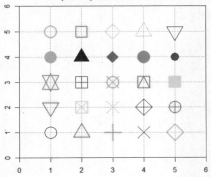

text( )函数与points( )函数绘制的方法是一致的，只是在所指定的坐标位置上书写的是说明文字而非单一字母或符号，它的使用格式和各参数意义如下所示。

```
text(x, y = NULL, labels = seq_along(x), adj = NULL, pos = NULL,
     offset = 0.5, vfont = NULL, L, font = NULL, ...)
```

- ◀ x,y：绘图点的坐标位置，也可以用含两个数值的n维向量表示n个坐标点。
- ◀ labels：说明文字，也可以配合前面的x、y向量，添加多个说明文字。
- ◀ adj：数值，大小在[0, 1]区间，表示说明文字的对齐方式。
- ◀ pos：说明文字的位置，可以为1、2、3或4，分别表示向下、向左、向上、向右对齐。使用pos将会使adj参数失效。
- ◀ offset：当pos参数被指定时，此值给出了说明文字距离指定坐标有一个字符宽度的偏移量。
- ◀ vfont：默认为NULL，表示使用当前的字体系列；若为长度为2的字符向量，则使用Hershey矢量字体，向量的第一个元素选择一个字体，第二个元素选择样式。如果标签是一个表达式，则将忽略该参数。

另外，如col、cex等参数都可以使用，他们的定义已经在前面说明过了。

实例ch19_23：使用MASS包的crabs数据框先绘制FL与CL两个变量的散点图，然后使用points()与text()低级绘图函数将FL变量的最大值与最小值两点标示出来。在此我们使用了which.max()与which.min()两个函数，它们能够将我们所需要的最大值与最小值的索引值（index）找出来，以便于定位出该点的x与y坐标来标示该点，之后代入as.charecter()函数将此数值转换成为字符以供text()函数的参数（label）使用。同时为了能将标签文字与该标示的点进行一定距离的隔离，我们特别使用text()函数内的offset参数，或者自行在x坐标上进行了位置偏移的调整。

```
1   #
2   # 实例ch19_23
3   #
4   ch19_23 <- function ( )
5 - {
6     attach(crabs)                 #使用crabs数据框
7     FLmax.id <- which.max(FL)     #找出FL最大值的位置
8     FLmin.id <- which.min(FL)     #找出FL最小值的位置
9     oset <- 3                     #偏移量
10    plot(FL,CL)                   #绘制 FL VS CL的散点图
11    #绘制FL最大值的点，在该点写下说明文字
12    points(FL[FLmax.id],CL[FLmax.id],col=2,cex=2)
13    text(FL[FLmax.id]-oset,CL[FLmax.id],col=2,
14        label=as.character(FLmax.id),adj=0.5)
15    #绘制FL最小值的点，在该点写下说明文字
16    points(FL[FLmin.id],CL[FLmin.id],col=2,cex=2)
17    text(FL[FLmin.id],CL[FLmin.id],col=2,
18        label=as.character(FLmin.id),pos=2,offset=-oset)
19    text(min(FL)+oset,max(CL)-oset,label="标示出最大及最小的FL点")
20  }
```

执行结果

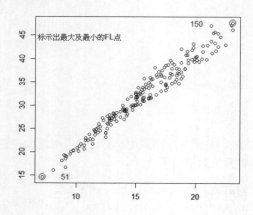

19-3-2 lines( )、arrows( )与segments( )函数

lines( )、arrows( )与segments( )都很相似，通常需要提供两个点的坐标(x_0, y_0, x_1, y_1)，例如segment( )及arrows( )两函数；而lines( )函数需要提供的是两个长度为2的向量作为线段的起点与终点，但是arrows( )函数还需要再提供箭头的角度与长度。arrows( )函数的使用格式如下所示：

```
arrows(x0, y0, x1 = x0, y1 = y0, length = 0.25, angle = 30, code = 2, col = par("fg"),
       lty = par("lty"), lwd = par("lwd"), ...)
```

◀ x0, y0：起点坐标。
◀ x1, y1：终点坐标。
◀ length：箭头边缘线的长度，以英寸为单位。
◀ angle：从箭头的轴到边缘的箭头头部的角度。
◀ code：1代表箭头在(x_0, y_0)，2代表箭头在(x_1, y_1)，3代表两端都有箭头。

也可以使用"col""lty""lwd"等参数。

关于segments( )与lines( )的语法，两者使用的参数与arrows( )均差不多。但是segments( )中的两点坐标是4个数值参数，lines( )中的参数是两个长度为2的向量，所以lines( )提供两点坐标的方式与arrows( )和segments( )是不同的，segments( )与lines( )的使用格式如下所示。

```
segments(x0, y0, x1, y1, col = par("fg"), lty = par("lty"), lwd = par("lwd"), …)
lines(x, y, col = par("fg"), lty = par("lty"), lwd = par("lwd"), …)
```

两者所使用的参数也与arrows( )对应的参数相同，因此我们不在此赘述。

实例ch19_24：lines( )、arrows( )与segments( )函数的应用。

```
1    #
2    # 实例ch19_24
3    #
4    ch19_24 <- function ( )
5  - {
6      #绘出 6 个不显示的点不加入两轴标题；两轴的风格"i" (internal)
7      #查找原始数据范围内适合最佳卷标与坐标轴
8      plot(c(0,6), c(0,6), type = "n", xlab = "", ylab = "",
9          xaxs = "i", yaxs = "i")
10     #绘出6*6 36个格点及线
11     grid(6, 6, lty = 1)
12     #以lines函数绘制两条线
13     lines(c(1,5),c(2,2),col=4,lwd=4)
14     lines(c(1,5),c(4,4),col=5,lwd=5)
15     #以segments函数绘制两条线
16     segments(1,2,1,4,col=3,lwd=3)
17     segments(5,2,5,4,col=2,lwd=2)
18     #以向量提供x, y两个4向量
19     x<-c(2,2,4,4); y <- c(1,5,1,5)
20     s <- seq(length(x) -1)
21     #绘制三段箭头
22     arrows(x[1],y[1],x[2],y[2],col=1,
23           lwd=2, angle=30,code=1)
24     arrows(x[2],y[2],x[3],y[3],col=2,
25           lwd=4, angle=60,code=2)
26     arrows(x[3],y[3],x[4],y[4],col=3,
27           lwd=6, angle=90,code=3)
28     title("使用lines( )、segments( )与arrows\n 函数来绘制线段")
29   }
```

执行结果

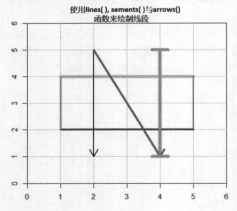

19-3-3　ploygon( )函数绘制多边形

polygon( )函数可以将指定的一组坐标点绘制成为一个封闭的多边形，也可以制作阴影。polygon()函数的使用格式与参数意义如下。

```
polygon(x, y = NULL, density = NULL, angle = 45, border = NULL, col = NA,
        lty = par("lty"),  fillOddEven = FALSE)
```

◀ x、y：一组数值向量，指定多边形的各个顶点坐标。
◀ density：每英寸阴影中的行数(密度)。默认值为NULL，意味着没有底纹线条；零值意味着没有阴影；而负值和NA抑制底纹(因此允许颜色填充)。
◀ angle：阴影线条的逆时针角度。
◀ col：多边形的颜色填充。默认是NA，不做多边形填充，除非指定了density参数，如果density参数被设置为正值，则该参数提供了底纹线条的颜色。
◀ border：边框的颜色。默认情况下是Null，意味着要使用 par("fg")；使用"border = NA"则表示省略边框；设置兼容性边框也可以使用逻辑值，在这种情况下FALSE相当于 NA (省略的边框)，TRUE相当于 Null (使用前景颜色)。
◀ fillOddEven：逻辑值，控制多边形阴影的模式。

另外，如"lty""xpd""lend""ljoin"和"lmitre"均可以作为参数使用。

接下来我们以两个实例来呈现如何运用polygon( )函数绘制多边形。要绘制正六边形或者是正五边型可以在单位圆上找出其顶点，同时我们也可以利用它们的对称性，以简化顶点的计算。正弦函数sin( )与余弦函数cos( )都是使用弧度(radian)。一个完整的圆的弧度是2π，所以2π rad = 360°，1π rad = 180°，1°=π/180 rad，1 rad = 180°/π(约57.29577951°)。以度数表示的角度，把数字乘以π/180便转换成弧度；以弧度表示的角度，乘以180/π便转换成度数。正六边形的6个顶点可以用2π/6得到，同理，正五边形的5个顶点可以用2π/5得到。在绘制正六边形时我们仅绘制其边框，因此选择density=0；在绘制正五角星形时我们选择每次跳过隔壁点的方式，因此选择填满内部的时候，选择默认的NULL可以使5个角的颜色被填满。

```
1    #
2    # 实例ch19_25
3    #
4    ch19_25 <- function ( )
5    {
6        #绘出2个不显示的点不加入两轴标题；两轴的风格"i"
7        #定义两坐标轴数据的范围。
8        plot(c(-1,-1), c(1,1), type = "n", xlab = "", ylab = "",
9            xaxs = "i", yaxs = "i",xlim=c(-1.2,1.2),ylim=c(-1.2,1.2))
10       co30=sqrt(3)/2;  #计算 cos(30度)另外 sin(30度)= 1/2
11       #定义出正六边形的六个点x与y坐标
12       x<-c(co30, 0, -co30, -co30,  0, co30)
13       y<-c(0.5,  1,   0.5,  -0.5, -1, -0.5)
14       polygon(x,y,col=2 ,density=0)
15       title("绘制一个正六边形")
16   }
```

执行结果

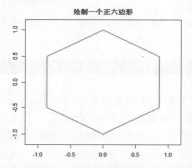

绘制一个正六边形

```
1    #
2    # 实例ch19_26
3    #
4    ch19_26 <- function ( )
5    {
6        #绘出2个不显示的点不加入两轴标题；两轴的风格"i"
7        #定义两坐标轴数据的范围。
8        plot(c(-1,-1), c(1,1), type = "n", xlab = "", ylab = "",
9            xaxs = "i", yaxs = "i",xlim=c(-1.2,1.2),ylim=c(-1.2,1.2))
10       #定义出正五边形的5个点x与y坐标
11       x1=cos(4*pi/5);y1=sin(4*pi/5);x2=cos(2*pi/5); y2= sin(2*pi/5)
12       x<-c(cos(0), x1, x2, x2,  x1)   #安排顶点时依序跳过隔壁点
13       y<-c(sin(0), y1, -y2, y2, -y1)  #安排顶点时依序跳过隔壁点
14       #polygon(x,y,col=2,density=0) #如此仅绘制五角星形的五条线
15       polygon(x,y,col=4,density=NULL)  #可以绘制内部五角形与五个角
16       title("绘制一个正五角星形")
17   }
```

执行结果

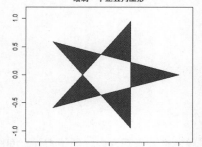

绘制一个正五角星形

上图是笔者在Windows操作系统运行该程序的执行结果，但在macOS系统执行同样程序笔者获得了下图所示的结果。

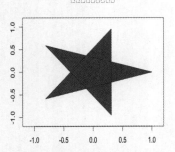

上图的小空白框是因为macOS系统绘图设备仍不支持RStudio的中文，绘图本身，却得到一个正五角形内部实心的不同结果，所以使用时要小心。

实例ch19_27：自行建立阴影的函数，让我们快速绘制正态分布的阴影，也就是正态分布概率的图形表达。

本函数将起始点x_0、终止点x_n与过程需要的点数np设为参数，并设置其默认值。通过dnorm()函数我们可以在-3.5~3.5使用curve()函数绘制出正态分布概率密度函数的曲线，也能够计算出各个过程点的概率密度值。最后再绘制一条水平参考线，并使用polygon()多边形绘图函数设置阴影参数density=500(每英寸500条阴影)，并使用垂直的线填满，就能够顺利实现此绘图的功能。

```
1  #
2  # 实例ch19_27
3  #
4  ch19_27 <- function (x0=-3, xn=3, np=100 )
5  {
6    #给与标准正态分布pdf、起点、终点、过程点个数，就能绘制
7    inc=(xn-x0)/np  # 根据过程点数计算出增量
8    mid.p=seq(x0, xn, by=inc)
9    x.allp= c(x0, mid.p     ,xn) #多加x首尾两点坐标
10   y.allp= c( 0, dnorm(mid.p), 0) #多加y首尾两点坐标均为0
11   curve(dnorm,-3.5,3.5) #常态分配取-3.5至3.5之间
12   abline(h=0)  #绘制y=0的水平线
13   polygon(x.allp,y.allp,density=500, angle=90)
14   title(paste("常态分配在x0=",x0,"\n 与xn=",xn,"间的面积"))
15 }
```

执行结果

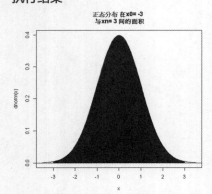

实际代入各个参数，我们提供以下4种情况，并将其绘制在一张图形内，便于相互之间做比较。程序及结果如下所示。

```
> res.par <-par(no.readonly=TRUE) #保留par参数
> #预计绘制四个图，可以比较参考
> par(mfrow=c(2,2), mai=c(0.3,0,0.4,0.1))
> ch19_27() #所有参数均为预设
> ch19_27(x0=-2,xn=2, np=50) #提供所有参数
> ch19_27(xn=1.3) #提供部分参数
> ch19_27(x0=-2.5,np=6) #6点的多边形较不平滑
> par(res.par) #恢复原始的par设定
```

执行结果

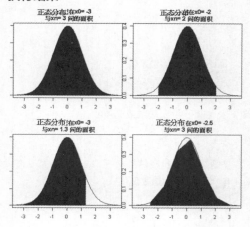

19-3-4 title( )函数、axis( )函数、abline( )函数与legend( )函数

title( )函数主要用来标示抬头与副标题文字，抬头也就是主标题，默认是放在图形的上端，而副标题(下标题)则是置于图形的下端，title( )函数的使用格式和各参数意义如下所示。

```
title(main = NULL, sub = NULL, xlab = NULL, ylab = NULL,
      line = NA, outer = FALSE, ...)
```

◀ main：主标题位置在顶部；字体和大小可使用par("font.main")来设置；颜色的设置使用par("col.main")。

◀ sub：副标题位置在底部；字体和大小可使用par("font.sub")来设置；颜色设置使用par("col.sub")。

◀ xlab、ylab：x轴与y轴坐标标签；字体和大小可使用par("font.lab")来设置；颜色的设置使用par("col.lab")。

◀ line：数值k，指定行的值将重写默认的标签位置，并将它们放在距绘图区k行的边缘外。

◀ outer：一个逻辑值。如果为TRUE，则主标题放在绘图区的外部边缘。

axis( )函数则是在图形上另外加上坐标轴，让读者能够清楚掌握图形的位置。它的使用格式和各参数的意义如下所示。

```
axis(side, at = NULL, labels = TRUE, tick = TRUE, line = NA, pos = NA,
     outer = FALSE, font = NA, lty = "solid", lwd = 1, lwd.ticks = lwd,
     col =NULL, col.ticks = NULL, hadj = NA, padj = NA, ...)
```

◀ side：一个整数值，指定在哪一侧绘制坐标轴。1表示在下端；2表示在左侧；3表示在上端；4 表示在右侧。

◀ at：在要绘制刻度线的位置标记点。infinite，NaN 或 NA等值被忽略。默认情况下为NULL，表示计算刻度线位置。

◀ labels：逻辑值，TRUE表示在刻度线标示数值标签或是字符、字符串标签；FALSE则表示不在刻度线标示任何标签。

◀ tick：一个逻辑值，指定是否应绘制刻度线和轴线。

◀ line：数值，表示将绘制轴线在距边缘的k行处。

◀ pos：非NA值，表示要绘制轴线的坐标。

◀ outer：逻辑值，该值指定是否将轴线绘制在边界外，而不是标准的位置。

◀ font：文本的字体与大小。

◀ lty：轴线和刻度线的样式。

◀ lwd、lwd.ticks：坐标轴线和刻度线的线宽，若为零或负值将不绘制轴线或刻度线。

◀ col、col.ticks：轴线和刻度线的颜色。

◀ hadj：将所有标签调整为与阅读方向平行。

◀ padj：将每个刻度线标签都调整为垂直于阅读方向。对于标签平行于轴的状况，$padj = 0$ 意味着向右或向上对齐；$padj = 1$ 为向左或向下对齐。可以给定单一值向量，重复使用。

实例ch19_28：

下面我们先使用plot( )函数绘制简单的4个点，但不加上坐标轴，接着在图形的右侧、上侧加上特定的标签。再接着使用pos参数分别在特定位置的下方及左侧绘制选定颜色的坐标轴。

```
1   #
2   # 实例ch19_28
3   #
4   ch19_28 <- function ( )
5 ▾ {
6       plot(1:4,axes=FALSE)#仅绘图不标示轴线
7       #在图的右端加上中文标签
8       axis(4,at=1:4,labels=c("一","二","三","四"))
9       #在图的上端加上英文标签
10      axis(3,at=1:4,
11          labels=c("one","two","three","four"))
12      #在(2,1)的位置上，下方绘制给定颜色的水平坐标轴
13      axis(1,pos=c(2,1),col=2,col.ticks=3)
14      #在(1.5,1)的位置上，左方绘制给定颜色的垂直坐标轴
15      axis(2,pos=c(1.5,1),col=4,col.ticks=5)
16  }
```

执行结果

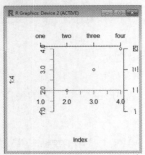

我们之前已经使用过title( )函数，在此就不多做说明了。abline( )函数也是低级绘图函数的一种，主要是用来绘制水平线、垂直线或者是斜线，笔者在18-2-2节已做过介绍，它的使用格式

和参数意义如下。

```
abline(a = NULL, b = NULL, h = NULL, v = NULL, reg = NULL,
       coef = NULL, untf = FALSE, ...)
```

◀ a, b：a为直线的截距，b为直线的斜率。
◀ untf：逻辑值，如果是TRUE且有一个或两个轴是经过对数转换的，则会对应于原始坐标系统绘制曲线；若为FALSE则仅对应于转换后的坐标系统绘制曲线。
◀ h：指定水平线的位置，h=2代表绘制y=2的水平线。
◀ v：指定垂直线的位置，v=2代表绘制x=2的垂直线。
◀ coef：长度为2的向量，指定截距与斜率。
◀ reg：提供回归线对象的截距与斜率。

abline()函数共有四种方式可以绘制直线：第一种方式是明确指定a为截距，b为斜率；第二种方式是指定h或v，绘制水平或者垂直线条于指定坐标处；第三种方式是通过coef参数提供一个长度为2的向量表达截距和斜率；第四种方式是以reg 提供回归系数，若仅提供长度为1的向量，则表示通过原点直线的斜率，通常是提供长度为2的向量表达回归线的截距与斜率。

实例ch19_29：

下面的实例我们使用library(MASS)与attach(crabs)两个函数后，利用crabs数据框的两个变量FL与CL来绘制出散点图，分别在CL的最大值、最小值与平均数处绘制水平线，并在FL的平均数处绘制1条垂直线。并利用R语言内建的lm( )回归模型函数求出结果，再以模型的截距与斜率来绘制1条回归线，最后再标示抬头并在适当的位置利用paste( )函数写下得到的回归方程。

```
> library(MASS)                          #载入MASS包
> attach(crabs)                          #使用crabs数据框
The following object is masked _by_ .GlobalEnv:

    index

The following objects are masked from crabs (pos = 3):

    BD, CL, CW, FL, index, RW, sex, sp

> plot(FL,CL)       #绘制FL VS CL的散点图
> plot(FL,CL)                            #绘制FL VS CL的散点图
> #在CL最大值、最小值的点与平均数处，分别绘制水平线
> abline(h=CL[which.max(FL)],col=2)
> abline(h=CL[which.min(FL)],col=2)
> abline(h=mean(CL),col=2)               #在CL平均数处
> abline(v=mean(FL),col=3,lwd=3)         #在FL平均数处 垂直线
> lm1 <- lm(CL~FL, data=crabs)           #回归模型结果
> coef<-round(lm1$coef,2);coef           #回归模型的系数 结果呈现
(Intercept)        FL
       1.04      1.99
> abline(lm1,col=4)                      #使用回归系数(截距与斜率)绘图
> title("abline")
> #在适当的位置写下回归结果方程式
> text(mean(FL),mean(CL)+5,col=6, cex=1.5,
+ label=paste("y=",coef[1],"+",coef[2],"x"))
>
```

执行结果

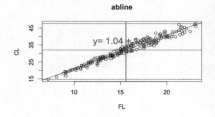

第 19 章 再谈R语言的绘图功能　359

legend( )函数是在已绘制的图内加入一块图例说明区，也可以将这一块说明区想象成一个完整的小绘图。所以可以使用到前面所提到的诸多绘图参数。

```
legend(x, y = NULL, legend, fill = NULL, col = par("col"),
border = "black", lty, lwd, pch, angle = 45, density = NULL,
bty = "o", bg = par("bg"), box.lwd = par("lwd"),
box.lty = par("lty"), box.col = par("fg"), pt.bg = NA, cex = 1,
pt.cex = cex, pt.lwd = lwd, xjust = 0, yjust = 1, x.intersp = 1,
y.intersp = 1, adj = c(0, 0.5), text.width = NULL, text.col =
par("col"),text.font = NULL, merge = do.lines && has.pch,
trace = FALSE,plot = TRUE, ncol = 1, horiz = FALSE, title = NULL,
inset = 0,xpd, title.col = text.col, title.adj = 0.5,seg.len = 2)
```

◄ x, y：图例左上角的参考坐标。

◄ legend：说明的字符串向量，后面的col、lty、lwd、pch对应地设置此说明字符串的颜色、线的样式、线宽度与文字或符号。

◄ fill：图例区的填充色。

◄ border：图例区边框的颜色，只有在fill参数被设置后才有用。

◄ density：正整数表示阴影线条密度；NULL、负数值或NA表示填满颜色。

◄ bty：图例区边框的样式。box.lty：图例区边框线条的样式；box.lwd：图例区边框线条的宽度；box.col：图例区边框线条的颜色。

◄ bg：图例区的背景颜色。

◄ pt.bg：图例内点的背景颜色。pt.cex：图例内点的缩放比例；pt.lwd：图例内点的线宽度。

◄ cex：图例说明文字的缩放比例。

◄ xjust , yjust：水平或垂直方向的对齐方式，值为 0 表示左对齐；0.5 表示居中；1 表示右对齐。

◄ x.intersp, y.intersp：说明文字水平或垂直方向间隔。

◄ adj：为数值向量，长度可以为1或2。若长度为1代表向图例说明文字水平方向对齐；若长度为2，代表除了水平方向调整外，垂直方向也要求对齐，主要是在以数学表达式做说明文字时使用。

◄ text.width：图例文字的宽度。text.col：图例文字的颜色；text.font：图例文字的字形。

◄ merge：为逻辑值，默认是TRUE会同时呈现点与线合并的说明。

◄ trace：为逻辑值，默认是FALSE；若改为TRUE，则代表将绘制图例的计算过程打印出来，以供参考。

◄ plot：为逻辑值，默认是TRUE，表示绘制图例；若改为FALSE，则不绘制出图例，而将图例的主要参数标明，以供后续参考使用。

◄ ncol：图例说明使用的列数，默认是1且是逐例一一列举。

◄ horiz：为一个逻辑值，若为TRUE则说明是逐例一一列举，此设置会使ncol失去作用。

◄ title：在图例区的上方提供抬头。title.col为抬头的颜色。title.adj为抬头的对齐方式；title.cex为图例抬头文字的缩放比例。

◄ inset：图例距边界的距离。

◄ xpd：提供图例剪贴方式的参数。

◄ seg.len：图例说明线段的长度。

我们已经在实例ch19_12以及实例ch19_16中使用过该函数，在此就不再以实例说明了。

19-4 交互式绘图

当我们绘制了散点图后想要选取某些图形上的特定点或对这些点加上特别的标示时，R语言提供了两个很好的交互式绘图函数，locator( )函数与identify( )函数。locator( )函数会传递回选取的特定点的坐标，而identify( )函数则会传回这些特定点的索引数值。在互动执行时也可以按下鼠标右键暂停或结束执行过程。

我们首先来介绍locator( )函数。当鼠标的主要按键(第一个、通常就是左键)被按下时，将读取并传回图形中光标的位置。locator( )函数的使用格式与各参数意义如下所示。

```
locator(n = 512, type = "n", ...)
```

◀ n：限制最多选取的点数，默认是512个。

◀ type：可供选择的有 "n" "p" "1" 或 "o"。选择 "p" 或 "o" 会再绘制点;如果选择 "1" 或 "o" 还会加入了线。

identify( )函数不是返回图形上的坐标值而是传回该点的索引值，以便于后续进一步的使用。identify( )函数的使用格式与各参数意义如下所示。

```
identify(x, y = NULL, labels = seq_along(x), pos = FALSE, n = length(x),
         plot = TRUE, atpen = FALSE, offset = 0.5, tolerance = 0.25, ...)
```

◀ x, y：散点图中点的坐标。另外，任何定义坐标的对象，例如：散点图、时间序列图等均可以作为 x, y。

◀ labels：给出选取点，标签为一组任意向量。它们会被as.character强制转换为字符串，标签过长的部分将被丢弃同时程序发出警告。

◀ pos：如果pos为TRUE，则在返回的值中添加对象，指示绘制标签的位置相对于每个确定的点的距离。

◀ n：最多选取的点数。

◀ plot：逻辑值。如果是TRUE，则在选取点的附近打印标签；如为FALSE，则标签将会被省略。

◀ atpen：逻辑值。如果为TRUE且plot = TRUE，则左下角的标签绘制在鼠标左键单击的位置而不是相对于选取点的附近位置。

◀ offset：从标签至选取点的距离，以字符宽度为单位，允许使用负值，但是当atpen = TRUE将无法使用。

◀ tolerance：光标足够接近选取点的最大距离，以英寸为单位。

实例ch19_30：

我们在图上绘制8个点，其中第4个与第8个点较其他点不一致，因此我们可以使用locator( )函数，选用n=2，并使用鼠标左键单击上述两点即可探知此两点的大概坐标。接下来我们再以identify( )函数选取特定3点的索引值。

```
> #
> #ch19_30
> #
> #定义一组八个点的x与y坐标值
> x<- c(1:3,8,4:6,2); y <- 1:8
> plot(x,y,xlim=c(0,9),ylim=c(0,9))#8个点的散点图
> title("locator()函数的应用",col.main="blue")
> #在图形上以"X"标示选定2个特定点查看点的坐标值
> locator(n=2, type="p",pch="X",col=2)
$x
[1] 1.982382 8.015792

$y
[1] 8.005970 3.961465

> #使用identify找出3个特定点排序后的指标值
> title(sub="identify()函数的应用",col.sub="red")
> #s.p <- identify(x,y,n=3,label=y, offset=1)
> s.p <- identify(x,y,n=3,label=y, offset=1,plot=TRUE, atpen=TRUE)
> s.p
[1] 2 4 8
```

执行结果

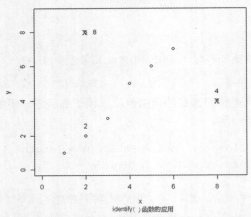

实例 ch19_31：延续上述实例，我们可以将 identify() 函数所选取的三个点，用前面所提过的 text() 函数将它们标示在图形上。

```
> #使用text()函数去标示所选取的3点坐标
> text(x[s.p[1]],y[s.p[1]],pos=4,offset=0.5,col=6,
+ label=paste("(",x[s.p[1]]," , ",y[s.p[1]],")"))
> text(x[s.p[2]],y[s.p[2]],pos=2,offset=0.5,col=6,
+ label=paste("(",x[s.p[2]]," , ",y[s.p[2]],")"))
> text(x[s.p[3]],y[s.p[3]],pos=4,offset=0.5,col=6,
+ label=paste("(",x[s.p[3]]," , ",y[s.p[3]],")"))
>
```

执行结果

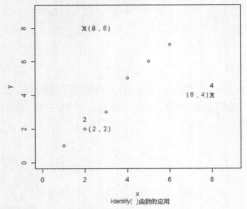

一. 判断题

(　　) 1. R语言内建了许多的绘图工具函数以供参考使用，我们可以先使用demo(graphics)或者demo(image)两个命令来参考R语言所提供的绘图示范。

(　　) 2. 低级绘图是在一个已经绘制好的图形上加上其他的图形元素，例如加上说明文字、直线或点等。

(　　) 3. 低级绘图是建立一个新的图形，常用的各种统计绘图，基本上都是属于低级绘图。

(　　) 4. 交互式绘图允许使用者以互动的方式使用其他的设备，例如鼠标，在一个已经存在的图形上加入绘图相关信息。例如，points( )以及text( )两个函数都属于交互式绘图。

(　　) 5. 我们可以使用dev.new( )函数来新建一个新的绘图设备，使用dev.off( )函数来关闭指定的绘图设备。

(　　) 6. 我们可以使用graphics.off( )函数来关闭某一个指定的绘图设备。

(　　) 7. mfrow参数不需要通过par( )函数来设置，可以作为高级或者低级绘图函数中的参数来设置使用。

(　　) 8. 我们可以使用square( )低级绘图函数来绘制四边形。

(　　) 9. abline( )低级绘图函数可以用来于指定坐标处绘制水平或者垂直线。

(　　) 10. curve( )以及coplot( )两个函数均是属于高级绘图函数。

二. 选择题

(　　) 1. 以下哪个函数可以用来关闭某一个指定的绘图设备？

　　　A. dev.quit( )　　　　　　　　　　　　B. dev.down( )

　　　C. graphics.off( )　　　　　　　　　　 D. dev.off( )

(　　) 2. 以下哪个函数是属于交互式绘图函数？

　　　A. identify( )　　　　B. text( )　　　　C. plot( )　　　　D. pairs( )

(　　) 3. 以下哪个函数是属于低级绘图函数？

　　　A. identify( )　　　　B. text( )　　　　C. plot( )　　　　D. pairs( )

(　　) 4. 以下哪个函数不属于高级绘图函数？

　　　A. identify( )　　　　B. hist( )　　　　C. plot( )　　　　D. pairs( )

(　　) 5. 以下哪个函数不是R语言绘制3D图形的函数？

　　　A. persp ( )　　　　　　　　　　　　　B. contour ( )

　　　C. image ( )　　　　　　　　　　　　　D. 3Dplot ( )

(　　) 6. 低级绘图函数arrow( )的参数code设置为以下哪个值时可以在两个端点都绘制箭头？

　　　A. 1　　　　　　　B. 2　　　　　　　C. 3　　　　　　　D. 4

(　　) 7. 低级绘图函数polygon( )使用以下哪个参数来设置每英寸内阴影的线条数？

　　　A. density　　　　B. lty　　　　　　C. col　　　　　　D. lines

(　　) 8. 以下哪个函数可以用来产生正态分布的随机数？

　　　A. dnorm( )　　　　　　　　　　　　　B. pnrom( )

　　　C. qnorm( )　　　　　　　　　　　　　D. rnorm( )

( ) 9. 在R语言中，哪个函数可以绘制以下的箱形图？

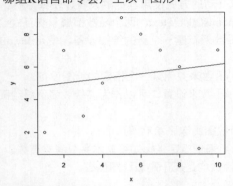

A. hist( )　　　　　B. plot( )　　　　　C. lines( )　　　　　D. boxplot( )

( ) 10. 哪组R语言命令会产生以下图形？

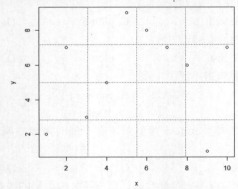

A.
```
1  x=1:10
2  y=c(2,7,3,5,9,8,7,6,1,7)
3  plot(x, y)
4  line(1:10)
```
B.
```
1  x=1:10
2  y=c(2,7,3,5,9,8,7,6,1,7)
3  plot(x, y)
4  line(x, y)
```
C.
```
1  x=1:10
2  y=c(2,7,3,5,9,8,7,6,1,7)
3  plot(x, y)
4  line(lm(y~x))
```
D.
```
1  x=1:10
2  y=c(2,7,3,5,9,8,7,6,1,7)
3  plot(x, y)
4  abline(lm(y~x))
```

( ) 11. 以下哪组R语言命令会产生以下图形？

A.
```
1  x=1:10
2  y=c(2,7,3,5,9,8,7,6,1,7)
3  plot(x, y)
4  grid(nx=4,ny=4, col = "red")
```
B.
```
1  x=1:10
2  y=c(2,7,3,5,9,8,7,6,1,7)
3  plot(x, y)
4  lines(nx=4,ny=4, col = "red")
```
C.
```
1  x=1:10
2  y=c(2,7,3,5,9,8,7,6,1,7)
3  plot(x, y)
4  points(nx=4,ny=4, col = "red")
```
D.
```
1  x=1:10
2  y=c(2,7,3,5,9,8,7,6,1,7)
3  plot(x, y)
4  grids(nx=4,ny=4, col = "red")
```

( ) 12. 以下哪组R语言命令会产生以下图形？

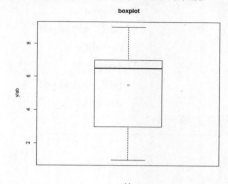

A.
```
1  boxplot(y)
2  title(main="boxplot",xlab="xlab",ylab="ylab")
```

B.
```
1  boxplot(y)
2  title(main="boxplot",x_lab="xlab",y_lab="ylab")
3  points(mean(y),col="red")
```

C.
```
1  boxplot(y)
2  title(main="boxplot",xlab="xlab",ylab="ylab")
3  points(mean(y),col="red")
```

D.
```
1  boxplot(y)
2  title(main="boxplot",x_lab="xlab",y_lab="ylab")
```

( )13. 以下R语言命令执行后的最后结果为哪一个？

```
1  boxplot(y)
2  title(main="boxplot",x_lab="xlab",y_lab="ylab")
3  points(mean(y),col="red")
```

A.

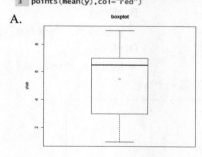

B.

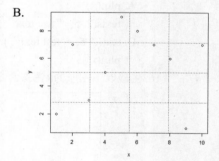

C.

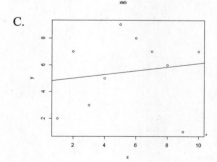

D. 出现warning 信息

(　　) 14. 将箱形图文件输出成PDF格式文件的R语言命令为哪一个？

A. pdf（"e:/aaa.pdf"）
boxplot(x)
dev.off( )

B. boxplot(x)
pdf（"e:/aaa.pdf"）
dev.off( )

C. plot(x)
pdf（"e:/aaa.pdf"）
dev.off( )

D. box(x)
pdf（"e:/aaa.pdf"）
dev.off( )

(　　) 15. 生成以下图形的R语言命令可能为哪一个？

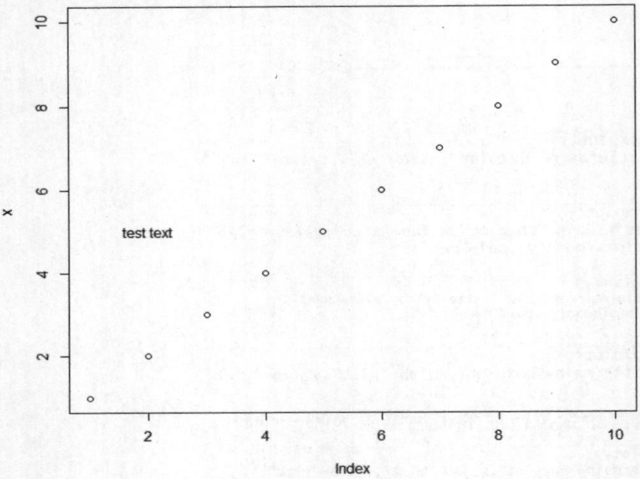

A. plot(x)
texts(2, 5, "test text"）

B. plot(x)
point(2, 5, "test text"）

C. text(2, 5, "test text"）
plot(x)

D. plot(x)
text(2, 5, "test text"）

(　　) 16. 生成以下图形的R语言命令可能为哪一个？

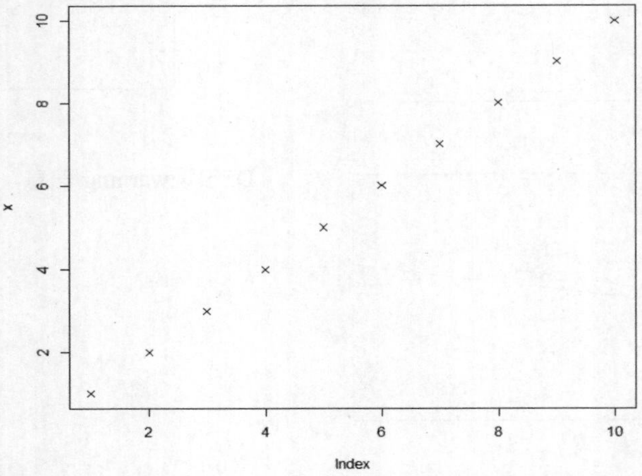

A. plot(x, pch = 4)

B. plot(x, col = 4)

C. plot(x, cel = 4)

D. plot(x, lab = 4)

(　　) 17. 生成以下图形的R语言命令可能为以下哪组？

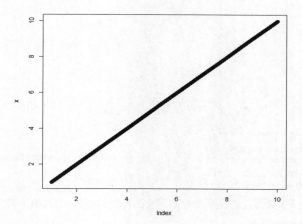

A. plot(x)

　　 lines(x, lty = 10)

B. plot(x)

　　 points(x, lwd = 10)

C. plot(x)

　　 lines(x, lwd = 10)

(　　) 18. 以下R语言命令结果为哪个？

```
> x <- 1:10
> plot(x)
> lines(x, lwd=10)
```

A.

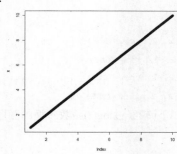

B.

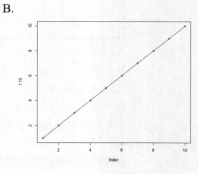

C.

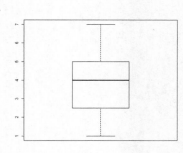

D.

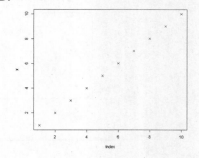

( ) 19. 以下的绘图结果是由哪一组命令获得的？

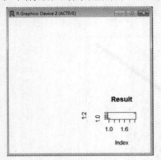

A. > par(fig=c(0.5, 1, 0, 0.5))
   > plot(1:2,main="Result")

B. > plot(1:2,main="Result")

C. > par(mai=(0.5, 1, 0, 0.5))
   > plot(1:2,main="Result")

D. > par(mfrow=c(1,2))
   > plot(1:2,main="Result")

( ) 20. 如果我们要用下列R语言的程序产生如下绘图布局，矩阵x应该事先被定义为哪一个？

```
> nf <- layout(x,widths=c(1,1),
+ heights= c(1,1),respect = TRUE)
> layout.show(nf)
```

A. > x <- matrix(c(1, 1, 0, 2), 2, 2,byrow=TRUE)

B. > x <- matrix(c(1, 1, 2, 2), 2, 2,byrow=TRUE)

C. > x <- matrix(c(1, 0, 2, 0), 2, 2,byrow=TRUE)

D. > x <- matrix(c(1, 2, 1, 2), 2, 2,byrow=TRUE)

( ) 21. 如果我们要使用plot( )函数产生如下y轴经过log( )函数转换的图形，则正确的R语言命令会是以下哪一个？

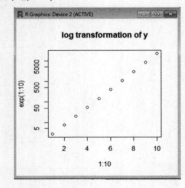

```
A.  > plot(x=1:10,y=exp(1:10),log="y",
    + main="log transformation of y")

B.  > plot(x=1:10,y=exp(1:10),log="x",
    + main="log transformation of y")

C.  > plot(x=1:10,y=exp(1:10),
    + main="log transformation of y")

D.  > plot(x=1:10,y=exp(1:10), ylog=TRUE,
    + main="log transformation of y")
```

三. 多选题

(　　) 1. 以下哪些函数是R语言绘制3D图形的函数? (选择3项)

 A. persp ( )   B. contour ( )   C. image ( )

 D. hist ( )   E. curve( )

(　　) 2. 以下关于abline( )低级绘图函数的参数设置哪些是正确的? (选择3项)

 A. coef=c(1, 2)   B. a=3, b=2   C. h=4

 D. slope=3, intercept=2 E. s=2, i=3

(　　) 3. 以下哪些是属于低级绘图函数? (选择3项)

 A. abline( )   B. legend( )   C. axis( )

 D. curve( )   E. persp( )

(　　) 4. 以下哪些是属于高级绘图函数? (选择3项)

 A. barplot( )   B. legend( )   C. coplot( )

 D. curve( )   E. persp( )

(　　) 5. 以下哪些是属于低级绘图函数? (选择3项)

 A. segment( )   B. title( )   C. points( )

 D. image( )   E. contour( )

(　　) 6. 以下R语言命令哪些是错误的? (选择3项)

 A. text(2, 5, "test text") B. plot(x)   C. plot(x)

  plot(x)   lines(x, lty = 10) texts(2, 5, "test text")

 D. plot(x)   E. plot(x)

  line(2,5, "test text") text(2, 5, "test text")

(　　) 7. 以下哪些R语言命令是错误的? (选择3项)

 A. doc("e:/aaa.doc") B. bmp("e:/aaa.bmp") C. pdf("e:/aaa.pdf")

  boxplot(x)   boxplot(x)   boxplot(x)

  dev.off( )   dev.off( )   dev.off( )

 D. box(x)   E. bmp("e:/aaa.bmp")

          boxplots(x)

          dev.off( )

(　　) 8. 以下哪些R语言命令的执行结果相同? (选择2项)

 A. plot(x, pch = 2)   B. plot(x, type = "n")

          points(x, pch = 2)

 C. points(x, pch = 2)   D. plot(x,type= "n")

          point(x, pch=2)

 E. plot(x, type = 2)

四. 实际操作题

1. 如果我们要得到如下2个绘图的布局，应该如何使用layout( )函数来实现?

提示：列3图宽度比为1：4：1；行3图高度比为5：1：5。

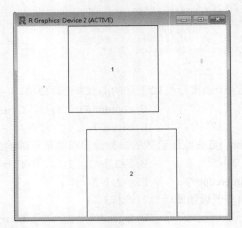

2. 绘制一个正七角星形如下图所示。

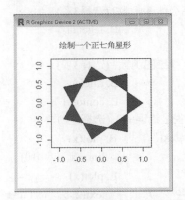

3. 使用layout( )函数或者是par( )函数，并使用MASS 包中的数据框crabs的两个变量FL与CL绘制以下的三合一图形。

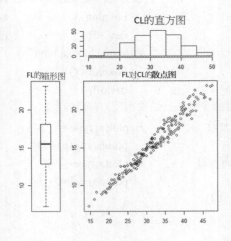